21 世纪高等职业教育信息化数字规划教材

高等数学（下册）

（第二版）

主　编　沈玲玲　叶鸣飞　王　华

副主编　谢素鑫　李　晶　王斯栓　涂旭东

U0324036

同济大学出版社
TONGJI UNIVERSITY PRESS

内 容 提 要

本书是根据高职学生的学习特点与认知水平编写的，全书通俗易懂、可读性强，书中通过建立各种计算模型的方式，直观地给出了高等数学的各种计算方法，以弥补高职学生数学基础、计算能力、逻辑思维能力的不足，注重培养高职学生掌握微积分的各种数学计算技能与应用能力，为学好后续的专业课程奠定基础.

全书分上、下两册。主要内容有函数、极限与连续、导数与微分、导数的应用、不定积分、定积分及其应用、空间坐标与多元微积分、无穷级数、常微分方程及线性代数初步等，各章内容均配有微课视频及复习题与学习指导，同时配有习题答案二维码，部分内容可根据专业特点选修.

本书可作为高职高专工科类各专业通用教材，也可作为职业大学、成人大学和自学考试的教材或参考书.

图书在版编目(CIP)数据

高等数学. 下/沈玲玲，叶鸣飞，王华主编. --2版. --上海：同济大学出版社，2020. 9

ISBN 978-7-5608-9466-9

Ⅰ. ①高… Ⅱ. ①沈… ②叶… ③王… Ⅲ. ①高等数学—高等职业教育—教材 Ⅳ. ①O13

中国版本图书馆 CIP 数据核字(2020)第 165696 号

高等数学(下册) (第二版)

主　编　沈玲玲　叶鸣飞　王　华

副主编　谢素鑫　李　晶　王斯栓　涂旭东

责任编辑　姚烨铭　　责任校对　徐逢乔　　封面设计　潘向蓁

出版发行　同济大学出版社　　www.tongjipress.com.cn

(地址：上海市四平路 1239 号　邮编：200092　电话：021-65985622)

经　销　全国各地新华书店

印　刷　常熟市华顺印刷有限公司

开　本　787mm×1092mm　1/16

印　张　10

字　数　250 000

版　次　2020 年 9 月第 2 版　　2021 年 8 月第 2 次印刷

书　号　ISBN 978-7-5608-9466-9

定　价　43.00 元

本书若有印装质量问题，请向本社发行部调换　版权所有　侵权必究

前　言

随着高等职业教育改革的推进，对高等职业教育的教材建设也提出了新的要求. 高职工科“高等数学”作为一门多学科共同使用的基础理论和工具课程，对学生后续专业课程的学习和思维能力的培养起着重要的作用. 它的基础性决定了它在我国高等职业教育中的重要地位.

近几年来，由于我国高等职业教育的迅猛发展，对高职院校学生的基础要求也在不断变化，教育已经全面进入信息化时代，各高职院校在大力发展专业教育的同时，对基础教育本着“以应用为目的，以必需、够用为度”的教育原则，数学课的课时不断被压缩. 因此在这样一种大背景下，信息化教学对高职数学教学具有革命性的影响，是信息技术与数学教学过程的全面深度融合，是教与学的双重变革，树立高等数学课程为专业服务的教育理念，构建满足专业教学需求的课程内容，建设符合高职学生学习特点与认知水平的教材，成为摆在我们面前的一大课题. 为此，我们编写了本书.

本书是在江西省高校教学研究省级教改课题研究成果的基础上编写完成的，针对高职学生的学习特点与认知水平，我们对传统的高等数学的内容体系做了一些调整，以一元函数微积分学为主线，简化多元微积分学，突破课程体系的束缚，突出了高等数学作为一门“工具”课的特点，体现了其为专业服务的功能. 为激发高职学生对高等数学课程的学习兴趣，本次再版我们增加了信息化教学手段，而且在开篇绪论中，以“闲话微积分”的方式，简介了微积分学的发展历程，并在每一章的教学内容中配有相应的微课教学视频，同时在学习指导后面添加了人文数学和数学史话等小栏目供学生自学，突出了数学教学中的信息化技术与人文性.

本书的编写原则是，不追求数学理论的完整性和系统性，只突出重要的结论、典型方法的应用，尽可能用通俗、直观的语言来描述抽象的数学概念，在传统教材原有的计算公式基础上，建立各种计算模型，直观给出各种计算方法，以适应高职学生数学基础、计算能力、逻辑思维能力诸方面不强的状况，提高了课程内容的可读性，强化了计算技能，降低了高职学生学习高等数学的难度，符合现代高等职业教育的需要.

参加本书编写的有江西工业职业技术学院的部分老师，全书由叶鸣飞统稿主审，下册由沈玲玲、叶鸣飞、王华担任主编，谢素鑫，李晶、王斯栓、涂旭东等老师担任副主编. 由于成书时间仓促，编者水平有限，书中难免存在不妥之处，恳请有关专家、学者以及使用本书的广大师生批评指正，衷心欢迎读者将教材使用过程中碰到的问题和改进意见反馈给我们，以供日后修订时参考.

编　者

2020 年 6 月于南昌

目　录

第6章

空间坐标与多元微积分

章序 在前几章中，我们研究了含有一个自变量的函数(即一元函数)，而在科学技术、工程应用等实际问题中还会遇到含有两个或两个以上自变量的函数，这就是多元函数的问题. 因此，我们还需要在一元函数的基础上，讨论多元函数微积分.

平面解析几何知识对一元函数微积分学的学习是不可缺少的，由此可知，空间解析几何知识对多元函数微积分的学习也是必不可少的，它是学习多元函数微积分的基础. 本章首先介绍空间直角坐标系，然后介绍二元函数的概念、二元函数的微分，最后介绍二重积分.

6.1 空间直角坐标系

6.1.1 空间直角坐标系的定义

用类似于建立平面直角坐标系的方法可以建立空间直角坐标系.

过空间一点 O，作三条具有相同单位长度、两两互相垂直的数轴 Ox，Oy，Oz，这样就构成了空间直角坐标系，记作 $O\text{-}xyz$.

点 O 称为坐标原点；轴 Ox，Oy，Oz 统称为坐标轴，分别叫做横轴、纵轴和竖轴(常分别称为 x 轴、y 轴、z 轴).

视频 76

一般情况下，规定轴 Ox，Oy，Oz 的正方向遵循右手系法则，即以右手握住 Oz 轴，拇指指向其正方向，四个手指从 Ox 轴正方向以 $\frac{\pi}{2}$ 角度转向 Oy 轴正方向(图 6-1).

建立了空间直角坐标系后，空间中的点就与由三个实数组成的有序数组之间有了一一对应的关系.

设 M 为空间中的任一点，过点 M 分别作垂直于三个坐标轴的三个平面，与 x 轴、y 轴和 z 轴依次交于 A，B，C 三点. 若这三点在 x 轴、y 轴、z 轴上的坐标分别为 x，y，z，则点 M 就唯一确定了一个有序数组 (x,y,z)，如图 6-2 所示.

反之，若给定一个有序数组 (x,y,z)，总可在 x 轴、y 轴、z 轴上分别取坐标为 x、y、z 的三个点 A、B、C，过这三个点分别作垂直于三个坐标轴的平面，这三个平面必交于点 M，该点就是以有序数组 (x,y,z) 为坐标的点，因此，空间中的点 M 就与有序数组 (x,y,z) 之间建立了一一对应的关系.

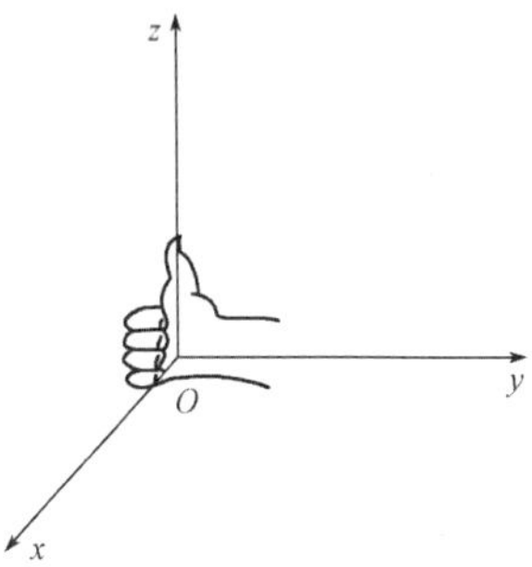

图 6-1

事实上：A,B,C 这三点是过 M 点作三个坐标轴的垂线的垂足.

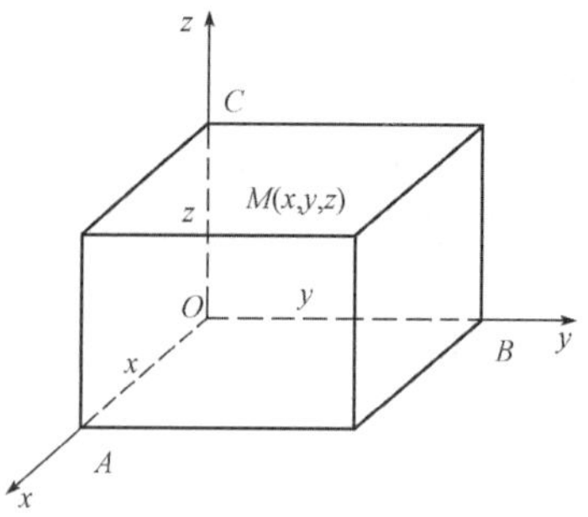

图 6-2

数组(x,y,z)称为点 M 在空间直角坐标系 $O\text{-}xyz$ 中的坐标，x,y,z 分别称为点 M 的横坐标、纵坐标和竖坐标. 点 M 可记作 $M(x,y,z)$.

每两个坐标轴所决定的平面称为坐标平面，分别把它们叫做 xOy 平面、yOz 平面、zOx 平面；这三个平面将空间划分成八个部分，称为空间直角坐标系的八个卦限，分别称为第一卦限，第二卦限，……，第八卦限(图 6-3).

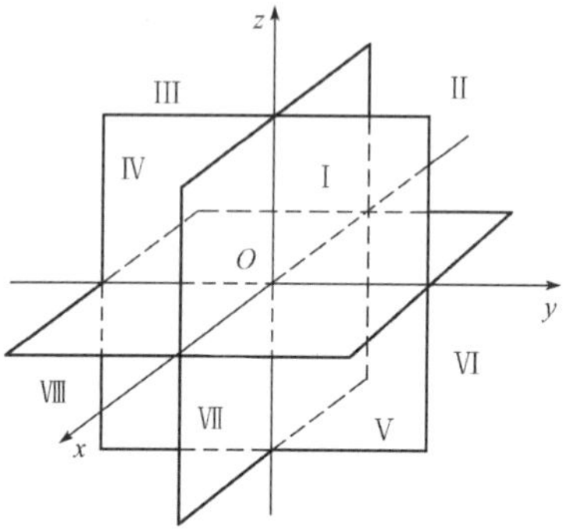

图 6-3

例 6.1 在空间直角坐标系 $O\text{-}xyz$ 中，作出点 $P(2,4,2)$，并求出 P 关于 xOy 面的对称点 Q，P 关于 yOz 面的对称点 R，P 关于x 轴的对称点 S 的坐标.

解 先在 xOy 面上作出坐标为$(2,4,0)$的点 P'，过 P' 作 z 轴的平行线，在这平行线上沿 z 轴正向取点 P，使$|P'P|=2$，则作出$P(2,4,2)$点；在这平行线上沿 z 轴负向取点 Q，使$|P'Q|=2$，则 Q 点即为所求，其坐标为$Q(2,4,-2)$；过 P' 在 xOy 面上作 $P'R'$平行于 x 轴，使 R'的坐标为$R'(-2,4,0)$，过 R' 作z 轴的平行线，在这平行线上沿 z 轴正向取点 R，使 $|R'R|=2$，则得到 R 点坐标为 $R(-2,4,2)$；过 P' 在 xOy 面上作 $P'S'$ 平行于 y 轴，使 S' 的坐标为$S'(2,-4,0)$，又过 S' 作 z 轴的平行线，在这平行线上沿 z 轴负向取点 S，使$|S'S|=2$，

则得到 S 点，其坐标为 $S(2,-4,-2)$(图 6-4).

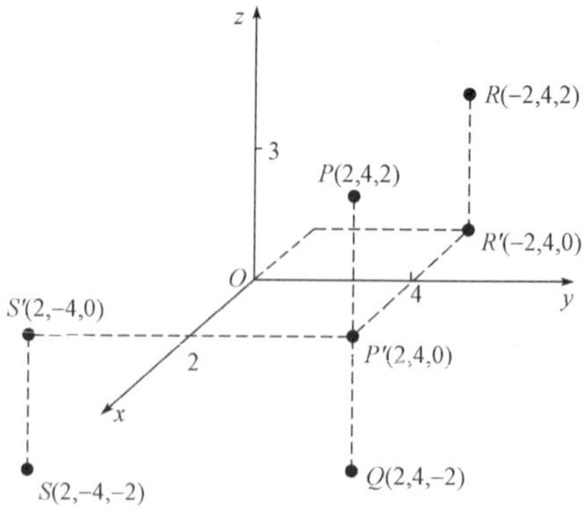

图 6-4

例 6.2 求点 $A(2,3,4)$到 xOy 平面及 x 轴的距离.

解 如图 6-5 所示，过点 A 作 $AP\perp xOy$ 平面，垂足为点 P，则点 A 到 xOy 平面的距离即为点 A 的竖坐标的绝对值，即点 A 到 xOy 平面的距离为$|AP|=4$.

过 P 作 $PB\perp x$ 轴，垂足为 B，由三垂线定理知 $AB\perp x$轴，即$|AB|$为点 A 到x 轴的距离. 而在直角三角形 APB 中

$$|AB|=\sqrt{|AP|^2+|BP|^2}=\sqrt{4^2+3^2}=5.$$

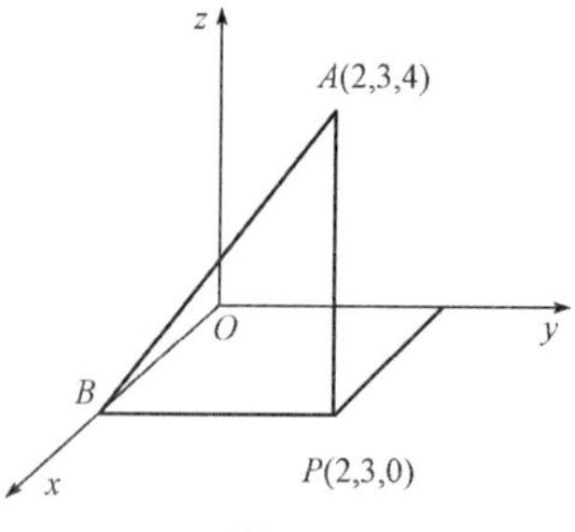

图 6-5

6.1.2 空间两点间的距离

建立了空间直角坐标系后，容易推导出空间两点间的距离公式.

设 $M_1(x_1,y_1,z_1)$，$M_2(x_2,y_2,z_2)$为空间两点，则 M_1 与 M_2 之间的距离为

$$d=\sqrt{(x_2-x_1)^2+(y_2-y_1)^2+(z_2-z_1)^2}. \tag{6-1}$$

事实上，过点 M_1 和 M_2 各作三个平面分别垂直于三条坐标轴，在 x 轴、y 轴、z 轴上的交点依次为 P_1,P_2,Q_1,Q_2,R_1,R_2，六个平面围成一个以 M_1M_2 为对角线的长方体，线段 M_1P,M_1Q,M_1R 是它的三条棱，如图 6-6 所示.

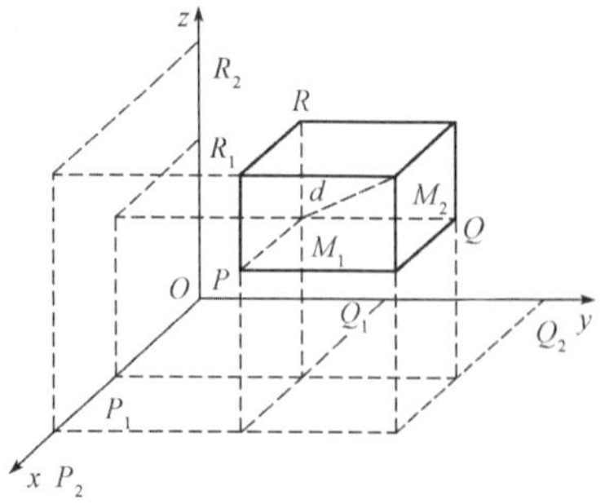

图 6-6

因为
$$\begin{aligned}d^2&=|M_1M_2|^2=|M_1P|^2+|M_1Q|^2+|M_1R|^2\\&=|P_1P_2|^2+|Q_1Q_2|^2+|R_1R_2|^2.\end{aligned}$$

而由图 6-6 可知，

$$OP_1=x_1,\ OP_2=x_2,\ |P_1P_2|=|x_2-x_1|.$$

同理　$OQ_1=y_1,\ OQ_2=y_2,\ |Q_1Q_2|=|y_2-y_1|,$

$$OR_1=z_1,\ OR_2=z_2,\ |R_1R_2|=|z_2-z_1|,$$

所以
$$\begin{aligned}d^2&=|M_1M_2|^2=|P_1P_2|^2+|Q_1Q_2|^2+|R_1R_2|^2\\&=|x_2-x_1|^2+|y_2-y_1|^2+|z_2-z_1|^2,\end{aligned}$$

即
$$d=\sqrt{(x_2-x_1)^2+(y_2-y_1)^2+(z_2-z_1)^2}.$$

式(6-1)称为空间两点间的距离公式.

特别地，空间任一点 $M(x,y,z)$与坐标原点 $O(0,0,0)$的距离为

$$d=|OM|=\sqrt{x^2+y^2+z^2}.$$

例 6.3　设 $A(-1,2,0)$与 $B(-1,0,-2)$为空间两点，求 A 与 B 两点间的距离.

解　由公式(6-1)可得 A 与 B 两点间的距离为

$$d=\sqrt{[-1-(-1)]^2+(0-2)^2+(-2-0)^2}=2\sqrt{2}.$$

例 6.4　求证：以 $A(7,1,2)$，$B(4,3,1)$，$C(5,2,3)$为顶点的三角形是等腰三角形.

证明　由式(6-1)得

$$|AB|=\sqrt{(4-7)^2+(3-1)^2+(1-2)^2}=\sqrt{14}.$$

$$|BC|=\sqrt{(4-5)^2+(3-2)^2+(1-3)^2}=\sqrt{6}.$$

$$|AC|=\sqrt{(7-5)^2+(1-2)^2+(2-3)^2}=\sqrt{6}.$$

由于 $|AC|=|BC|=\sqrt{6}$，所以，$\triangle ABC$ 是等腰三角形.

例 6.5　在 y 轴上求与点 $A(1,-3,7)$和点 $B(5,7,-5)$等距的点 M.

解　由于所求的点 M 在 y 轴上，因而点 M 的坐标可设为$(0,y,0)$. 又由于

$$|MA|=|MB|,$$

由式(6-1)得

$$\sqrt{(0-1)^2+(y+3)^2+(0-7)^2}=\sqrt{(0-5)^2+(y-7)^2+(0+5)^2},$$

从而解得

$$y=2,$$

即所求的点为 $M(0,2,0)$.

习题 6-1

习题 6-1 答案

1. 指出下列各点在空间直角坐标系的哪个卦限中：

(1) $(-1,3,2)$；　　(2) $(3,3,2)$；

(3) $(-4,-3,-2)$；　　(4) $(-1,3,-1)$.

2. 当点 P 处在下列位置时，指出它的坐标具有的特点：

(1) 点 P 在 zOx 坐标平面上；　　(2) 点 P 在 x 轴上；

(3) 点 P 在与 yOz 坐标平面平行且两平面相距为 5 个单位的平面上.

3. 求点 $P(1,-2,-1)$关于下列对象对称点的坐标：

(1) 关于 xOy 坐标平面对称；(2) 关于 x 轴对称；(3) 关于坐标原点对称.

4. 求点$(4,-3,5)$与原点及各坐标轴、各坐标面间的距离.

5. 证明：以 $A(1,2,3)$、$B(2,3,1)$和 $C(3,1,2)$三点为顶点的三角形是等边三角形.

6. 在坐标平面 yOz 上求与三点 $A(3,1,2)$、$B(4,-2,-2)$和 $C(0,5,1)$等距的点.

6.2　二元函数及多元函数

6.2.1　二元函数的定义

在实际问题中所涉及的函数，并非都是一元函数，常常会遇到一个变量依赖于两个或更多个自变量的情形，如：

视频 77

例 6.6　矩形面积 S 与其长 x、宽 y 有下列依赖关系：

$$S=xy\quad(x>0,y>0),$$

其中，长 x 与宽 y 是独立取值的两个变量.在它们的变化范围内，当 x、y 取定值后，矩形面积 S 有唯一确定的值与之对应.

例 6.7　物体的动能 E 与物体的质量 m 和运动速度 v 之间有如下关系：

$$E=\frac{1}{2}mv^2\quad(m>0,v\geqslant 0).$$

上式中，对 m,v 的变化范围内的每一组值，变量 E 有唯一确定的值与之对应.

上述两例，去掉变量的具体意义，可得出共性，即：一个变量是由其他两个变量的变化来确定的函数，这样的函数就是二元函数.

定义 6.1　设 D 是 xOy 平面上的一个点集，x、y 是相互独立的两个变量，如果点$(x,y)\in D$，而第三个变量 z 按照某一对应关系 f 有唯一确定的数值与之对应，则称 z 为 x,y 在 D 上的二元函数，记作

$$z=f(x,y).$$

其中 x、y 称为自变量，z 称为因变量，点集 D 称为函数的定义域，数集

$$\{z \mid z=f(x,y),(x,y)\in D\}$$

称为函数的值域.

同一元函数一样,二元函数的定义域也是确定一个二元函数的要素之一.我们知道,一元函数的定义域一般是一个区间或几个区间的并.

从二元函数的定义域概念可知,二元函数的定义域 D 通常是由平面 xOy 内一条或几条光滑曲线围成的部分平面,这样的部分平面称为区域.围成区域的曲线称为区域的边界,边界上的点称为边界点.包括边界的区域称为闭区域,不包括边界的区域的称为开区域.

分析函数变化离不开求函数的定义域.如何求二元函数的定义域?先看下面的例题.

例 6.8　求函数 $z=\ln(x+y)$ 的定义域.

解　要使函数表达式有意义,必须有

$$x+y>0,$$

故函数的定义域是图 6-7 阴影部分所示的区域,即为 $D=\{(x,y) \mid x+y>0\}$.

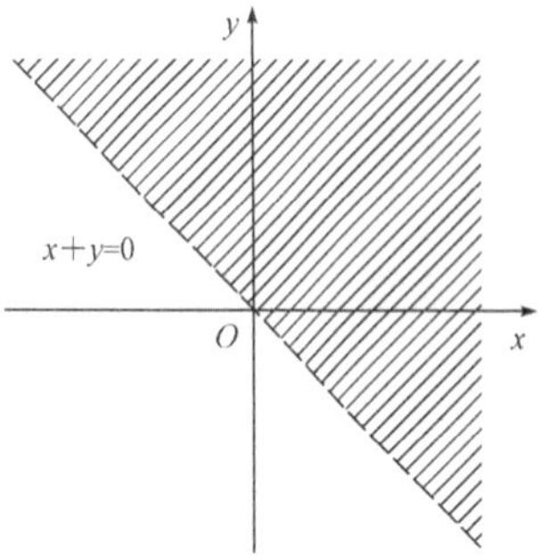

图 6-7

例 6.9　求函数 $z=f(x,y)=\sqrt{4-x^2-y^2}$ 的定义域,并计算 $f(0,2)$ 和 $f(1,-1)$.

解　要使函数表达式有意义,必须有

$$x^2+y^2\leqslant 4,$$

所以,函数的定义域是图 6-8 中阴影部分所示的区域,它是 xOy 平面上以原点为圆心,半径为 2 的圆内及其边界上点的全体,即为

$$D=\{(x,y) \mid x^2+y^2\leqslant 4\},$$

$$f(0,2)=\sqrt{4-0^2-2^2}=0,$$

$$f(1,-1)=\sqrt{4-1^2-(-1)^2}=\sqrt{2}.$$

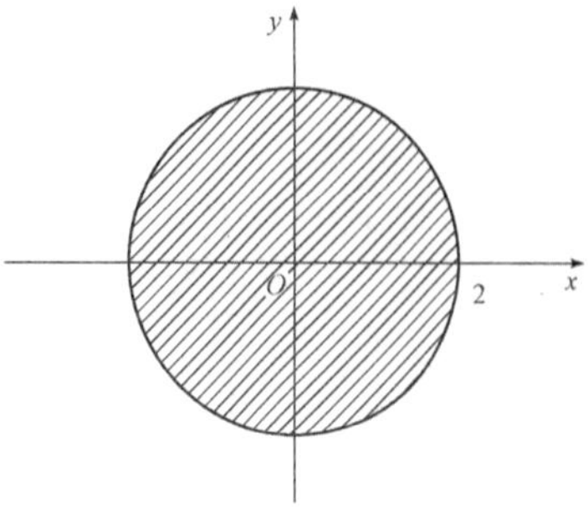

图 6-8

例 6.10　求函数 $z=\ln(x^2+y^2-1)+\dfrac{1}{\sqrt{4-x^2-y^2}}$ 的定义域.

解　要使函数有意义,x、y 应满足不等式组

$$\begin{cases} x^2+y^2-1>0, \\ 4-x^2-y^2>0, \end{cases}$$

即

$$1<x^2+y^2<4.$$

因此,函数的定义域为图 6-9 中阴影部分所示的区域,它的图形是圆环,即为

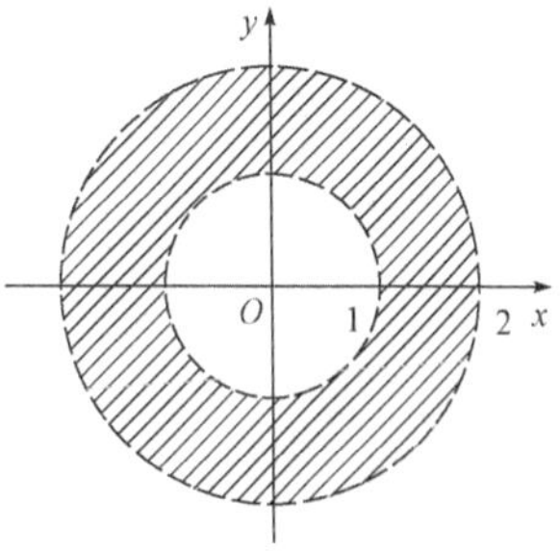

图 6-9

$$D=\{(x,y) \mid 1<x^2+y^2<4\}.$$

从以上例题可知,求函数解析式 $z=f(x,y)$ 的定义域,就是求其能使函数表达式有意义的点 (x,y) 的全体,一般可用不等式或不等式组表示.而求对于从实际问题提出的函数的定义域

时，还要根据自变量所表示的实际意义来确定.

从上面的例子还可以看到二元函数的定义域可以用平面内各种形式的图形来描绘.

为便于问题的分析，我们把以点 $P_0(x_0, y_0)$ 为圆心、以 $\delta>0$ 为半径的开区域即满足不等式 $\sqrt{(x-x_0)^2+(y-y_0)^2}<\delta$ 的点的全体称为点 P_0 的 δ 邻域，记为 $U(P_0,\delta)$（图 6-10）. 若在 P_0 的 δ 邻域中去掉点 P_0，则称此区域为点 P_0 的去心 δ 邻域，记为 $\mathring{U}(P_0,\delta)$，也记为 $\mathring{U}(P_0)$.

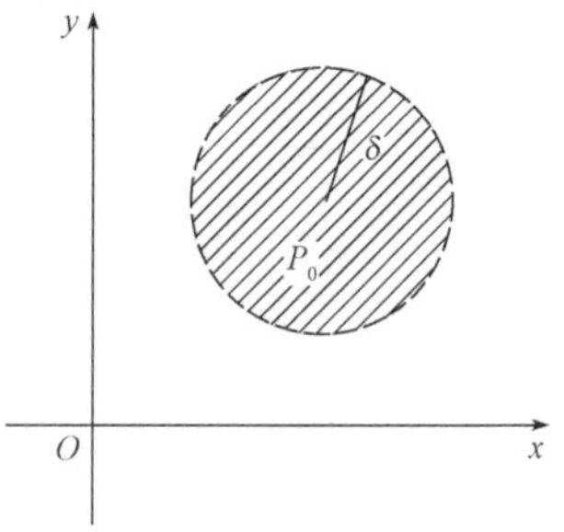

图 6-10

若区域 D 可以被包含在某个圆内，则称 D 是有界区域（图 6-8），否则称为无界区域（图 6-7）.

6.2.2 二元函数的几何意义

一般地，一元函数 $y=f(x)$ 的图形在 xOy 平面上表示一条曲线.

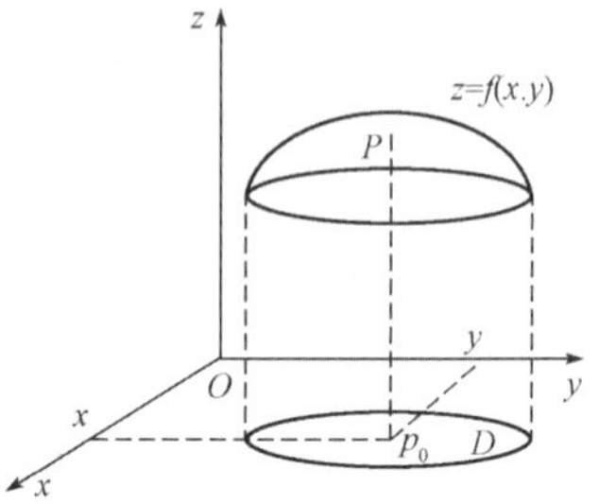

图 6-11

对于二元函数 $z=f(x,y)$，设其定义域为 D，$P_0(x_0,y_0)$ 为函数定义域中的一点，与点 P_0 对应的函数值记为 $z_0=f(x_0,y_0)$，于是可在空间直角坐标系 $O\text{-}xyz$ 中作出点 $M_0(x_0,y_0,z_0)$. 当点 $P(x,y)$ 在定义域 D 内变动时，对应点 $M(x,y,z)$ 的轨迹就是函数 $z=f(x,y)$ 的几何图形.

一般来说，它通常是一张曲面. 这就是二元函数的几何意义，而定义域 D 正是这曲面在 xOy 平面上的投影，如图 6-11 所示.

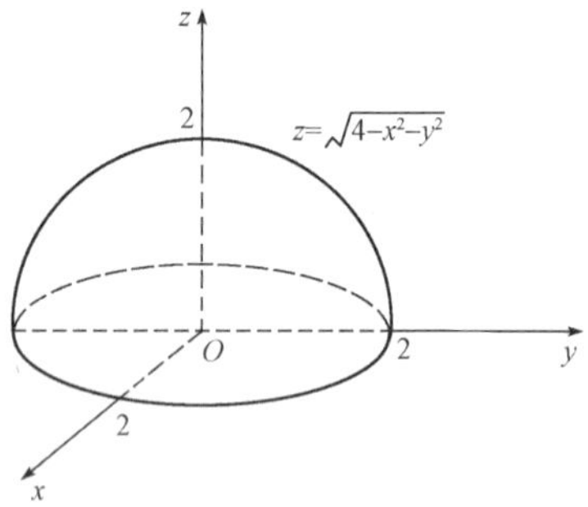

图 6-12

例如：二元函数 $z=\sqrt{4-x^2-y^2}$ 表示以点(0,0,0)为球心、以 2 为半径的位于 xOy 平面上方的半球面（图 6-12）.

而函数 $z=\sqrt{4-x^2-y^2}$ 的定义域为 $x^2+y^2\leqslant 2^2$，即为以坐标原点为圆心、以 2 为半径的圆的内部及其边界（图 6-8）.

6.2.3 多元函数的定义

类似二元函数定义，可以定义三元函数 $u=f(x,y,z)$ 以及三元以上的函数. 二元及二元以上的函数统称为多元函数.

习题 6-2

习题 6-2 答案

1. 填空题：

(1) 已知 $f(x,y)=x^2+y^2-\dfrac{x}{y}$，则 $f(2,1)=$______________，$f(x+y,1)$ $=$______________.

(2) 已知 $f(x,y)=\begin{cases} x\sin\dfrac{y}{x^2+y^2}, & x^2+y^2\neq 0, \\ 0, & x^2+y^2=0, \end{cases}$ 则 $f(x,0)=$__________，$f(0,y)=$__________.

(3) 设 $f(xy,x-y)=x^2+y^2$，则 $f(x,y)=$__________.

(4) 设 $f(x,y)=x^2+y^2$，则 $f(\sqrt{xy},x+y)=$__________.

2. 用不等式表示下列各区域：

(1) 一个顶点在原点，边长为 2，一边在 x 轴的正方向上的等边三角形；

(2) 以 $O(0,0)$，$A(1,0)$，$B(1,2)$，$C(0,1)$ 为顶点的梯形区域.

3. 求下列函数的定义域，并画出定义域所表示的区域：

(1) $z=\sqrt{1-x^2-y^2}$；

(2) $z=\sqrt{x-\sqrt{y}}$；

(3) $z=\arcsin\dfrac{y}{x}$；

(4) $z=\sqrt{R^2-x^2-y^2}+\dfrac{1}{\sqrt{x^2+y^2-r^2}}\quad(0<r<R)$.

6.3 偏导数

6.3.1 偏导数的概念

1. 偏导数的定义

视频 78

在研究一元函数时，我们已经知道导数就是函数的变化率，它反映了函数在某一点变化的快慢程度. 对于二元函数同样需要研究它的变化率，然而，由于自变量多了一个，因而，二元函数与自变量的关系要比一元函数复杂得多. 在 xOy 平面内，当点 (x,y) 沿不同的路径趋于点 (x_0,y_0) 时，函数 $f(x,y)$ 的变化快慢一般来说是不同的. 这就需要讨论函数 $f(x,y)$ 在点 (x_0,y_0) 处沿各个不同方向的变化率.

本书仅研究二元函数 $z=f(x,y)$ 当点 (x,y) 分别沿平行于 x 轴、y 轴趋于点 (x_0,y_0) 这两种特殊的变化形式，即：如果自变量 x 变化，则自变量 y 保持不变（可看作常量）；而如果自变量 y 变化，则自变量 x 保持不变（可看作常量）下的变化率. 这不仅是由于在以上两种变化方式下讨论的时候比较简单，应用广泛，而且也是研究其他方向变化率的基础.

定义 6.2　设某二元函数 $z=f(x,y)$ 在点 (x_0,y_0) 的某个邻域内有定义，当固定 $y=y_0$，而 x 在 x_0 处有增量 Δx 时，相应的函数有增量（称为函数 z 对 x 的偏增量，记为 Δz_x）

$$\Delta z_x=f(x_0+\Delta x,y_0)-f(x_0,y_0).$$

如果极限

$$\lim_{\Delta x\to 0}\frac{\Delta z_x}{\Delta x}=\lim_{\Delta x\to 0}\frac{f(x_0+\Delta x,y_0)-f(x_0,y_0)}{\Delta x}$$

存在，则称此极限值为函数 $z=f(x,y)$ 在点 (x_0,y_0) 处对 x 的偏导数：

$$\left.\frac{\partial z}{\partial x}\right|_{\substack{x=x_0\\ y=y_0}},\quad \left.\frac{\partial f}{\partial x}\right|_{\substack{x=x_0\\ y=y_0}},\ f'_x(x_0,y_0)\text{或}\ z'_x(x_0,y_0),$$

即

$$\left.\frac{\partial z}{\partial x}\right|_{\substack{x=x_0\\ y=y_0}}=\lim_{\Delta x\to 0}\frac{f(x_0+\Delta x,\ y_0)-f(x_0,y_0)}{\Delta x}.$$

类似地，函数 $z=f(x,y)$ 在点 (x_0,y_0) 处对 y 轴的偏导数定义为

$$\lim_{\Delta y\to 0}\frac{\Delta z_y}{\Delta y}=\lim_{\Delta y\to 0}\frac{f(x_0,y_0+\Delta y)-f(x_0,y_0)}{\Delta y},$$

记为

$$\left.\frac{\partial z}{\partial y}\right|_{\substack{x=x_0\\ y=y_0}},\ \left.\frac{\partial f}{\partial y}\right|_{\substack{x=x_0\\ y=y_0}},\ f'_y(x_0,y_0)\text{或}\ z'_y(x_0,y_0).$$

如果函数 $z=f(x,y)$ 在区域 D 内每一点 (x,y) 处都存在对 x 的偏导数，则这个偏导数仍是 x、y 的函数，称此函数为 $z=f(x,y)$ 对自变量 x 的偏导函数，记为

$$\frac{\partial z}{\partial x},\ \frac{\partial f}{\partial x},\ f'_x(x,y)\text{或}\ z'_x.$$

类似地，可以定义函数 $z=f(x,y)$ 对自变量 y 的偏导数，记为

$$\frac{\partial z}{\partial y},\ \frac{\partial f}{\partial y},\ f'_y(x,y)\text{或}\ z'_y,$$

且有

$$\frac{\partial z}{\partial x}=\lim_{\Delta x\to 0}\frac{f(x+\Delta x,y)-f(x,y)}{\Delta x},$$

$$\frac{\partial z}{\partial y}=\lim_{\Delta y\to 0}\frac{f(x,y+\Delta y)-f(x,y)}{\Delta y}.$$

注意

(1) 函数 $z=f(x,y)$ 在点 (x_0,y_0) 处对 x 的偏导数 $f'_x(x_0,y_0)$，就是偏导函数 $f'_x(x,y)$ 在点 (x_0,y_0) 处的函数值，而 $f'_y(x_0,y_0)$ 就是偏导函数 $f'_y(x,y)$ 在点 (x_0,y_0) 处的函数值. 在不至于混淆的情况下，常把偏导函数简称为偏导数.

(2) 偏导数的记号 $\frac{\partial z}{\partial x}$ 是一个整体记号，不能理解为 ∂z 与 ∂x 之商，这一点与一元函数的导数记号 $\frac{\mathrm{d}y}{\mathrm{d}x}$ 不同，$\frac{\mathrm{d}y}{\mathrm{d}x}$ 可以看成函数微分 $\mathrm{d}y$ 与自变量微分 $\mathrm{d}x$ 之商.

二元以上的多元函数的偏导数可类似地定义.

2. 二元函数偏导数的几何意义

由空间解析几何知识，我们知道曲面 $z=f(x,y)$ 被平面 $y=y_0$ 截得的空间曲线为

$$\begin{cases} z=f(x,y);\\ y=y_0. \end{cases}$$

因此，二元函数 $z=f(x,y)$ 在点 (x_0,y_0) 处对 x 的偏导数 $f'_x(x_0,y_0)$，就是一元函数 $z=f(x,y_0)$ 在点 $x=x_0$ 处的导数. 由一元函数导数的几何意义知，二元函数 $z=f(x,y)$ 在点 (x_0,y_0) 处对 x 的偏导数，就是平面 $y=y_0$ 上的一条曲线 $\begin{cases} z=f(x,y), \\ y=y_0 \end{cases}$ 在点 $M_0(x_0,y_0,f(x_0,y_0))$ 处的切线 M_0T_x 对 x 轴的斜率.

同样，$f'_y(x_0,\ y_0)$ 表示曲线 $\begin{cases} z=f(x,y), \\ x=x_0 \end{cases}$ 在点 M_0 处的切线 M_0T_y 对 y 轴的斜率(图 6-13).

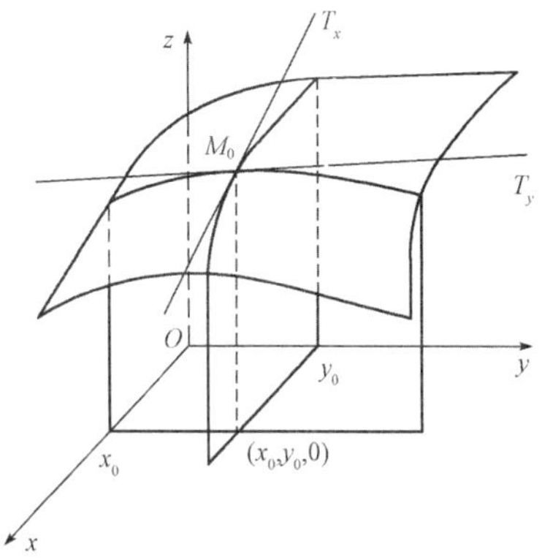

图 6-13

3. 偏导数的求法

由偏导数定义知，函数 $z=f(x,y)$ 对 x 的偏导数就是把 y 看成常数，函数 $z=f(x,y)$ 视为以 x 为自变量的一元函数，对这个一元函数求关于 x 的导数. 同样，求 $z=f(x,y)$ 对 y 的偏导数时，就将 x 看成常数，对函数 $z=f(x,y)$ 关于 y 求导数即可.

由此可见，计算二元函数的偏导数就归结为计算一元函数的导数，因此，一元函数的求导公式、求导法则均可以在求偏导数过程中运用.

例 6.11　设 $z=2x^2y^5+y^2+2x$，求 $\frac{\partial z}{\partial x}$，$\frac{\partial z}{\partial y}$，$\left.\frac{\partial z}{\partial x}\right|_{\substack{x=2\\y=1}}$ 及 $\left.\frac{\partial z}{\partial y}\right|_{\substack{x=2\\y=1}}$.

解　要求 $\frac{\partial z}{\partial x}$，即把 y 看成常数，函数看成是以 x 为自变量的一元函数，然后对 x 求导数，得

$$\frac{\partial z}{\partial x}=2\cdot 2x\cdot y^5+2=4xy^5+2.$$

同理可得

$$\frac{\partial z}{\partial y}=2x^2\cdot 5y^4+2y=10x^2y^4+2y.$$

所以

$$\left.\frac{\partial z}{\partial x}\right|_{\substack{x=2\\y=1}}=4\times 2\times 1^5+2=10,$$

$$\left.\frac{\partial z}{\partial y}\right|_{\substack{x=2\\y=1}}=10\times 2^2\times 1^4+2\times 1=42.$$

例 6.12　求下列函数的偏导数 $\frac{\partial z}{\partial x}$，$\frac{\partial z}{\partial y}$：

(1) $z=\sqrt{x^2+y^2}$；　(2) $z=x^y$，$(x>0,x\neq 1)$；　(3) $z=\sin(x^2y)$.

解　(1) 利用一元复合函数的求导法则，有

$$\frac{\partial z}{\partial x}=\frac{1}{2}\frac{1}{\sqrt{x^2+y^2}}(x^2+y^2)'_x=\frac{1}{2}\frac{2x}{\sqrt{x^2+y^2}}=\frac{x}{\sqrt{x^2+y^2}},$$

由对称性可知

$$\frac{\partial z}{\partial y}=\frac{y}{\sqrt{x^2+y^2}}.$$

(2) 把 y 看成常数，$z=x^y$ 为关于 x 的指数函数，则

$$\frac{\partial z}{\partial x}=yx^{y-1},$$

把 x 看成常数，$z=x^y$ 为关于 y 的指数函数，则

$$\frac{\partial z}{\partial y}=x^y\ln x.$$

(3) 由一元复合函数的求导法则得

$$\frac{\partial z}{\partial x}=\cos(x^2y)\cdot(x^2y)'_x=2xy\cos(x^2y),$$

$$\frac{\partial z}{\partial y}=\cos(x^2y)\cdot(x^2y)'_y=x^2\cos(x^2y).$$

6.3.2 高阶偏导数

定义 6.3 设函数 $z=f(x,y)$ 在区域 D 内的每一点 (x,y) 都有偏导数

$$\frac{\partial z}{\partial x}=f'_x(x,y),\quad \frac{\partial z}{\partial y}=f'_y(x,y).$$

如果偏导函数 $f'_x(x,y)$，$f'_y(x,y)$ 分别对 x、y 的偏导数仍存在，则称这些偏导数是函数 $z=f(x,y)$ 的二阶偏导数. 由求偏导数的顺序不同，二阶偏导数有下列四种类型：

$$\frac{\partial}{\partial x}\left(\frac{\partial z}{\partial x}\right)=\frac{\partial^2 z}{\partial x^2}=f''_{xx}(x,y)=z''_{xx};$$

$$\frac{\partial}{\partial y}\left(\frac{\partial z}{\partial x}\right)=\frac{\partial^2 z}{\partial x\partial y}=f''_{xy}(x,y)=z''_{xy};$$

$$\frac{\partial}{\partial x}\left(\frac{\partial z}{\partial y}\right)=\frac{\partial^2 z}{\partial y\partial x}=f''_{yx}(x,y)=z''_{yx};$$

$$\frac{\partial}{\partial y}\left(\frac{\partial z}{\partial y}\right)=\frac{\partial^2 z}{\partial y^2}=f''_{yy}(x,y)=z''_{yy}.$$

上面第二、第三两个二阶偏导数称为函数 $z=f(x,y)$ 的二阶混合偏导数，它们分别都是对 x,y 各求一次导数，但不同的是求导的次序不一样. 第二个二阶偏导数，即 $f''_{xy}(x,y)$，是先对 x、后对 y 求偏导数；而第三个二阶偏导数，即 $f''_{yx}(x,y)$，是先对 y、后对 x 求偏导数.

用同样的方法，可以得到三阶、四阶以至 n 阶偏导数（如果存在的话）. 二阶或二阶以上的偏导数统称为高阶偏导数.

例 6.13 设 $z=x^2y+\sin(xy)$，求它的二阶偏导数.

解 因为

$$\frac{\partial z}{\partial x}=2xy+y\cos(xy),\ \frac{\partial z}{\partial y}=x^2+x\cos(xy),$$

所以

$$\frac{\partial^2 z}{\partial x^2}=\frac{\partial[2xy+y\cos(xy)]}{\partial x}=2y-y^2\sin(xy),$$

$$\frac{\partial^2 z}{\partial x\partial y}=\frac{\partial[2xy+y\cos(xy)]}{\partial y}=2x+\cos(xy)-xy\sin(xy),$$

$$\frac{\partial^2 z}{\partial y\partial x}=\frac{\partial}{\partial x}[x^2+x\cos(xy)]=2x+\cos(xy)-xy\sin(xy),$$

$$\frac{\partial^2 z}{\partial y^2}=\frac{\partial}{\partial y}[x^2+x\cos(xy)]=-x^2\sin(xy).$$

注意:从上例可以看到$\frac{\partial^2 z}{\partial x\partial y}=\frac{\partial^2 z}{\partial y\partial x}$(即两个混合偏导数是相等的),需要注意的是,这样的结论并不是在任何时候都成立.只有当两个二阶混合偏导数$\frac{\partial^2 z}{\partial x\partial y}$和$\frac{\partial^2 z}{\partial y\partial x}$在求导区域$D$内连续时,则在该区域内有

$$\frac{\partial^2 z}{\partial x\partial y}=\frac{\partial^2 z}{\partial y\partial x}.$$

也就是说,当两个二阶混合偏导数在求导区域内连续时,我们求二阶混合偏导数与求导的次序无关.这个结论也可以类推到更高阶的混合偏导数.

例 6.14　设 $f(x,y)=\mathrm{e}^{xy}+\sin(x+y)$,求 $f''_{xx}\left(\frac{\pi}{2},0\right)$, $f''_{xy}\left(\frac{\pi}{2},0\right)$.

解　因为

$$f'_x(x,y)=y\mathrm{e}^{xy}+\cos(x+y),$$
$$f''_{xx}(x,y)=y^2\mathrm{e}^{xy}-\sin(x+y),$$
$$f''_{xy}(x,y)=\mathrm{e}^{xy}+xy\mathrm{e}^{xy}-\sin(x+y)=\mathrm{e}^{xy}(1+xy)-\sin(x+y),$$

所以

$$f''_{xx}\left(\frac{\pi}{2},0\right)=-1,\quad f''_{xy}\left(\frac{\pi}{2},0\right)=0.$$

习题 6-3

习题 6-3 答案

1. 填空题

(1) 设 $f'_x(x_0,y_0)=2$,则$\lim\limits_{\Delta x\to 0}\frac{f(x_0-\Delta x,y_0)-f(x_0,y_0)}{\Delta x}=$__________.

(2) 设 $z=\arcsin(xy)$,则$\frac{\partial z}{\partial x}=$__________,$\frac{\partial z}{\partial y}=$__________.

(3) 设 $f(x,y)=\ln\left(x+\frac{y}{2x}\right)$,则 $f'_y(1,0)=$__________.

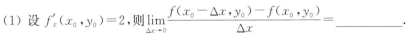

(4) 若 $z=\ln(\sqrt{x}+\sqrt{y})$,则 $x\dfrac{\partial z}{\partial x}+y\dfrac{\partial z}{\partial y}=$__________.

(5) 若 $f(xy,x+y)=x^2+y^2$,则 $f'_x(x,y)=$__________.

2. 求下列函数的偏导数:

(1) $z=x^3+y^3$;　　(2) $z=\mathrm{e}^{-x}\sin y$;

(3) $z=(1+xy)^y$;　　(4) $z=\dfrac{x-y}{x+y}$;

(5) $z=\tan(xy^2)$;　　(6) $z=xy+\dfrac{x}{y}$.

3. 求下列函数的二阶偏导数:

(1) $z=x^4+y^4-4x^2y^2$;　　(2) $z=\ln(x^2+y^2)$;

(3) $z=\sqrt{xy}$;　　(4) $z=\dfrac{x+y}{x-y}$.

4. 证明 $T(x,t)=\mathrm{e}^{-ab^2t}\sin bx$　($a>0,a,b$ 是常数)满足热传导方程:

$$\frac{\partial T}{\partial t}=a\frac{\partial^2 T}{\partial x^2}.$$

5. 已知理想气体的状态方程 $PV=RT$(R 是常数),证明:$\dfrac{\partial P}{\partial V}\cdot\dfrac{\partial V}{\partial T}\cdot\dfrac{\partial T}{\partial P}=-1$.

6.4　多元复合函数与隐函数的微分法

6.4.1　复合函数的求导法则

在一元函数微分学中,复合函数求导法则是最重要的求导法则之一,它解决了很多复杂函数的求导问题.在多元函数微分学中同样如此,下面介绍二元复合函数的求导法则.

视频 79

定理 6.1　设函数 $u=\varphi(x,y)$,$v=\psi(x,y)$在点(x,y)处偏导数存在,函数 $z=f(u,v)$在对应点(u,v)处可微,则二元复合函数 $z=f[\varphi(x,y),\psi(x,y)]$在点$(x,y)$处偏导数存在,且

$$\frac{\partial z}{\partial x}=\frac{\partial z}{\partial u}\cdot\frac{\partial u}{\partial x}+\frac{\partial z}{\partial v}\cdot\frac{\partial v}{\partial x},\tag{6-2}$$

$$\frac{\partial z}{\partial y}=\frac{\partial z}{\partial u}\cdot\frac{\partial u}{\partial y}+\frac{\partial z}{\partial v}\cdot\frac{\partial v}{\partial y}.\tag{6-3}$$

对于二元复合函数的这个求偏导数的法则,我们可借助图 6-14来帮助理解,更好地掌握式(6-2)和式(6-3)的应用方法.

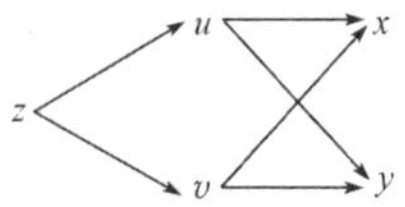

图 6-14

在求偏导数$\dfrac{\partial z}{\partial x}$时,如将 y 看作常数,函数就可看作 x 的一元函数;由于当 x 改变时,既会引起 u 改变,同时也会引起 v 改变,从而引起 z 改变.因此,由 x 引起的 z 的变化由两部分组成.由变量关系图(图 6-14)看到从函数 z 到自变量 x 有两条路径:$z\to u\to x$ 及 $z\to v\to x$;沿 $z\to u\to x$ 路径,对应有$\dfrac{\partial z}{\partial u}\cdot\dfrac{\partial u}{\partial x}$,沿 $z\to v\to x$ 路径,对应有$\dfrac{\partial z}{\partial v}$

$\cdot \frac{\partial v}{\partial x}$,只要将两项相加,即得式(6-2).可用同样的方法来理解求$\frac{\partial z}{\partial y}$的式(6-3).

式(6-2)和式(6-3)所表示的求导法则,也常称为复合函数的链式法则.

例 6.15　已知 $z=\ln[e^{2(x+y^2)}+(x^2+y)]$,求$\frac{\partial z}{\partial x},\frac{\partial z}{\partial y}$.

解　令 $u=e^{x+y^2}$,$v=x^2+y$,则 $z=\ln(u^2+v)$.

由式(6-2)和式(6-3)得

$$\frac{\partial z}{\partial x}=\frac{\partial z}{\partial u}\cdot\frac{\partial u}{\partial x}+\frac{\partial z}{\partial v}\cdot\frac{\partial v}{\partial x}=\frac{2u}{u^2+v}\cdot e^{x+y^2}+\frac{1}{u^2+v}\cdot 2x$$

$$=\frac{2(e^{2(x+y^2)}+x)}{e^{2(x+y^2)}+x^2+y};$$

$$\frac{\partial z}{\partial y}=\frac{\partial z}{\partial u}\cdot\frac{\partial u}{\partial y}+\frac{\partial z}{\partial v}\cdot\frac{\partial v}{\partial y}=\frac{2u}{u^2+v}\cdot e^{x+y^2}\cdot 2y+\frac{1}{u^2+v}$$

$$=\frac{4ye^{2(x+y^2)}+1}{e^{2(x+y^2)}+x^2+y}.$$

例 6.16　设 $z=f(x+y,xy)$,求$\frac{\partial z}{\partial x},\frac{\partial z}{\partial y}$.

解　设 $u=x+y$,$v=xy$,则 $z=f(u,v)$,尽管这是个抽象函数,但各变量间的关系如图6-14所示,因而有

$$\frac{\partial u}{\partial x}=1,\quad \frac{\partial u}{\partial y}=1,\quad \frac{\partial v}{\partial x}=y,\quad \frac{\partial v}{\partial y}=x.$$

由式(6-2)、式(6-3)得

$$\frac{\partial z}{\partial x}=\frac{\partial z}{\partial u}\cdot\frac{\partial u}{\partial x}+\frac{\partial z}{\partial v}\cdot\frac{\partial v}{\partial x}=\frac{\partial z}{\partial u}+y\frac{\partial z}{\partial v},$$

$$\frac{\partial z}{\partial y}=\frac{\partial z}{\partial u}\cdot\frac{\partial u}{\partial y}+\frac{\partial z}{\partial v}\cdot\frac{\partial v}{\partial y}=\frac{\partial z}{\partial u}+x\frac{\partial z}{\partial v}.$$

如果记 f'_i $(i=1,2)$表示函数 z 对第 i 个中间变量的偏导数,即$\frac{\partial z}{\partial u}$可记为 f'_1,$\frac{\partial z}{\partial v}$可记为 f'_2,则上面的结果可改为

$$\frac{\partial z}{\partial x}=f'_1+yf'_2,\quad \frac{\partial z}{\partial y}=f'_1+xf'_2.$$

此例表明:计算抽象复合函数的偏导数时,在求出的偏导数结果中,包含有抽象的偏导数的符号是常见的.

二元函数的复合形式可以是多种多样的,要善于分析函数间的复合关系.下面针对几种常见的特殊情形加以分析.

(1) 已知 $z=f(u,v)$,$u=\varphi(x)$,$v=\psi(x)$,则 $z=f[\varphi(x),\psi(x)]$是 x 的函数,其变量关系如图 6-15 所示,此时,z 对 x 的导数称为全导数,且有

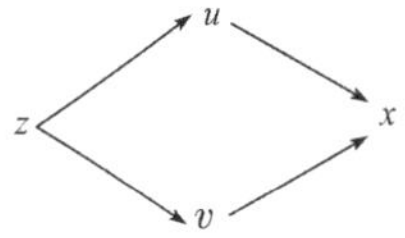

图 6-15

$$\frac{\mathrm{d}z}{\mathrm{d}x}=\frac{\partial z}{\partial u}\cdot\frac{\mathrm{d}u}{\mathrm{d}x}+\frac{\partial z}{\partial v}\cdot\frac{\mathrm{d}v}{\mathrm{d}x}. \tag{6-4}$$

例 6.17 设 $z=uv$, $u=\mathrm{e}^x$, $v=\cos 2x$,求全导数$\frac{\mathrm{d}z}{\mathrm{d}x}$.

解 题中各变量 z 和 u,v,x 有如图 6-15 描述的关系,由式(6-4)得

$$\frac{\mathrm{d}z}{\mathrm{d}x}=\frac{\partial z}{\partial u}\cdot\frac{\mathrm{d}u}{\mathrm{d}x}+\frac{\partial z}{\partial v}\cdot\frac{\mathrm{d}v}{\mathrm{d}x}=v\cdot\mathrm{e}^x+2u\cdot(-\sin 2x)=\mathrm{e}^x(\cos 2x-2\sin 2x).$$

(2) 已知 $z=f(u,v,w)$, $u=u(x,y)$, $v=v(x,y)$, $w=w(x,y)$,其变量关系如图 6-16 所示,则

$$\frac{\partial z}{\partial x}=\frac{\partial z}{\partial u}\cdot\frac{\partial u}{\partial x}+\frac{\partial z}{\partial v}\cdot\frac{\partial v}{\partial x}+\frac{\partial z}{\partial w}\cdot\frac{\partial w}{\partial x}, \tag{6-5}$$

$$\frac{\partial z}{\partial y}=\frac{\partial z}{\partial u}\cdot\frac{\partial u}{\partial y}+\frac{\partial z}{\partial v}\cdot\frac{\partial v}{\partial y}+\frac{\partial z}{\partial w}\cdot\frac{\partial w}{\partial y}. \tag{6-6}$$

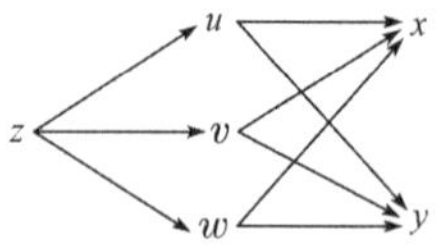

图 6-16

(3) 已知 $z=f(u)$, $u=\varphi(x,y)$,其变量关系如图 6-17 所示,则

$$\frac{\partial z}{\partial x}=\frac{\mathrm{d}z}{\mathrm{d}u}\cdot\frac{\partial u}{\partial x}, \tag{6-7}$$

$$\frac{\partial z}{\partial y}=\frac{\mathrm{d}z}{\mathrm{d}u}\cdot\frac{\partial u}{\partial y}. \tag{6-8}$$

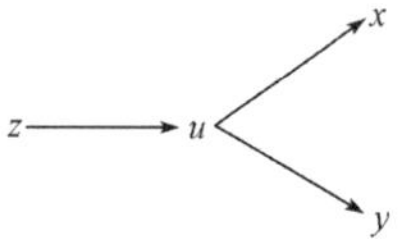

图 6-17

例 6.18 设 $z=f(x^2+y^2)$, f 是可微函数,求证:$y\frac{\partial z}{\partial x}-x\frac{\partial z}{\partial y}=0$.

证明 设 $u=x^2+y^2$,则 $z=f(x^2+y^2)$是由 $z=f(u)$, $u=x^2+y^2$ 复合而成的.图 6-17 描述了各变量的关系,由式(6-7)和式(6-8)得

$$\frac{\partial z}{\partial x}=\frac{\mathrm{d}z}{\mathrm{d}u}\cdot\frac{\partial u}{\partial x}=2x\frac{\mathrm{d}z}{\mathrm{d}u},\ \frac{\partial z}{\partial y}=\frac{\mathrm{d}z}{\mathrm{d}u}\cdot\frac{\partial u}{\partial y}=2y\frac{\mathrm{d}z}{\mathrm{d}u},$$

所以有
$$y\frac{\partial z}{\partial x}-x\frac{\partial z}{\partial y}=2x\frac{\mathrm{d}z}{\mathrm{d}u}\cdot y-2y\frac{\mathrm{d}z}{\mathrm{d}u}\cdot x=0.$$

(4) 已知 $z=f(u,x,y)$, $u=\varphi(x,y)$,其变量关系如图 6-18 所示,则

$$\frac{\partial z}{\partial x}=\frac{\partial f}{\partial u}\cdot\frac{\partial u}{\partial x}+\frac{\partial f}{\partial x}, \tag{6-9}$$

$$\frac{\partial z}{\partial y}=\frac{\partial f}{\partial u}\cdot\frac{\partial u}{\partial y}+\frac{\partial f}{\partial y}. \tag{6-10}$$

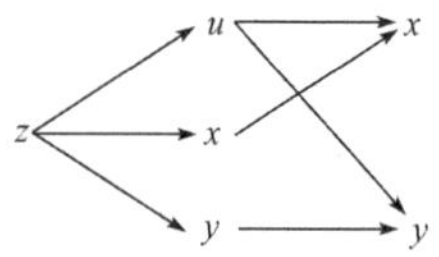

图 6-18

例 6.19 设 $z=f(x,y,u)=(x+y)\sin u+\mathrm{e}^u$, $u=x^2+y^2$,求$\frac{\partial z}{\partial x}$,$\frac{\partial z}{\partial y}$.

解 图 6-18 描述了变量 z 和 u,x,y 的关系.由式(6-9)和式(6-10)得

$$\begin{aligned}\frac{\partial z}{\partial x}&=\frac{\partial f}{\partial u}\cdot\frac{\partial u}{\partial x}+\frac{\partial f}{\partial x}\\&=[(x+y)\cos u+\mathrm{e}^u]\cdot 2x+\sin u\\&=2x(x+y)\cos(x^2+y^2)+2x\mathrm{e}^{x^2+y^2}+\sin(x^2+y^2),\end{aligned}$$

$$\frac{\partial z}{\partial y}=\frac{\partial f}{\partial u}\cdot\frac{\partial u}{\partial y}+\frac{\partial f}{\partial y}$$

$$=2y(x+y)\cos(x^2+y^2)+2ye^{x^2+y^2}+\sin(x^2+y^2).$$

注意：式(6-9)中的$\frac{\partial z}{\partial x}$和$\frac{\partial f}{\partial x}$代表不同的意义. $\frac{\partial z}{\partial x}$是复合函数 $z=f[\varphi(x,y),x,y]$把 y 看作常数，对 x 求偏导数；而$\frac{\partial f}{\partial x}$是函数 $z=f(u,x,y)$中把 u,y 都看作常数(虽然 u 与 x 有关)，对 x 求偏导数. 为了避免混淆，将上面式子中右端第一项写成$\frac{\partial f}{\partial x}\left(而不写成\frac{\partial z}{\partial x}\right)$，表示函数 $f(u,x,y)$对第二个变量 x 求偏导数. 同理，式(6-10)中的$\frac{\partial z}{\partial y}$和$\frac{\partial f}{\partial y}$所表示的含义与式(6-9)中的解释类似.

例 6.20　设 $z=f(x,x\cos y)$，求$\frac{\partial z}{\partial x}$，$\frac{\partial z}{\partial y}$.

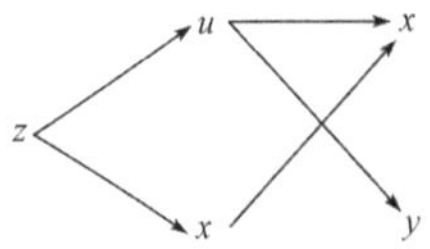

图 6-19

解　设 $u=x\cos y$，则 $z=f(x,u)$.

图 6-19 描述了函数中各变量的关系，所以得

$$\frac{\partial z}{\partial x}=\frac{\partial f}{\partial u}\cdot\frac{\partial u}{\partial x}+\frac{\partial f}{\partial x}$$

$$=\cos y\frac{\partial f}{\partial u}+\frac{\partial f}{\partial x}=f'_2\cos y+f'_1,$$

$$\frac{\partial z}{\partial y}=\frac{\partial f}{\partial u}\cdot\frac{\partial u}{\partial y}=-x\sin y\frac{\partial f}{\partial u}$$

$$=-xf'_2\sin y.$$

从上面例题知：在使用链导法则求偏导数时，无论因变量与中间变量、自变量之间是什么形式的关系，画出各变量(即因变量、中间变量、自变量)间的关系图至关重要.

*6.4.2　隐函数求导

1. 由方程 $F(x,y)=0$ 所确定的隐函数 $y=f(x)$ 的导数的求法

由方程 $F(x,y)=0$ 所确定的隐函数 $y=f(x)$是一元隐函数，一元隐函数的求导方法在上册已经学习过，我们通过二元复合函数的求导法，来推导出隐函数的导数公式.

假设由方程 $F(x,y)=0$ 确定了一个可导的隐函数 $y=f(x)$，将方程 $F(x,y)=0$ 所确定的隐函数 $y=f(x)$代入 $F(x,y)=0$，得恒等式

$$F(x,f(x))\equiv 0.$$

由于上式左端可看作是 x 的复合函数，因此，两边同时对 x 求其导数，即得

$$\frac{\partial F}{\partial x}+\frac{\partial F}{\partial y}\cdot\frac{dy}{dx}=0.$$

分别用 F'_x，F'_y 表示$\frac{\partial F}{\partial y}$，即有 $F'_x+F'_y\frac{dy}{dx}=0$.

若有 $F'_y\neq 0$，则隐函数 $y=f(x)$的导数为

$$\frac{dy}{dx}=-\frac{F'_x}{F'_y}. \tag{6-11}$$

例 6.21 求由方程 $e^{xy}+x=y$ 所确定的隐函数的导数$\frac{dy}{dx}$.

解 设 $F(x,y)=e^{xy}+x-y$,则

$$F'_x=ye^{xy}+1,\quad F'_y=xe^{xy}-1.$$

代入式(6-11),得

$$\frac{dy}{dx}=-\frac{F'_x}{F'_y}=-\frac{ye^{xy}+1}{xe^{xy}-1}.$$

此例表明:用式(6-11)求$\frac{dy}{dx}$时,在计算 F'_x、F'_y 时,把 x,y 看成两个独立的变量,不能再把 y 看成 x 的函数,即求 F'_x 时,是把 y 看作常数只对 x 求导,求 F'_y 时,是把 x 看作常数只对 y 求导.

2. 由方程 $F(x,y,z)=0$ 所确定的隐函数 $z=f(x,y)$ 的导数的求法

与推导公式(6-11)类似,把 $z=f(x,y)$代入方程 $F(x,y,z)=0$ 中,得

$$F(x,y,f(x,y))=0.$$

上式左边 $F(x,y,f(x,y))$可看作一个复合函数,对等式两边分别关于 x,y 求偏导,得

$$\frac{\partial F}{\partial x}+\frac{\partial F}{\partial z}\cdot\frac{\partial z}{\partial x}=0 \text{ 和} \frac{\partial F}{\partial y}+\frac{\partial F}{\partial z}\cdot\frac{\partial z}{\partial y}=0.$$

分别用 F'_x,F'_y,F'_z 表示$\frac{\partial F}{\partial x}$、$\frac{\partial F}{\partial y}$和$\frac{\partial F}{\partial z}$.

若 $F'_x(x,y,z)\neq0$,则可得

$$\frac{\partial z}{\partial x}=-\frac{F'_x}{F'_z},\tag{6-12}$$

$$\frac{\partial z}{\partial y}=-\frac{F'_y}{F'_z}.\tag{6-13}$$

例 6.22 设 $z^2y-xz^3=1$,求$\frac{\partial z}{\partial x}$,$\frac{\partial z}{\partial y}$.

解 设 $F(x,y,z)=z^2y-xz^3-1$,则

$$F'_x=-z^3,\ F'_y=z^2,F'_z=2zy-3xz^2.$$

由式(6-12)和式(6-13),得

$$\frac{\partial z}{\partial x}=-\frac{F'_x}{F'_z}=-\frac{-z^3}{2zy-3xz^2}=\frac{z^2}{2y-3xz},$$

$$\frac{\partial z}{\partial y}=-\frac{F'_y}{F'_z}=-\frac{z^2}{2zy-3xz^2}=-\frac{z}{2y-3xz}.$$

例 6.23 设 $x^2+y^2+z^2-4z=0$,求$\frac{\partial^2 z}{\partial x^2}$.

解 设 $F(x,y,z)=x^2+y^2+z^2-4z$,则

$$F'_x=2x,\ F'_z=2z-4.$$

由式(6-12)得

$$\frac{\partial z}{\partial x}=\frac{x}{2-z}.$$

再对 x 求一次偏导数，得

$$\frac{\partial^2 z}{\partial x^2}=\frac{(2-z)+x\dfrac{\partial z}{\partial x}}{(2-z)^2}=\frac{(2-z)+x\cdot\dfrac{x}{2-z}}{(2-z)^2}=\frac{(2-z)^2+x^2}{(2-z)^3}.$$

注意：用式(6-12)和式(6-13)求$\frac{\partial z}{\partial x}$，$\frac{\partial z}{\partial y}$时，在计算 F'_x，F'_y，F'_z 的过程中，要将 x，y，z 看成独立的变量．即在求 F'_x 时，要把 y，z 当作常数，只对 x 求偏导数；在求 F'_y 时，要把 x，z 当作常数，只对 y 求偏导数；在求 F'_z 时，要把 x，y 当作常数，只对 z 求偏导数．

习题 6-4

习题 6-4 答案

1．填空题

(1) 设 $z=\frac{v}{u}$，$u=\ln x$，$v=e^x$，则$\frac{dz}{dx}=$__________．

(2) 设 $z=\arctan(xy)$，$y=e^x$，则$\frac{dz}{dx}=$__________．

(3) 设 $x^2+y^2+z^2=1$，则$\frac{\partial z}{\partial x}=$__________，$\frac{\partial z}{\partial y}=$__________．

(4) 设 $z=u^2v$，$u=x\cos y$，$v=x\sin y$，则$\frac{\partial z}{\partial x}=$__________，$\frac{\partial z}{\partial y}=$__________．

(5) 设 $z=u^2\ln v$，$u=\frac{x}{y}$，$v=3x-2y$，则$\frac{\partial z}{\partial x}=$__________．

(6) 设 $x^2y^2-x^4-y^4=a^4$（a 为常数），则$\frac{dy}{dx}=$__________．

2．求下列函数的偏导数（其中 f 是可微函数）$\frac{\partial z}{\partial x}$和$\frac{\partial z}{\partial y}$：

(1) $z=e^{x^2}\sin\frac{y}{x}$；

(2) $z=\ln(e^{xy}+x^2-y^2)$；

(3) $z=\arcsin(x^2+y^2)$；

(4) $z=f\left(\cos y,\frac{y}{x}\right)$；

(5) $z=f\left(2x,\frac{x}{y}\right)$；

(6) $z=f(x^2y,xy^2)$．

3．求由下列方程确定的函数 $z=f(x,y)$ 的偏导数或二阶偏导数：

(1) 设$\frac{x}{z}=\ln\frac{z}{y}$，求$\frac{\partial z}{\partial x}$，$\frac{\partial z}{\partial y}$；

(2) 设 $e^{xy}-\arctan z+xyz=0$，求$\frac{\partial z}{\partial x}$，$\frac{\partial z}{\partial y}$；

(3) 设 $z^3-3xyz=a^3$（a 为常数），求$\frac{\partial z}{\partial x}$，$\frac{\partial z}{\partial y}$，$\frac{\partial^2 z}{\partial x^2}$．

6.5 全微分及其应用

6.5.1 全微分的定义

对于一元函数，当 $y=f(x)$ 在点 $x=x_0$ 处可导时，函数的增量 Δy 可分成两个部分：

$$\Delta y=f'(x_0)\Delta x+o(\Delta x),$$

其中，$o(\Delta x)$ 是 Δx 的当 $\Delta x\to 0$ 时的高阶无穷小，$f'(x_0)\Delta x$ 是函数增量 Δy 的线性主部，即函数的微分，记为 $\mathrm{d}y=f'(x_0)\mathrm{d}x$.

视频 80

我们可用类似于一元函数中所给的函数增量的定义，得到二元函数的全增量的概念.

设函数 $z=f(x,y)$ 在点 (x_0,y_0) 的某邻域内有定义，当自变量 x,y 在点 (x_0,y_0) 处分别在该邻域内有增量 Δx、Δy 时，函数 $z=f(x,y)$ 在点 (x_0,y_0) 处相应的增量为

$$\Delta z=f(x_0+\Delta x,y_0+\Delta y)-f(x_0,y_0),$$

我们就称这个增量为函数 $z=f(x,y)$ 在点 (x_0,y_0) 处的全增量.

全增量 Δz 的计算一般比较复杂，下面通过一个引例来进行讨论.

引例 设半径为 r、高为 h 的圆柱体，当 r 和 h 各有增量 Δr、Δh 时，圆柱体的体积发生了多大的改变？

解 由圆柱体体积公式 $V=\pi r^2 h$ 得

$$\begin{aligned}\Delta V &=\pi(r+\Delta r)^2(h+\Delta h)-\pi r^2 h\\ &=2\pi rh\Delta r+\pi r^2\Delta h+2\pi r\Delta r\Delta h+\pi h(\Delta r)^2+\pi(\Delta r)^2\Delta h.\end{aligned}$$

显然直接计算 ΔV 是比较麻烦的，但可以看出，上式可分成两部分：

第一部分是关于 Δr 和 Δh 的线性函数：

$$2\pi rh\Delta r+\pi r^2\Delta h.$$

第二部分：

$$2\pi r\Delta r\Delta h+\pi h(\Delta r)^2+\pi(\Delta r)^2\Delta h.$$

可以证明，当 $(\Delta r,\Delta h)\to(0,0)$ 时，$2\pi r\Delta r\Delta h+\pi h(\Delta r)^2+\pi(\Delta r)^2\Delta h$ 是一个比 $\rho=\sqrt{(\Delta r)^2+(\Delta h)^2}$ 的更高阶的无穷小，所以，ΔV 可表示为

$$\Delta V=2\pi rh\Delta r+\pi r^2\Delta h+o(\rho).$$

所以，当 Δr、Δh 很小的时候，就有

$$\Delta V\approx 2\pi rh\Delta r+\pi r^2\Delta h.$$

类似于一元函数微分的概念，可以把关于 Δr 和 Δh 的线性函数

$$2\pi rh\Delta r+\pi r^2\Delta h$$

称为函数 y 的全微分.

由此得到一般的二元函数的全微分定义.

定义 6.4 设二元函数 $z=f(x,y)$ 在点 (x_0,y_0) 的某邻域内有定义，如果 $z=f(x,y)$ 在点 (x_0,y_0) 处的全增量

$$\Delta z=f(x_0+\Delta x,y_0+\Delta y)-f(x_0,y_0)$$

可以表示为

$$\Delta z=A\Delta x+B\Delta y+o(\rho),$$

其中，A，B 与 Δx，Δy 无关，$\rho=\sqrt{(\Delta x)^2+(\Delta y)^2}$，$o(\rho)$是当 $\rho\to 0$ 时，比 ρ 高阶的无穷小，则称二元函数 $z=f(x,y)$在点(x_0,y_0)处可微，并称 $A\Delta x+B\Delta y$ 为函数$z=f(x,y)$在点(x_0,y_0)处的全微分，记作 $\mathrm{d}z\Big|_{\substack{x=x_0\\y=y_0}}$，即

$$\mathrm{d}z\Big|_{\substack{x=x_0\\y=y_0}}=A\Delta x+B\Delta y.$$

注意：

(1) 函数 $z=f(x,y)$在点(x_0,y_0)处可微，也称作函数在点(x_0,y_0)处存在全微分；

(2) 当$|\Delta x|$、$|\Delta y|$足够小时，可用全微分 $\mathrm{d}z$ 作为函数 $f(x,y)$的全增量 Δz 的近似值.

6.5.2　全微分的计算方法

在一元函数中，如果函数在一点可微，则有 $\mathrm{d}y=f'(x)\mathrm{d}x$，由此就得到了求微分的方法.

对于二元函数 $z=f(x,y)$，在点(x_0,y_0)处的可微与偏导数之间存在什么关系呢？从全微分定义中知道，要计算全微分，必须求出定义中的 A、B，那么，A、B 如何确定？

可以证明：若函数 $z=f(x,y)$在点(x_0,y_0)处可微，则在该点 $f(x,y)$的两个偏导数存在，并且

$$A=f'_x(x_0,y_0),\quad B=f'_y(x_0,y_0).$$

据此，可以得到全微分的计算方法和计算公式如下：

设函数 $z=f(x,y)$在点(x_0,y_0)处可微，则函数 $z=f(x,y)$在点(x_0,y_0)处的全微分可表示为

$$\mathrm{d}z=f'_x(x_0,y_0)\Delta x+f'_y(x_0,y_0)\Delta y.$$

结合一元函数的微分表示方式，全微分可以写成

$$\mathrm{d}z=f'_x(x_0,y_0)\mathrm{d}x+f'_y(x_0,y_0)\mathrm{d}y,\tag{6-14}$$

其中，$\mathrm{d}x$，$\mathrm{d}y$ 分别是自变量 x，y 的微分.

如果函数 $f(x,y)$在区域 D 内的每一点都可微，则称 $f(x,y)$在区域 D 内是可微的，且在区域 D 内任一点(x,y)的全微分为

$$\mathrm{d}z=f'_x(x,y)\mathrm{d}x+f'_y(x,y)\mathrm{d}y,$$

或写成

$$\mathrm{d}z=\frac{\partial z}{\partial x}\mathrm{d}x+\frac{\partial z}{\partial y}\mathrm{d}y.\tag{6-15}$$

上面的讨论可以推广到三元和三元以上的多元函数.

例如，如果三元函数 $u=f(x,y,z)$的全微分存在，则有

$$du=\frac{\partial u}{\partial x}dx+\frac{\partial u}{\partial y}dy+\frac{\partial u}{\partial z}dz.$$

例 6.24 求函数 $z=x^2y+y^2$ 在点(1,2)处的全微分 dz.

解 因为$\frac{\partial z}{\partial x}=2xy,\frac{\partial z}{\partial y}=x^2+2y$ 在点(1,2)处连续，所以

$$\left.\frac{\partial z}{\partial x}\right|_{\substack{x=1\\y=2}}=4,\ \left.\frac{\partial z}{\partial y}\right|_{\substack{x=1\\y=2}}=5.$$

由定理可知函数 z 在点(1,2)处可微，且

$$dz=\left.\frac{\partial z}{\partial x}\right|_{\substack{x=1\\y=2}}dx+\left.\frac{\partial z}{\partial y}\right|_{\substack{x=1\\y=2}}dy=4dx+5dy.$$

例 6.25 求函数 $z=y^x(y>0,y\neq1)$的全微分.

解 因为$\frac{\partial z}{\partial x}=y^x\ln y,\frac{\partial z}{\partial y}=xy^{x-1}$，在 $y>0$ 且 $y\neq1$ 的每一点(x,y)都连续，由定理可知函数 z 在点(x,y)处可微，且

$$dz=\frac{\partial z}{\partial x}dx+\frac{\partial z}{\partial y}dy=y^x\ln y dx+xy^{x-1}dy.$$

*6.5.3 全微分在近似计算中的应用

设函数 $z=f(x,y)$在点(x_0,y_0)处可微，根据对全微分定义的分析，可以知道，当$|\Delta x|$和$|\Delta y|$很小时，就可以用函数的全微分 dz 近似代替函数的全增量

$$\Delta z\approx dz, \tag{6-16}$$

或写成

$$f(x_0+\Delta x,y_0+\Delta y)\approx f(x_0,y_0)+f'_x(x_0,y_0)\Delta x+f'_y(x_0,y_0)\Delta y. \tag{6-17}$$

因此，可利用式(6-16)和式(6-17)计算函数增量的近似值以及函数的近似值.

例 6.26 要做一个无盖的圆柱体形蓄水池，其内径为 4m，高为 4m，厚度为0.01m，求需用多少立方米的材料?

解 设圆柱的底面半径为 r，高为 h，体积为 V，则有

$$V=\pi r^2h.$$

由题意，$r_0=2,h_0=4,\Delta r=\Delta h=0.01$，$\Delta r$ 与 Δh 相对 r,h 都很小，可得

$$\begin{aligned}\Delta V\approx dV&=\left.\frac{\partial V}{\partial r}\right|_{\substack{r=r_0\\h=h_0}}\Delta r+\left.\frac{\partial V}{\partial h}\right|_{\substack{r=r_0\\h=h_0}}\Delta h=2\pi r_0h_0\Delta r+\pi r_0^2\Delta h\\&=2\pi\times2\times4\times0.01+\pi\times2^2\times0.01=0.2\pi\approx0.6283,\end{aligned}$$

即约需用 0.6283m^3 的材料.

例 6.27 计算 $\sqrt{(1.02)^3+(1.97)^3}$ 的近似值.

解 计算函数在点$(x_0+\Delta x,y_0+\Delta y)$处的近似值，应首先根据题目选择函数$f(x,y)$，其次选定点$(x_0,y_0)$，然后再计算.

令 $f(x,y)=\sqrt{x^3+y^3}$，取

$$x_0=1,\ y_0=2,\ \Delta x=0.02,\ \Delta y=-0.03.$$

$$f'_x(x,y)=\left.\frac{3x^2}{2\sqrt{x^3+y^3}}\right|_{\substack{x=1\\y=2}}=\frac{1}{2},\quad f'_y(x,y)=\left.\frac{3y^2}{2\sqrt{x^3+y^3}}\right|_{\substack{x=1\\y=2}}=2.$$

而 $f(1,2)=3$，由公式得

$$\sqrt{(1.02)^3+(1.97)^3}\approx 3+\frac{1}{2}\times 0.02+2\times(-0.03)=2.95.$$

习题 6-5

习题 6-5 答案

1. 求函数 $z=x^2y^3$ 在点 $(2,-1)$ 处，当 $\Delta x=0.02$，$\Delta y=0.01$ 时的全增量与全微分.

2. 求下列函数的全微分：

(1) $z=xy+\dfrac{y}{x}$；　　(2) $z=\sin(x^2+y^2)$；

(3) $z=\arctan\dfrac{x}{y}$；　　(4) $z=e^{xy}$.

3. 求函数 $z=x\sin(x+y)$ 在点 $\left(\dfrac{\pi}{4},\dfrac{\pi}{4}\right)$ 处的全微分.

4. 设一个矩形的长为 8m，宽为 6m，当长减少 10cm，宽增加 5cm 时，求它的对角线变化的近似值.

5. 用全微分计算下列各数的近似值：

(1) $(1.04)^{2.02}$；　　(2) $\sqrt[3]{(2.02)^2+(1.99)^2}$.

6.6　二重积分的定义、性质与计算

在上册第 5 章，我们讨论了定积分. 定积分的被积函数是一元函数，积分区域是数轴上的一个区间. 而将被积函数由一元函数 $y=f(x)$ 推广到二元函数 $z=f(x,y)$，积分范围由 x 轴上的闭区间 $[a,b]$ 推广到 xOy 平面上的闭区域 D，就是二重积分. 本节通过引例介绍二重积分概念，然后学习二重积分的性质与计算.

6.6.1　二重积分的定义

1. 引例——曲顶柱体的体积

若有一个柱体，它的底是 xOy 平面上的闭区域 D，它的侧面是以 D 的边界曲线为准线，且母线平行于 z 轴的柱面，它的顶是曲面 $z=f(x,y)$. 设 $f(x,y)\geqslant 0$ 为 D 上的连续函数，则称这个柱体为曲顶柱体（图 6-20）. 下面求其体积 V.

(1) 分割：将区域 D 任意分割成 n 个小块 $\Delta\sigma_1,\Delta\sigma_2,\cdots,\Delta\sigma_n$，且 $\Delta\sigma_i$ 也表示第 i 个小块的面积，这样就将曲顶柱体相应地分割成 n 个小曲顶柱体，它们的体积记为 $\Delta V_i\ (i=1,2,\cdots,n)$.

视频 81

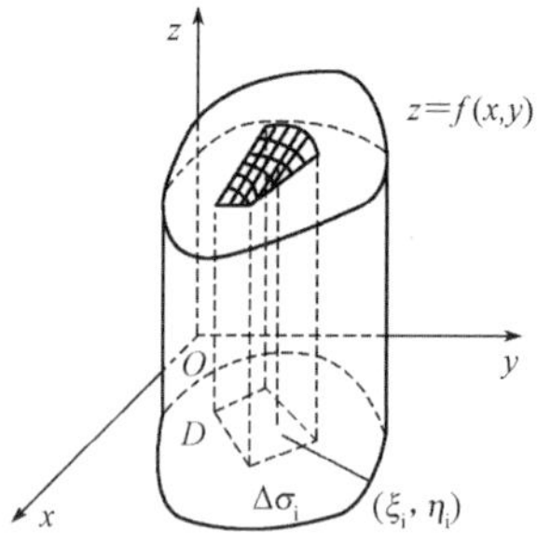

图 6-20

(2) 求和：记 d_i 为 $\Delta\sigma_i$ 的直径. 则当 d_i 很小时，在 $\Delta\sigma_i$ 中任取一点 (ξ_i,η_i)，以 $f(\xi_i,\eta_i)$ 为高且以 $\Delta\sigma_i$ 为底的平顶柱体的体积为 $f(\xi_i,\eta_i)\Delta\sigma_i$，可以将其看作是以 $\Delta\sigma_i$ 为底的小曲顶柱体体积的近似值. 因此，曲顶柱体的体积可以取近似值为

$$V\approx\sum_{i=1}^{n}f(\xi_i,\eta_i)\Delta\sigma_i.$$

(3) 取极限：若记 $\lambda=\max\{d_1,d_2,\cdots,d_n\}$，则

$$\lim_{\lambda\to0}\sum_{i=1}^{n}f(\xi_i,\eta_i)\Delta\sigma_i$$

为所求曲顶柱体的体积 V.

由此可看出：曲顶柱面的体积最后都归结为求引例中的这一和式的极限. 在很多的实际问题的解决中，也与此类似，可以表示成这样的极限形式. 为此，就得到了二重积分的定义.

2. 二重积分的定义

定义 6.5 设 $z=f(x,y)$ 是有界闭区域 D 上的有界函数，将区域 D 任意分割成 n 个小区域

$$\Delta\sigma_i(i=1,2,\cdots,n),$$

其中，$\Delta\sigma_i$ 表示第 i 个小区域，也表示它的面积. 任取一点 $(\xi_i,\eta_i)\in\Delta\sigma_i$，作和式

$$\sum_{i=1}^{n}f(\xi_i,\eta_i)\Delta\sigma_i.$$

如果当各小区域的直径的最大值 λ 趋于零时，极限

$$\lim_{\lambda\to0}\sum_{i=1}^{n}f(\xi_i,\eta_i)\Delta\sigma_i$$

存在，则称此极限为函数 $z=f(x,y)$ 在区域 D 上的二重积分，记作 $\iint\limits_D f(x,y)\mathrm{d}\sigma$，即

$$\iint\limits_D f(x,y)\mathrm{d}\sigma=\lim_{\lambda\to0}\sum_{i=1}^{n}f(\xi_i,\eta_i)\Delta\sigma_i.$$

其中，$f(x,y)$ 称为被积函数，D 称为积分区域，$f(x,y)\mathrm{d}\sigma$ 称为被积表达式，$\mathrm{d}\sigma$ 称为面积元素，x 和 y 称为积分变量.

若函数 $f(x,y)$ 在有界闭区域 D 上的二重积分存在，则称 $f(x,y)$ 在 D 上可积.

注意：

(1) 函数 $z=f(x,y)$ 在区域 D 上的二重积分与区域 D 的分法无关，也与点 (ξ_i,η_i) 的取法无关. 只与函数 $z=f(x,y)$ 及积分区域 D 有关.

(2) 二重积分中的面积元素 $\mathrm{d}\sigma$ 可由将 D 划分成小区域 $\Delta\sigma_i$ 的图形来确定. 如图 6-21 中，使用一组与 x 轴平行的直线和一组与 y 轴平行的直线来划分区域 D，因此，$\Delta\sigma_i$ 是一个长宽各为 Δx_i，Δy_i 的长方形，其面积为 $\Delta\sigma_i=\Delta x_i\Delta y_i$.

这时，面积元素就为 $\mathrm{d}x\mathrm{d}y$，即 $\mathrm{d}\sigma=\mathrm{d}x\mathrm{d}y$.

二重积分即可表示为：

$$\iint_D f(x,y)\mathrm{d}\sigma=\iint_D f(x,y)\mathrm{d}x\mathrm{d}y.$$

由此可见，使用不同的曲线划分区域，会得到不同的面积元素.

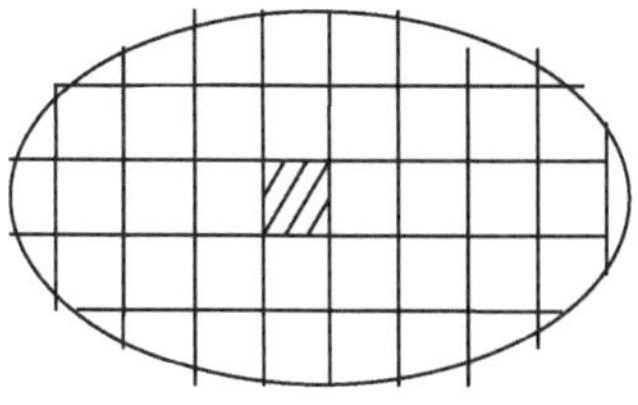

图 6-21

3. 二重积分 $\iint_D f(x,y)\mathrm{d}\sigma$ 的几何意义

二重积分 $\iint_D f(x,y)\mathrm{d}\sigma$ 的几何意义是明显的：设在区域 D 上 $f(x,y)\geqslant 0$，则二重积分 $\iint_D f(x,y)\mathrm{d}\sigma$ 表示以区域 D 为底，以曲面 $z=f(x,y)$ 为曲顶的曲顶柱体的体积. 若在区域 D 上 $f(x,y)\leqslant 0$，则上述曲顶柱体在 xOy 面的下方. 二重积分 $\iint_D f(x,y)\mathrm{d}\sigma$ 的值是负的，它的绝对值为该曲顶柱体的体积.

6.6.2 二重积分的基本性质

二重积分与定积分有类似的性质.

设 $f(x,y)$，$g(x,y)$ 在有界闭区域 D 上均可积，则

性质 1 $\iint_D [f(x,y)\pm g(x,y)]\mathrm{d}\sigma=\iint_D f(x,y)\mathrm{d}\sigma\pm\iint_D g(x,y)\mathrm{d}\sigma.$

性质 2 $\iint_D kf(x,y)\mathrm{d}\sigma=k\iint_D f(x,y)\mathrm{d}\sigma$ （k 为常数）.

性质 3 如果区域 D 被连续曲线分割为 D_1 与 D_2 两部分，则

$$\iint_D f(x,y)\mathrm{d}\sigma=\iint_{D_1} f(x,y)\mathrm{d}\sigma+\iint_{D_2} f(x,y)\mathrm{d}\sigma.$$

性质 4 如果区域 D 上有 $f(x,y)\leqslant g(x,y)$，则

$$\iint_D f(x,y)\mathrm{d}\sigma\leqslant\iint_D g(x,y)\mathrm{d}\sigma.$$

性质 5 设 M 和 m 分别为函数 $f(x,y)$ 在有界闭区域 D 上的最大值和最小值，则

$$m\sigma\leqslant\iint_D f(x,y)\mathrm{d}\sigma\leqslant M\sigma\quad（\sigma \text{ 表示区域 } D \text{ 的面积}）.$$

性质 6 二重积分中值定理：设 $f(x,y)$ 在有界闭区域 D 上连续，σ 是区域 D 的面积，则在 D 上至少存在一点 (ξ,η)，使得

$$\iint_D f(x,y)\mathrm{d}\sigma=f(\xi,\eta)\cdot\sigma.$$

上式右端是以 $f(\xi,\eta)$ 为高、以 D 为底的平顶柱体的体积.

6.6.3 二重积分的计算

在实际应用中,直接由二重积分的定义、性质来计算二重积分一般是很困难的.下面介绍一种计算二重积分的较为简单的方法,这种方法是把二重积分逐次分解为两个一重积分(定积分)进行计算.

视频 82

1. 直角坐标系中的二重积分计算

由二重积分的定义知道,当 $f(x,y)$在区域 D 上可积时,其积分值与区域 D 的分割方法无关,因此在直角坐标系中,可用分别平行于 x 轴和 y 轴的直线将区域 D 分成许多小矩形,这时,面积元素 $d\sigma=dxdy$,二重积分也可记为

$$\iint_D f(x,y)d\sigma=\iint_D f(x,y)dxdy.$$

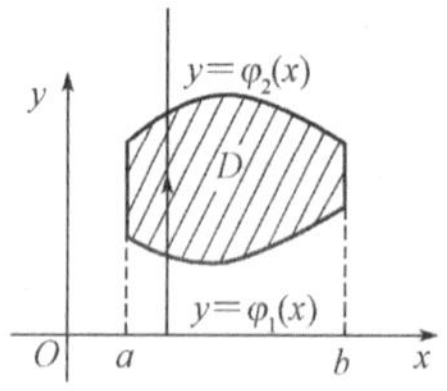

图 6-22

(1) 设 $z=f(x,y)\geqslant 0$,区域 D 可以表示为

$$\varphi_1(x)\leqslant y\leqslant \varphi_2(x),a\leqslant x\leqslant b,$$

其中,$\varphi_1(x)$,$\varphi_2(x)$在$[a,b]$上连续,则称 D 为 X-型区域(图 6-22).

根据二重积分的几何意义,$\iint\limits_D f(x,y)d\sigma$ 等于以 D 为底,以 $z=f(x,y)$为顶的曲顶柱面的体积(图 6-23);另一方面,用"平行截面面积为已知的立体体积"的计算方法来计算这个立体体积,先计算截面面积.

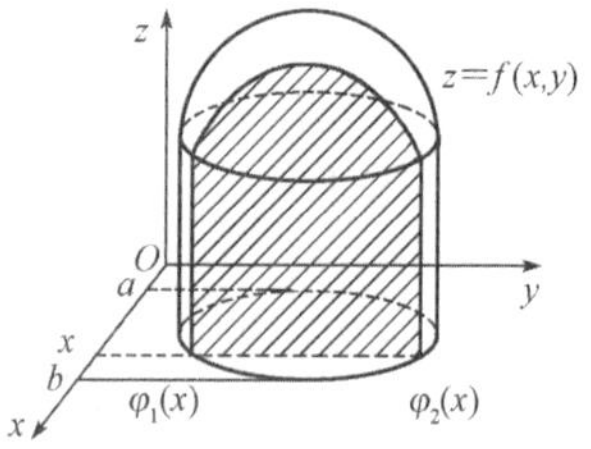

图 6-23

为此,用一组平行于 yOz 坐标平面的平面 $x=x_0(a\leqslant x_0\leqslant b)$截该曲顶柱面,如图 6-23 所示,所得截面是$[\varphi_1(x_0),\varphi_2(x_0)]$区间上,以曲线 $z=f(x_0,y)$为曲边的曲边梯形(图 6-23)的阴影部分,由定积分的几何意义可知,这个曲边梯形的面积 $S(x_0)$为

$$S(x_0)=\int_{\varphi_1(x_0)}^{\varphi_2(x_0)} f(x_0,y)dy.$$

因此,过区间$[a,b]$中任意一点 x,且平行于坐标面 yOz 的平面截曲顶柱体所截得的截面面积为

$$S(x)=\int_{\varphi_1(x)}^{\varphi_2(x)} f(x,y)dy.$$

其中,在关于 y 的积分过程中将 $f(x,y)$中的 x 视为常数.

再由截面面积为已知的立体体积的求法,便得到该曲顶柱体的体积为

$$V=\int_a^b S(x)dx=\int_a^b\left[\int_{\varphi_1(x)}^{\varphi_2(x)} f(x,y)dy\right]dx.$$

于是

$$\iint_D f(x,y)dxdy=\int_a^b\left[\int_{\varphi_1(x)}^{\varphi_2(x)} f(x,y)dy\right]dx,$$

常记为

$$\iint_D f(x,y)\mathrm{d}x\mathrm{d}y=\int_a^b \mathrm{d}x\int_{\varphi_1(x)}^{\varphi_2(x)} f(x,y)\mathrm{d}y, \tag{6-18}$$

称上式为先对 y，后对 x 的二次积分.

虽然以上的推导过程中，假设 $z=f(x,y)\geqslant 0$，但事实上，式(6-18)的成立并不受此条件的限制. 因此，无论 $z=f(x,y)$ 是否大于等于零，式(6-18)总是成立的.

(2) 若区域 D 可以表示为

$$\psi_1(y)\leqslant x\leqslant \psi_2(y),\ c\leqslant y\leqslant d.$$

其中 $\psi_1(y)$，$\psi_2(y)$ 在 $[c,d]$ 上连续，则称 D 为 Y-型区域(图 6-24). 类似可得

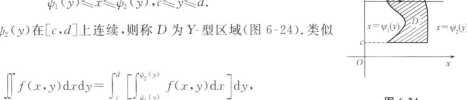

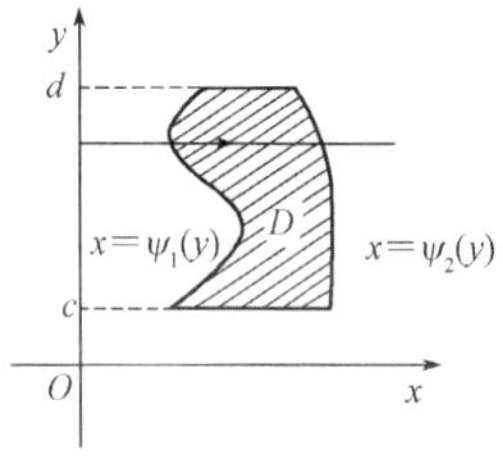

图 6-24

$$\iint_D f(x,y)\mathrm{d}x\mathrm{d}y=\int_c^d \left[\int_{\psi_1(y)}^{\psi_2(y)} f(x,y)\mathrm{d}x\right]\mathrm{d}y,$$

或记为

$$\iint_D f(x,y)\mathrm{d}x\mathrm{d}y=\int_c^d \mathrm{d}y\int_{\psi_1(y)}^{\psi_2(y)} f(x,y)\mathrm{d}x, \tag{6-19}$$

称上式为先对 x，后对 y 的二次积分.

注意

(1) 由上述分析可知，在计算二重积分 $\iint\limits_D f(x,y)\mathrm{d}x\mathrm{d}y$ 的过程中，首先应当将积分区域 D 用不等式 $\varphi_1(x)\leqslant y\leqslant \varphi_2(x)$，$a\leqslant x\leqslant b$ 或 $\psi_1(y)\leqslant x\leqslant \psi_2(y)$，$c\leqslant y\leqslant d$ 表示出来，并画出其示意图.

特别地，若积分区域 D 为矩形区域：$a\leqslant x\leqslant b$，$c\leqslant y\leqslant d$，被积函数为 $f(x,y)=f_1(x)f_2(y)$ 时，则有

$$\iint_D f(x,y)\mathrm{d}x\mathrm{d}y=\int_a^b f_1(x)\mathrm{d}x\int_c^d f_2(y)\mathrm{d}y,$$

即二重积分可化为两个一元函数定积分的乘积.

(2) 如果积分区域既不是 X-型区域，也不是 Y-型区域时，但总是可以分为若干个小块 $D_1,D_2,\cdots,D_k$，且每个小块都是 X-型区域或 Y-型区域，可利用二重积分的性质来计算.

例 6.28　计算 $\iint\limits_D(1-x-y)\mathrm{d}\sigma$，其中，$D=\{(x,y)\mid 0\leqslant x\leqslant 1,0\leqslant y\leqslant 2\}$.

解　将区域 D 看作是 X-型区域：$0\leqslant x\leqslant 1$，$0\leqslant y\leqslant 2$ 是矩形，故

$$\begin{aligned}\iint_D(1-x-y)\mathrm{d}\sigma&=\int_0^1\mathrm{d}x\int_0^2(1-x-y)\mathrm{d}y\\&=\int_0^1\left[y-xy-\frac{y^2}{2}\right]_0^2\mathrm{d}x\\&=\int_0^1[2-2x-2]\mathrm{d}x\end{aligned}$$

$$=[-x^2]_0^1=-1.$$

例 6.29 计算 $\iint\limits_D xy\mathrm{d}x\mathrm{d}y$，其中 D 由直线 $y=x,x=1,y=0$ 围成.

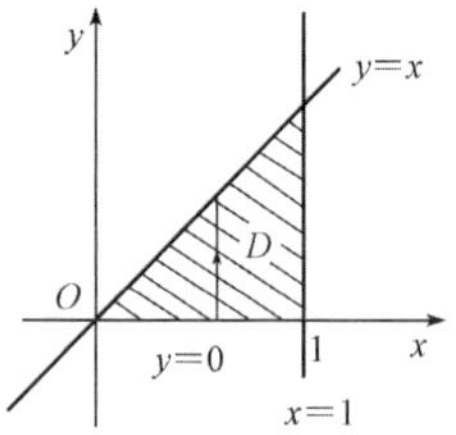

图 6-25

解法一 画出区域 D 的图形，如图 6-25 所示，可将区域 D 看作是 X-型区域. 即先对 y 积分.

根据图形知，D 可表示为：$0\leqslant y\leqslant x,0\leqslant x\leqslant 1$，因此

$$\iint\limits_D xy\mathrm{d}x\mathrm{d}y=\int_0^1\mathrm{d}x\int_0^x xy\mathrm{d}y=\int_0^1\frac{1}{2}x^3\mathrm{d}x=\frac{1}{8}.$$

解法二 画出区域 D 的图形，如图 6-26 所示，可将区域 D 看作是 Y-型区域，即先对 x 积分.

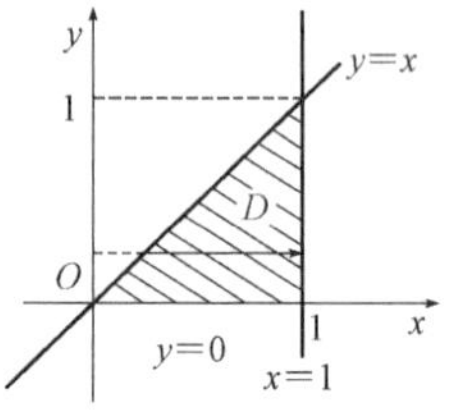

图 6-26

可将 D 表示为：$y\leqslant x\leqslant 1,0\leqslant y\leqslant 1$，因此

$$\iint\limits_D xy\mathrm{d}x\mathrm{d}y=\int_0^1\mathrm{d}y\int_y^1 xy\mathrm{d}z=\int_0^1\frac{1}{2}y(1-y^2)\mathrm{d}y$$

$$=\frac{1}{2}\int_0^1(y-y^3)\mathrm{d}y=\frac{1}{8}.$$

例 6.30 计算 $\iint\limits_D x\mathrm{e}^{xy}\mathrm{d}x\mathrm{d}y$，其中，$D$ 是长方形区域：$0\leqslant x\leqslant 1,-1\leqslant y\leqslant 0$.

解 选择先对 y 积分.

$$\iint\limits_D x\mathrm{e}^{xy}\mathrm{d}x\mathrm{d}y=\int_0^1 x\mathrm{d}x\int_{-1}^0\mathrm{e}^{xy}\mathrm{d}y=\int_0^1 x\left[\frac{1}{x}\mathrm{e}^{xy}\right]\Big|_{-1}^0\mathrm{d}x$$

$$=\int_0^1(1-\mathrm{e}^{-x})\mathrm{d}x=\frac{1}{\mathrm{e}}.$$

注：如果先对 x 积分，需要利用分部积分法，计算过程会较复杂.

例 6.31 计算 $\iint\limits_D (x+y)\mathrm{d}x\mathrm{d}y$，其中 D 由直线 $y=2$、$y=4$、$y=x$、$y=x-4$ 围成.

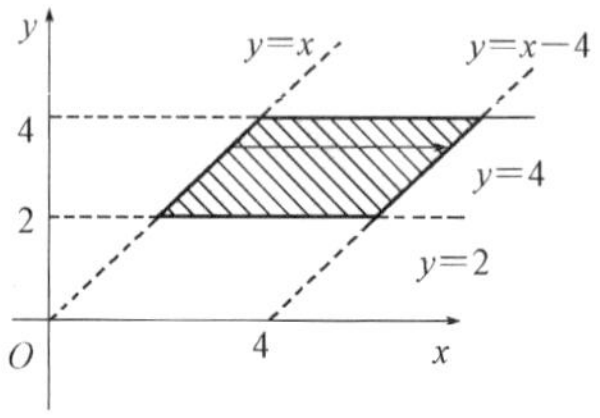

图 6-27

解 画出区域 D 的图形，如图 6-27 所示，D 可表示为：$y\leqslant x\leqslant y+4,2\leqslant y\leqslant 4$，这是一个 Y-型区域(先对 x 积分)，则

$$\iint\limits_D (x+y)\mathrm{d}x\mathrm{d}y=\int_2^4\mathrm{d}y\int_y^{y+4}(x+y)\mathrm{d}x$$

$$=\int_2^4 8(y+1)\mathrm{d}y=64.$$

注：若先对 y 积分，要用平行于 y 轴的直线将区域 D 分成三个 X-型区域 D_1,D_2,D_3(图6-28). 分别求这三个 X-型区域上的二重积分，最后利用积分可加性把它们相加即得.

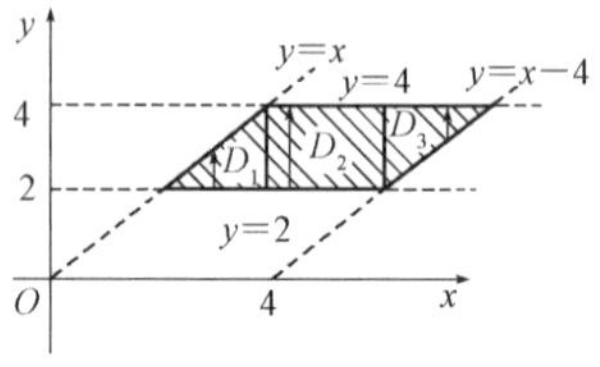

图 6-28

由以上例题可以看出，将二重积分化为二次积分时，在选择积分次序时，不仅要考虑被积函数的特点，还要看积分区域的特征. 积分次序选择得恰当，能简化积分的计算.

例 6.32　用两种不同次序的二次积分表示出 $\iint\limits_D f(x,y)\mathrm{d}x\mathrm{d}y$，其中，$D$ 由 x 轴（即 $y=0$）和直线 $y=x, y=2-x$ 围成.

解　画出区域 D 的图形（图 6-29）.

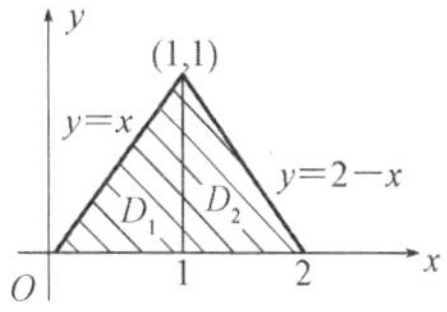

图 6-29

可将区域 D 看作是 Y-型区域（先对 x 求积分），

则 D 可表示为 $0\leqslant y\leqslant 1, y\leqslant x\leqslant 2-y$.

故
$$\iint\limits_D f(x,y)\mathrm{d}x\mathrm{d}y=\int_0^1\mathrm{d}y\int_y^{2-y}f(x,y)\mathrm{d}x.$$

若将区域 D 看作是 X-型区域（先对 y 求积分），则 D 表示为 $D_1: 0\leqslant x\leqslant 1, 0\leqslant y\leqslant x$ 和 $D_2: 1\leqslant x\leqslant 2, 0\leqslant y\leqslant 2-x$.

故
$$\iint\limits_D f(x,y)\mathrm{d}x\mathrm{d}y=\int_0^1\mathrm{d}x\int_0^x f(x,y)\mathrm{d}y+\int_1^2\mathrm{d}x\int_0^{2-x}f(x,y)\mathrm{d}y.$$

注：在求二重积分时，可通过交换积分次序来进行计算.

例 6.33　通过交换积分次序计算二次积分 $I=\int_0^1\mathrm{d}x\int_x^1\mathrm{e}^{y^2}\mathrm{d}y$.

解　由于不定积分 $\int\mathrm{e}^{y^2}\mathrm{d}y$ 的原函数不能用初等函数表示出来，因此，需通过交换积分次序的方法来计算这个二重积分（即变成先求关于 x 的积分）.

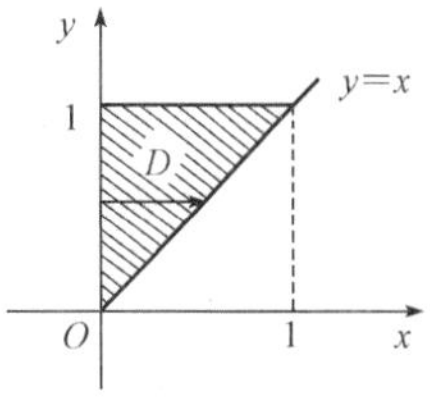

图 6-30

由题可知，积分区域 $D=\{(x,y)\mid 0\leqslant x\leqslant 1, x\leqslant y\leqslant 1\}$，如图 6-30 所示；而 D 也可写成：$D=\{(x,y)\mid 0\leqslant y\leqslant 1, 0\leqslant x\leqslant y\}$.

所以
$$\begin{aligned}\int_0^1\mathrm{d}x\int_x^1\mathrm{e}^{y^2}\mathrm{d}y&=\iint\limits_D\mathrm{e}^{y^2}\mathrm{d}x\mathrm{d}y=\int_0^1\mathrm{d}y\int_0^y\mathrm{e}^{y^2}\mathrm{d}x\\&=\int_0^1 y\mathrm{e}^{y^2}\mathrm{d}y=\frac{1}{2}\int_0^1\mathrm{e}^{y^2}\mathrm{d}(y^2)\\&=\frac{1}{2}(\mathrm{e}-1).\end{aligned}$$

此例表明：在计算已给的二次积分时，往往需要使用交换积分次序的方法来计算.

***2. 极坐标系下二重积分的计算**

在前面学习二重积分的定义时，可以发现，用不同的曲线划分区域 D 时，面积元素 $\mathrm{d}\sigma$ 有不同的表示. 直角坐标系下，我们用一组平行于 x 轴的直线和一组平行于 y 轴的直线划分区域 D，得到面积元素 $\mathrm{d}\sigma=\mathrm{d}x\mathrm{d}y$. 下面讨论在极坐标系下二重积分的计算问题.

在极坐标系下，用两组曲线 $r=$ 常数及 $\theta=$ 常数（即一组同心圆与一组过原点的射线），将区域 D 任意分成许多小区域（图 6-31）. 设 $\mathrm{d}\sigma$ 是 r 到 $r+\mathrm{d}r$ 和 θ 到 $\theta+\mathrm{d}\theta$ 之间的小区域，当无限细分时，可以把小区域 $\mathrm{d}\sigma$ 近似看作小矩形，它的边长分别为 $\mathrm{d}r$ 和 $r\mathrm{d}\theta$，因此得极坐标系下的面积元素 $\mathrm{d}\sigma=r\mathrm{d}r\mathrm{d}\theta$.

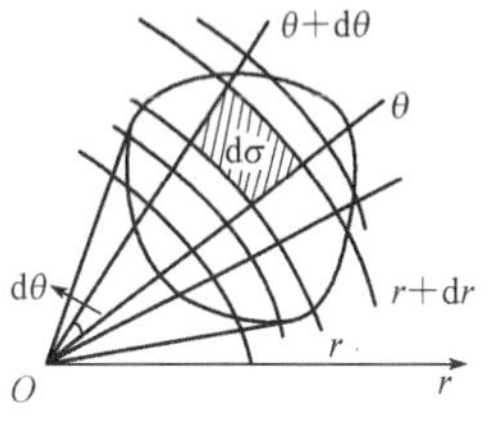

图 6-31

由直角坐标与极坐标的关系 $x=r\cos\theta, y=r\sin\theta$ 得

$$\iint_D f(x,y)\mathrm{d}x\mathrm{d}y=\iint_D f(r\cos\theta,r\sin\theta)r\mathrm{d}r\mathrm{d}\theta.$$

上式右端 D 的边界曲线要用极坐标方程表示.

同直角坐标系计算二重积分一样，极坐标系下计算二重积分也化为二次积分来计算. 也就是，要将上式右端化为二次积分，而在将上式右端化为二次积分时，通常是选择先对 r 积分，后对 θ 积分的次序. 积分限的确定一般有以下三种情形.

(1) 极点 O 在区域 D 的外部.

积分区域 D 是由极点出发的两条射线 $\theta=\alpha,\theta=\beta$ 和两条连续曲线 $r=r_1(\theta),r=r_2(\theta)$ 围成(图 6-32)：

$$D=\{(r,\theta)\mid r_1(\theta)\leqslant r\leqslant r_2(\theta),\alpha\leqslant\theta\leqslant\beta\},$$

$$\iint_D f(r\cos\theta,r\sin\theta)r\mathrm{d}r\mathrm{d}\theta=\int_\alpha^\beta\mathrm{d}\theta\int_{r_1(\theta)}^{r_2(\theta)}f(r\cos\theta,r\sin\theta)r\mathrm{d}r.$$

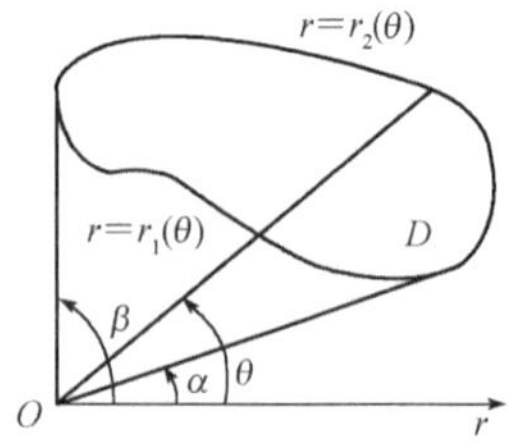

图 6-32

例 6.34 计算 $\iint_D \sin\sqrt{x^2+y^2}\,\mathrm{d}x\mathrm{d}y$，其中 D 为圆环：$\pi^2\leqslant x^2+y^2\leqslant4\pi^2$.

解 在极坐标系下，区域 D 的内环连续曲线为 $r=\pi$，外环连续曲线为 $r=2\pi$. 极点在区域 D 之外. D 可以表示为

$$D=\{(r,\theta)\mid\pi\leqslant r\leqslant2\pi,0\leqslant\theta\leqslant2\pi\}.$$

故

$$\iint_D\sin\sqrt{x^2+y^2}\,\mathrm{d}x\mathrm{d}y=\int_0^{2\pi}\mathrm{d}\theta\int_0^{2\pi}\sin r\cdot r\mathrm{d}r$$

$$=\int_0^{2\pi}\left[-(r\cos r)\Big|_\pi^{2\pi}+\int_\pi^{2\pi}\cos r\mathrm{d}r\right]\mathrm{d}\theta=-6\pi^2.$$

(2) 极点 O 在区域 D 的边界上.

积分区域 D 是由极点出发的两条射线 $\theta=\alpha,\theta=\beta$ 和连续曲线 $r=r(\theta)$ 围成(图 6-33)：

$$D=\{(r,\theta)\mid0\leqslant r\leqslant r(\theta),\alpha\leqslant\theta\leqslant\beta\},$$

$$\iint_D f(r\cos\theta,r\sin\theta)r\mathrm{d}r\mathrm{d}\theta=\int_\alpha^\beta\mathrm{d}\theta\int_0^{r(\theta)}f(r\cos\theta,r\sin\theta)r\mathrm{d}r.$$

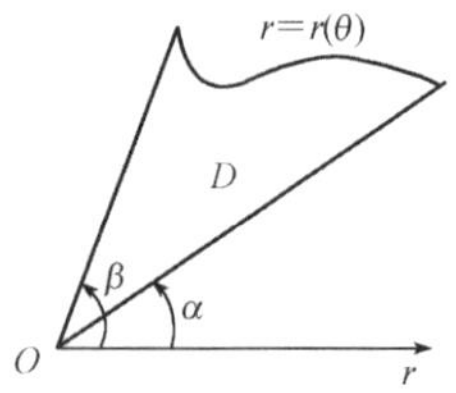

图 6-33

例 6.35 计算 $\iint_D \mathrm{e}^{-(x^2+y^2)}\mathrm{d}x\mathrm{d}y$，其中，$D$ 为区域：$x^2+y^2\leqslant1,x\geqslant0,y\geqslant0$.

解 在极坐标系下，区域 D 可以表示为

$$D=\left\{(r,\theta)\mid0\leqslant r\leqslant1,0\leqslant\theta\leqslant\frac{\pi}{2}\right\}.$$

因极点在区域 D 的边界上，故

$$\iint_D e^{-(x^2+y^2)}dxdy=\int_0^{\frac{\pi}{2}}d\theta\int_0^1 e^{-r^2}\cdot rdr=\frac{\pi}{2}\left[\frac{1}{2}(-e^{-r^2})\right]_0^1=\frac{\pi}{4}(1-e^{-1}).$$

（3）极点 O 在区域 D 的内部.

积分区域 D 由连续曲线 $r=r(\theta)$ 围成，如图 6-34 所示.

$$D=\{(r,\theta)\mid 0\leqslant r\leqslant r(\theta),0\leqslant\theta\leqslant 2\pi\}.$$

$$\iint_D f(r\cos\theta,r\sin\theta)rdrd\theta=\int_0^{2\pi}d\theta\int_0^{r(\theta)}f(r\cos\theta,r\sin\theta)rdr.$$

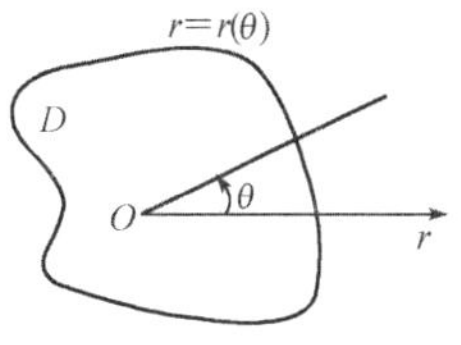

图 6-34

例 6.36　计算 $\iint_D\sqrt{x^2+y^2}dxdy$，其中 D 为圆域：$x^2+y^2\leqslant 1$.

解　利用直角坐标计算较复杂，故下面利用极坐标采计算. 区域 D 表示为

$$D=\{(r,\theta)\mid 0\leqslant r\leqslant 1,0\leqslant\theta\leqslant 2\pi\}.$$

因极点在区域 D 内部，故

$$\iint_D\sqrt{x^2+y^2}dxdy=\int_0^{2\pi}d\theta\int_0^1 r\cdot rdr=\frac{2\pi}{3}.$$

由上面例题知：如果积分区域 D 为圆域、扇形域或被积函数为 $f(x^2+y^2)$ 时，采用极坐标计算二重积分比较方便.

习题 6-6

习题 6-6 答案

1. 填空题

（1）设 $D:|x|\leqslant 1,|y|\leqslant 1$，则 $\iint_D(x^2+y^2)dxdy=$__________.

（2）设 D 是由 $y=x^2$ 和 $y=x$ 围成的闭区域，则 $\iint_D dxdy=$__________.

（3）设 $D:x^2+y^2\leqslant R^2$，则 $\iint_D dxdy=$__________.

（4）交换二次积分 $I=\int_0^1 dy\int_0^y f(x,y)dx$ 的积分次序，则 $I=$__________.

2. 计算下列二重积分：

（1）$\iint_D x\sqrt{y}\,d\sigma$，其中，$D$ 是由曲线 $y=\sqrt{x}$、$y=x^2$ 围成的区域；

（2）$\iint_D\frac{x^2}{y^2}d\sigma$，其中，$D$ 是由直线 $x=2$，$y=x$ 和曲线 $xy=1$ 围成的区域；

（3）$\iint_D e^{-y^2}dxdy$，其中，D 是由直线 $y=x$，$y=1$、$x=0$ 围成的区域；

（4）$\iint_D\frac{\sin x}{x}dxdy$，其中，$D$ 是由直线 $y=x$ 和曲线 $y=x^2$ 围成的区域.

3. 将二重积分 $\iint_D f(x,y)dxdy$ 化为二次积分（写出两种积分次序）.

(1) D:由直线 $y=x$ 及曲线 $y^2=4x$ 围成;

(2) D:由直线 $y=x$、$y=3x$、$x=1$ 及 $x=3$ 围成.

4. 利用极坐标计算下列二重积分:

(1) $\iint\limits_D (1+x^2+y^2)\mathrm{d}\sigma$,其中,$D$ 是由 $x^2+y^2=1$,$y=0$,$x=0$ 所围成的第Ⅰ象限内的闭区域;

(2) $\iint\limits_D \arctan\frac{y}{x}\mathrm{d}\sigma$,其中,$D$ 是由 $x^2+y^2=4$,$x^2+y^2=1$,$y=0$,$y=x$ 所围成的第Ⅰ象限内的闭区域;

(3) $\iint\limits_D \mathrm{e}^{x^2+y^2}\mathrm{d}\sigma$,其中,$D$ 为圆域:$x^2+y^2\leqslant 1$.

学习指导

一、学习重点与要求

1. 学习要求

(1) 理解空间直角坐标系的定义,掌握空间两点间距离公式.

(2) 理解二元函数及多元函数的定义,了解区域及相关概念,掌握求二元函数定义域的方法.

(3) 理解偏导数和全微分的定义,掌握求二元初等函数的偏导数及全微分的方法,会求二阶偏导数.

(4) 会求复合函数和隐函数的偏导数.

(5) 理解二重积分的定义,了解二重积分的性质.

(6) 掌握直角坐标系下二重积分的计算方法,会求极坐标系下的二重积分

2. 学习重点

二元函数的定义及定义域求法,偏导数的定义,二元复合函数求偏导数的链导法则,隐函数的求导方法,全微分求法,二重积分定义及在直角坐标系下二重积分的计算方法.

二、疑难问题解答

1. 怎样理解和求二元函数的定义域?二元函数的定义域有什么特征?

答:如果二元函数是由解析式 $z=f(x,y)$ 给出的函数,则 $z=f(x,y)$ 的定义域就是使函数表达式有意义的点 (x,y) 的全体,因此,求其定义域就是求使 $z=f(x,y)$ 有意义的点 (x,y) 的集合,一般是由不等式或不等式组表示.它所表示的是平面中的一部分或几个部分的并;一元函数的定义域则是数轴上一个区间或几个区间的并.

而如果函数是从实际问题提出的函数,其定义域还要根据自变量所表示的实际意义来确定.

2. 求二元函数 $z=f(x,y)$ 的偏导数 $\frac{\partial z}{\partial x}$、$\frac{\partial z}{\partial y}$ 是怎样进行的?

答:由偏导数定义知,计算二元函数的偏导数就是归结为计算一元函数的导数.

在计算二元函数 $z=f(x,y)$ 对 x 的偏导数 $\frac{\partial z}{\partial x}$ 时,只要把 y 看成常数,视函数 $z=f(x,y)$ 为以 x 为自变量的一元函数,对这个一元函数求关于 x 的导数即可.

同样,求 $z=f(x,y)$ 对 y 的偏导数 $\frac{\partial z}{\partial y}$ 时,就将 x 看成常数,视函数 $z=f(x,y)$ 为以 y 为自变量的一元函数,对这个一元函数求关于 y 的导数即可.

因此,在计算二元函数的偏导数时,一元函数的求导公式、求导法则均可以在求偏导数的过程中运用.

3. 如何理解和运用链导法则对复合函数求偏导数？

答：链导法则是对复合函数求导数的基本法则. 法则要求：

设函数 $u=\varphi(x,y)$，$v=\psi(x,y)$ 在点 (x,y) 处偏导数存在，函数 $z=f(u,v)$ 在对应点 (u,v) 处可微，则二元复合函数 $z=f[\varphi(x,y),\psi(x,y)]$ 在点 (x,y) 处偏导数存在，且

$$\frac{\partial z}{\partial x}=\frac{\partial z}{\partial u}\cdot\frac{\partial u}{\partial x}+\frac{\partial z}{\partial v}\cdot\frac{\partial z}{\partial y},\quad \frac{\partial z}{\partial y}=\frac{\partial z}{\partial u}\cdot\frac{\partial u}{\partial y}+\frac{\partial z}{\partial v}\cdot\frac{\partial v}{\partial y}$$

对于以上两个求复合函数偏导数公式的应用方法，可借助变量关系图 6-14 来帮助理解：

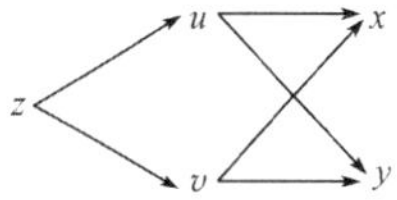

图 6-14

在求偏导数 $\frac{\partial z}{\partial x}$ 时，从图中可看出，从 z 到达 x 有两条“链”（在前面称作“路径”）$z\to u\to x$ 及 $z\to v\to x$；对比求 $\frac{\partial z}{\partial x}$ 的公式和变量关系图（图 6-14）看到：对应 $z\to u\to x$ 有 $\frac{\partial z}{\partial u}\cdot\frac{\partial u}{\partial x}$，对应 $z\to v\to x$ 有 $\frac{\partial z}{\partial v}\cdot\frac{\partial v}{\partial x}$，将两项相加，即得式 $\frac{\partial z}{\partial x}=\frac{\partial z}{\partial u}\cdot\frac{\partial u}{\partial x}+\frac{\partial z}{\partial v}\cdot\frac{\partial v}{\partial x}$.

可用同样的方法来理解求 $\frac{\partial z}{\partial y}$ 的公式：$\frac{\partial z}{\partial y}=\frac{\partial z}{\partial u}\cdot\frac{\partial u}{\partial y}+\frac{\partial z}{\partial v}\cdot\frac{\partial v}{\partial y}$.

与一元复合函数不同，二元复合函数由于自变量个数的增多，会导致复合过程中形式多种多样，这会给求偏导数带来复杂的局面，正确运用链导法则就成为求偏导的关键. 而能否正确运用法则的关键是：正确画出变量关系图，将“链”与“导”结合起来.

4. 如何求由方程 $F(x,y,z)=0$ 确定的隐函数 $z=f(x,y)$ 的偏导数 $\frac{\partial z}{\partial x}$、$\frac{\partial z}{\partial y}$？

答：将 $F(x,y,z)$ 当作是三元函数，对 $F(x,y,z)$ 分别关于 x,y,z 求出偏导数，分别用 F'_x,F'_y,F'_z 表示，再分别用公式 $\frac{\partial z}{\partial x}=-\frac{F'_x}{F'_z}$，$\frac{\partial z}{\partial y}=-\frac{F'_y}{F'_z}$ 计算即可.

5. 二重积分怎样计算？计算二重积分的关键是什么？

答：直接由二重积分的定义、性质来计算二重积分一般是困难的. 在计算二重积分时，通常是将二重积分逐次分解为两个一重积分（定积分）进行计算——简单地说，就是化计算二重积分为计算两个一重积分（定积分）. 通常可分为在直角坐标系下和极坐标系下将二重积分变为二次积分，计算二重积分的具体过程如下.

（1）在直角坐标系下计算二重积分 $\iint\limits_D f(x,y)\mathrm{d}x\mathrm{d}y$ 的过程.

① 分析积分区域 D 的构成，将积分区域 D 用不等式表示出来，并画出区域 D 的示意图.

② 化二重积分为二次积分.

若积分区域可用形如：$\varphi_1(x)\leqslant y\leqslant\varphi_2(x)$，$a\leqslant x\leqslant b$ 的不等式表示（称这种形式为 X-型），则 $\iint\limits_D f(x,y)\mathrm{d}x\mathrm{d}y=\int_a^b\mathrm{d}x\int_{\varphi_1(x)}^{\varphi_2(x)}f(x,y)\mathrm{d}y$（先对 y 求积分，后对 x 求积分）.

若积分区域可用形如 $\psi_1(y)\leqslant x\leqslant\psi_2(y)$，$c\leqslant y\leqslant d$ 的不等式表示（称这种形式为 Y-型），则 $\iint\limits_D f(x,y)\mathrm{d}x\mathrm{d}y=\int_c^d\mathrm{d}y\int_{\psi_1(y)}^{\psi_2(y)}f(x,y)\mathrm{d}x$（先对 x 求积分，后对 y 求积分）.

③ 计算二次积分：用定积分计算的方法，将上面的二次积分计算出来即可.

需要注意：

如果积分区域 D 既不是 X-型区域、也不是 Y-型区域时，就需要将 D 分为若干个小块 $D_1,D_2,\cdots,D_k$，且每个小块都是 X-型区域或 Y-型区域，再利用二重积分的性质（二重积分的可加性即本章中性质 3）来计算.

由此可见，计算二重积分的关键是：将积分区域 D 用不等式表示出来，并画出区域 D 的示意图.

（2）在极坐标系下计算二重积分 $\iint\limits_D f(x,y)\mathrm{d}x\mathrm{d}y$ 的过程.

方法与在直角坐标系计算的方法相类似，但一般情况下，在化为二次积分时，通常先对 r 积分，后对 θ 积分.

① 将积分区域 D 用不等式形式表示出来，一般可设为 $r_1(\theta)\leqslant r\leqslant r_2(\theta)$，$\alpha\leqslant\theta\leqslant\beta$.

② 化二重积分为二次积分：

$$\iint\limits_D f(x,y)\mathrm{d}x\mathrm{d}y=\int_\alpha^\beta\int_{\varphi_1(\theta)}^{r_2(\theta)} f(r\cos\theta,r\sin\theta)r\mathrm{d}r.$$

③ 计算二次积分：用定积分计算的方法，将上面的二次积分计算出来.

需要注意：

如果积分区域 D 为圆域，扇形域或被积函数为 $f(x^2+y^2)$ 的形式时，一般应采用极坐标计算二重积分.

复习题六答案

复习题六

1. 单项选择题

(1) 函数 $z=\sqrt{\ln\frac{4}{x^2+y^2}}+\arcsin\frac{2}{x^2+y^2}$ 的定义域是(　　).

A. $1\leqslant x^2+y^2\leqslant 2$　　B. $2\leqslant x^2+y^2\leqslant 4$

C. $0\leqslant x^2+y^2\leqslant 2$　　D. $2<x^2+y^2\leqslant 4$

(2) 设 $z=\arctan\frac{x-y}{x+y}$，则 $\frac{\partial z}{\partial x}=$(　　).

A. $\frac{x}{x^2+y^2}$　　B. $\frac{y}{x^2+y^2}$　　C. $\frac{(x+y)^2}{x^2+y^2}$　　D. $-\frac{y}{x^2+y^2}$

(3) 设 $f(x,y)=y\ln x+x^2\arcsin\frac{2+y}{1+xy}$，则 $f'_x(2,-2)=$(　　).

A. 0　　B. 1　　C. -1　　D. $-\frac{1}{2}$

(4) 设 $z=F(x^2-y^2)$，且 F 具有导数，则 $\frac{\partial z}{\partial x}+\frac{\partial z}{\partial y}=$(　　).

A. $2x-2y$　　B. $(2x-2y)F(x^2-y^2)$

C. $(2x-2y)F'(x^2-y^2)$　　D. $(2x+2y)F'(x^2-y^2)$

(5) 设 $I=\iint\limits_D\sqrt[3]{x^2+y^2-1}\,\mathrm{d}x\mathrm{d}y$，$D$ 是由 $1\leqslant x^2+y^2\leqslant 2$ 所确定的闭区域，则(　　).

A. $I>0$　　B. $I<0$

C. $I=1$　　D. $I\neq 0$，但符号不能确定

(6) 设 $I=\int_0^2\mathrm{d}x\int_x^{\sqrt{2x}}f(x,y)\mathrm{d}y$，交换其积分次序，则 $I=$(　　).

A. $\int_0^2\mathrm{d}y\int_x^{\sqrt{2x}}f(x,y)\mathrm{d}x$　　B. $\int_0^2\mathrm{d}y\int_{\frac{y^2}{2}}^{y}f(x,y)\mathrm{d}x$

C. $\int_0^2\mathrm{d}y\int_0^{y}f(x,y)\mathrm{d}x$　　D. $\int_0^2\mathrm{d}y\int_0^{\frac{y^2}{2}}f(x,y)\mathrm{d}x$

2. 填空题

(1) 点 $M(2,-3,-1)$ 关于 x 轴对称的点是________.

(2) 函数 $f(x,y)=\frac{\sqrt{4x-y^2}}{\ln(1-x^2-y^2)}$ 的定义域是________.

(3) 函数 $z=\frac{x+y}{x-y}$，则 $\frac{\partial z}{\partial y}=$________.

(4) 设 D 是由直线 $y=x$ 及曲线 $y^2=4x$ 围成，则积分 $\iint\limits_D f(x,y)\mathrm{d}\sigma$ 化为先 x 后 y 的二次积分是__________.

(5) 设 D 是由直线 $y=x$、$x=2$ 及曲线 $y=\dfrac{1}{x}$ 围成，则积分 $\iint\limits_D f(x,y)\mathrm{d}\sigma$ 化为先 y 后 x 的二次积分是__________.

(6) 设 D 是圆环：$1\leqslant x^2+y^2\leqslant 4$，则 $\iint\limits_D \mathrm{d}x\mathrm{d}y$ 化为极坐标系下的二次积分是__________.

(7) $I=\int_0^1 \mathrm{d}y\int_0^{2y} f(x,y)\mathrm{d}x+\int_1^3 \mathrm{d}y\int_0^{3-y} f(x,y)\mathrm{d}x$，则交换积分次序 $I=$__________.

3. 按以下各题要求，计算导数或微分：

(1) 设 $z=x\mathrm{e}^{-xy}$，求 $\dfrac{\partial z}{\partial x},\dfrac{\partial z}{\partial y}$.

(2) 设 $z=\ln\sin(x-2y)$，求 $\dfrac{\partial z}{\partial x},\dfrac{\partial z}{\partial y}$.

(3) 设 $u=\dfrac{\mathrm{e}^{ax}(y-z)}{a^2+1}$（$a$ 为常数），而 $y=a\sin x$，$z=\cos x$，求 $\dfrac{\mathrm{d}u}{\mathrm{d}x}$.

(4) 设 $z=(x+\sin y)^{xy}$，求 $\dfrac{\partial z}{\partial x},\dfrac{\partial z}{\partial y}$.

(5) 设 $z=\arcsin(xy)$，求二阶偏导数.

(6) 设 $z=f(x,x-y,x^2y)$ 可微，求 $\dfrac{\partial z}{\partial x},\dfrac{\partial z}{\partial y}$.

(7) 求由方程 $2xz-2xyz+\ln(xyz)=0$ 确定的函数 $z=f(x,y)$ 的全微分 $\mathrm{d}z$.

(8) 设 $x^2+y^2+z^2-4z=0$，求 $\dfrac{\partial^2 z}{\partial x^2},\dfrac{\partial^2 z}{\partial x\partial y}$.

4. 计算下列二重积分：

(1) $\iint\limits_D xy\mathrm{d}x\mathrm{d}y$，其中，$D$ 是由直线 $y=x$ 和曲线 $y=x^2$ 围成的区域.

(2) $\iint\limits_D (x^2+y^2-x)\mathrm{d}x\mathrm{d}y$，其中，$D$ 由直线 $y=x$，$y=2x$，$y=2$ 所围成的区域.

(3) $\iint\limits_D y^2\mathrm{e}^{xy}\mathrm{d}x\mathrm{d}y$，其中，$D$ 是由直线 $y=x$，$x=0$，$y=1$ 围成的区域.

(4) $\iint\limits_D xy^2\mathrm{d}x\mathrm{d}y$，其中，$D$ 是由曲线 $y=x^2$ 和直线 $y=x$ 围成的区域.

(5) $\iint\limits_D (x+2y)\mathrm{d}x\mathrm{d}y$，其中，$D$ 是由曲线 $x=y^2$ 和直线 $y=x-2$ 围成的区域.

(6) $\iint\limits_D \cos(x+y)\mathrm{d}x\mathrm{d}y$，其中，$D$ 是由曲线 $x=0$，$y=z$，$y=x$ 所围成的区域.

(7) $\iint\limits_D (1-x^2-y^2)\mathrm{d}x\mathrm{d}y$，$D$：$y=x$，$y=0$，$x^2+y^2=1$ 在第Ⅰ象限内.

(8) $\iint\limits_D \sqrt{4-x^2-y^2}\,\mathrm{d}\sigma$，其中，$D$ 是由 $x^2+y^2\leqslant 4$，$x\geqslant 0$，$y\geqslant 0$ 围成的区域.

【人文数学】

数学家高斯简介

卡尔·弗里德里希·高斯(Johann Carl Friedrich Gauss，1777—1855)，生于不伦瑞克，卒于哥廷根，德国

著名数学家、物理学家、天文学家和大地测量学家.高斯被认为是最重要的数学家,有数学王子的美称,并被誉为历史上伟大的数学家之一,和阿基米德、牛顿并列,同享盛名.

高斯1777年4月30日生于不伦瑞克的一个工匠家庭.他的母亲是一个贫穷石匠的女儿,虽然十分聪明,却没有接受过教育,近似于文盲.在她成为高斯父亲的第二个妻子之前,她从事女佣工作.他的父亲曾做过园丁、工头、商人的助手和一个小保险公司的评估师.高斯3岁时便能够纠正他父亲的借债账目的事情,这已经成为一个轶事流传至今.他曾说,他在麦仙翁堆上学会计算.能够在头脑中进行复杂的计算,是上帝赐予他一生的天赋.幼时的高斯家境贫困,但聪敏异常,受一贵族资助,才进学校受教育.在全世界广为流传的一则故事说,高斯10岁时算出布特纳给学生们出的将1到100的所有整数加起来的算术题,布特纳刚叙述完题目,高斯就算出了正确答案,他所使用的方法是:对50对构造成和101的数列求和(1+100,2+99,3+98,…),同时得到结果5050.这一年,高斯9岁.不过,这很可能是一个不真实的传说.据对高斯素有研究的著名数学史家E.T.贝尔(E.T.Bell)考证,布特纳当时给孩子们出的是一道更难的加法题:81297+81495+81693+…+100899.当然,这也是一个等差数列的求和问题(公差为198,项数为100).当布特纳刚一写完时,高斯也算完并把写有答案的小石板交了上去.E.T.贝尔写道,高斯晚年经常喜欢向人们谈论这件事,说当时只有他写的答案是正确的,而其他的孩子们都错了.高斯没有明确地讲过,他是用什么方法那么快就解决了这个问题.数学史家们倾向于认为,高斯当时已掌握了等差数列求和的方法.一个年仅10岁的孩子,能独立发现这一数学方法实属很不平常.贝尔根据高斯本人晚年的说法而叙述的史实,应该是比较可信的.而且,这更能反映高斯从小就注意把握更本质的数学方法这一特点.

1788年,11岁的高斯进入了文科学校,他在新的学校里,所有的功课都极好,特别是古典文学、数学尤为突出.经过巴特尔斯等人的引荐,布伦兹维克公爵召见了14岁的高斯.这个朴实、聪明但家境贫寒的孩子赢得了公爵的同情,公爵慷慨地提出愿意作高斯的资助人,让他继续学习.布伦兹维克公爵在高斯的成才过程中起了举足轻重的作用.不仅如此,这种作用实际上反映了欧洲近代科学发展的一种模式,表明在科学研究社会化以前,私人的资助是科学发展的重要推动因素之一.高斯正处于私人资助科学研究与科学研究社会化的转变时期.

1792年,15岁的高斯进入布伦兹维克的卡罗琳(Braunschweig)学院继续学习.在那里,高斯开始对高等数学做研究.当他16岁时,预测在欧氏几何之外必然会产生一门完全不同的几何学.他导出了二项式定理的一般形式,将其成功地运用在无穷级数,并发展了数学分析的理论.

1795年,高斯进入哥廷根大学.18岁的高斯发现了质数分布定理和最小二乘法.通过对足够多的测量数据的处理后,可以得到一个新的、概率性质的测量结果.在这些基础之上,高斯随后专注于曲面与曲线的计算,并成功得到高斯钟形曲线(正态分布曲线).其函数被命名为标准正态分布(或高斯分布),并在概率计算中大量使用.1796年,在高斯19岁时,得到了一个数学史上极重要的结果,他仅用没有刻度的尺规与圆规便构造出了正17边形(阿基米德与牛顿均未画出).并为流传了2000年的欧氏几何提供了自古希腊时代以来的第一次重要补充.1798年,高斯转入黑尔姆施泰特大学,翌年,因证明代数基本定理获博士学位.

1799年,高斯完成了博士论文,回到家乡布伦兹维克,正当他为自己的前途、生计担忧而病倒时——虽然他的博士论文顺利通过了,已被授予博士学位,同时获得了讲师职位,但他没有能成功地吸引学生,因此只能回老家,此时,又是公爵伸手救援他.公爵为高斯付了长篇博士论文的印刷费用,送给他一幢公寓,又为他印刷了《算术研究》,使该书得以在1801年问世;还负担了高斯的所有生活费用.所有这一切,令高斯十分感动.他在博士论文和《算术研究》中,写下了情真意切的献词:“献给大公”“你的仁慈,将我从所有烦恼中解放出来,使我能从事这种独特的研究”.1806年,公爵在抵抗拿破仑统帅的法军时不幸阵亡,这给高斯以沉重打击.他悲痛欲绝,长时间对法国人有一种深深的敌意.大公的去世给高斯带来了经济上的拮据,德国处于法军奴役下的不幸,以及第一个妻子的逝世,这一切使得高斯有些心灰意冷.但他是位刚强的汉子,从不向他人透露自己的窘况,也不让朋友安慰自己的不幸.人们只是在19世纪整理他的未公布于众的数学手稿时才得知他那时的心态.在一篇讨论椭圆函数的手稿中,突然插入了一段细微的铅笔字:"对我来说,死去也比这样的生活更好受些."

慷慨、仁慈的资助人去世了,因此,高斯必须找一份合适的工作,以维持一家人的生计.由于高斯在天文学、数学方面的杰出工作,他的名声从1802年起就已开始传遍欧洲.彼得堡科学院不断暗示他,自从1783年欧拉去世后,欧拉在彼得堡科学院的位置一直在等待着像高斯这样的天才.公爵在世时坚决劝阻高斯去俄国,他甚至愿意给高斯增加薪金,为他建立天文台.现在,高斯又在他的生活中面临着新的选择.为了不使德国失去最伟大的天才,德国著名学者洪堡(B. A. Von Humboldt)联合其他学者和政界人物,为高斯争取到了享有特权的哥廷根大学数学和天文学教授以及哥廷根天文台台长的职位.1807年,高斯赴哥廷根就职,全家迁居于此.从这时起,除了一次到柏林去参加科学会议以外,他一直住在哥廷根.洪堡等人的努力,不仅使得高斯一家人有了舒适的生活环境,高斯本人也得以充分发挥其天才,而且为哥廷根数学学派的创立以及使德国成为世界科学中心和数学中心创造了条件.同时,这也标志着科学研究社会化的一个良好开端.高斯的学术地位,历来被人们推崇得很高.他有"数学王子""数学家之王"的美称,被认为是人类有史以来"最伟大的三位(或四位)数学家之一"(阿基米德、牛顿、高斯或加上欧拉).人们还称赞高斯是"人类的骄傲".天才、早熟、高产、创造力不衰……人类智力领域的几乎所有褒奖之词,对于高斯都不过分.高斯的成就遍及数学的各个领域,在数论、非欧几何、微分几何、超几何级数、复变函数论以及椭圆函数论等方面均有开创性贡献.他十分注重数学的应用,并且在对天文学、大地测量学和磁学的研究中也偏重于用数学方法进行研究.

1855年2月23日清晨,高斯于睡梦中去世.

第7章

无穷级数

章序 无穷级数是高等数学的一个组成部分，是近似计算的一个有力的工具. 科学技术、自动控制理论方面在对电路问题的分析中，大量用到脉冲、方波、晶闸管可控半波整流电路的输出电压等，它们的波形都是非正弦的周期函数，为计算这样的非正弦周期性问题，分析这样的非正弦周期运动的变化，也要使用到无穷级数. 本章先介绍无穷级数及常数项级数的基本概念、性质，然后学习幂级数及几个重要函数的幂级数展开式以及傅里叶级数.

7.1 无穷级数的基本概念和基本性质

7.1.1 无穷级数的基本概念

引例 在我国东汉时期的数学巨著《九章算术》一书中，记载有“一尺之棰，日取其半，万世不竭”这样一段话，这段话用数学式子说明，其含义是：

常数1可以表示为：$\frac{1}{2}+\frac{1}{4}+\frac{1}{8}+\cdots+\frac{1}{2^n}+\cdots$反过来，这无穷多项累加的结果是1，即

视频83

$$\frac{1}{2}+\frac{1}{4}+\frac{1}{8}+\cdots+\frac{1}{2^n}+\cdots=1.$$

在实践中，类似这种无穷多项累加的问题有许许多多. 为此，对这种无穷多个数求和的问题，我们给出下面的定义：

定义7.1 设给定一个数列

$$u_1,u_2,u_3,\cdots,u_n,\cdots$$

则表达式

$$u_1+u_2+u_3+\cdots+u_n+\cdots$$

称为无穷级数，简称级数，记作$\sum_{n=1}^{\infty} u_n$，即

$$\sum_{n=1}^{\infty} u_n=u_1+u_2+u_3+\cdots+u_n+\cdots$$

其中，u_n称为级数的第n项，也称为一般项或通项.

级数的前 n 项之和：$u_1+u_2+\cdots+u_n$ 记为 S_n，称为级数的前 n 项部分和，简称为级数的部分和.

在级数中，若通项 u_n 是常数，则级数 $\sum\limits_{n=1}^{\infty} u_n$ 称为常数项级数（简称为数项级数）.

而在级数中，若通项 u_n 是函数 $u_n(x)$，则称级数 $\sum\limits_{n=1}^{\infty} u_n(x)$ 为函数项级数. 例如

(1) $1+2+3+\cdots+n+\cdots$　　通项 $u_n=n$；

(2) $1+\dfrac{1}{2}+\dfrac{1}{4}+\cdots+\dfrac{1}{2^{n-1}}+\cdots$　　通项 $u_n=\dfrac{1}{2^{n-1}}$；

(3) $1-x+x^2-x^3+\cdots+(-1)^{n-1}x^{n-1}+\cdots$　　通项 $u_n=(-1)^{n-1}x^{n-1}$；

(4) $\sin x+\sin 2x+\sin 3x+\cdots+\sin nx+\cdots$　　通项 $u_n=\sin nx$.

级数(1)、(2)都是常数项级数，级数(3)、(4)都是函数项级数.

由定义 7.1 可知，无穷级数是无穷多个数累加的结果，因此不能按求有限个数的和那样直接把它们逐项相加. 但前面的引例已为我们提示了方法：即先求有限项的和，然后运用极限的方法来解决这样的无穷多项的累加问题.

例 7.1　求级数：$1+\dfrac{1}{2}+\dfrac{1}{4}+\cdots+\dfrac{1}{2^{n-1}}+\cdots$的和.

解　设 s_n 表示级数前 n 项的和，s 表示该级数的和，则有

$$s_1=1,\ s_2=1+\frac{1}{2},\ s_3=1+\frac{1}{2}+\frac{1}{4},\cdots,\quad s_n=1+\frac{1}{2}+\frac{1}{4}+\cdots+\frac{1}{2^{n-1}}.$$

可看出，当 n 不断增大时，s_n 与 s 越接近，由极限知识可知 $n\to\infty$ 时，$s_n\to s$，即 $\lim\limits_{n\to\infty} s_n=s$.

因此，我们只要求出 s_n，再求出 $\lim\limits_{n\to\infty} s_n$，即可求出级数的和.

由级数的形式知道，这是一个公比 $q=\dfrac{1}{2}$ 的无穷等比数列组成的级数，其前 n 项和

$$s_n=\frac{1-\left(\frac{1}{2}\right)^n}{1-\frac{1}{2}}=2\left[1-\left(\frac{1}{2}\right)^n\right],$$

显然

$$\lim_{n\to\infty} s_n=\lim_{n\to\infty} 2\left[1-\left(\frac{1}{2}\right)^n\right]=2.$$

由极限知识可知，当 $n\to\infty$ 时，$s_n\to 2$，其意义就是：随着所加的项数 n 的不断增加并趋向无穷大，级数的部分和 s_n 越来越接近级数 $1+\dfrac{1}{2}+\cdots+\dfrac{1}{2^{n-1}}+\cdots$的和，所以

$$1+\frac{1}{2}+\cdots+\frac{1}{2^{n-1}}+\cdots=\lim_{n\to\infty} s_n=2.$$

由此可见，我们在讨论无穷多个数的和数（即 $\sum\limits_{n=1}^{\infty} u_n$ 的结果）是否存在时，与级数的前 n 项的和 $s_n=u_1+u_2+\cdots+u_n$ 的极限有关. 为此我们给出如下定义：

定义 7.2 对于无穷级数 $\sum\limits_{n=1}^{\infty} u_n$ 的前 n 项的和 s_n，如果当 $n\to\infty$ 时，s_n 的极限存在为 s，即

$$\lim_{n\to\infty} s_n = s,$$

则称级数 $\sum\limits_{n=1}^{\infty} u_n$ 是收敛的，并称 s 为该级数的和数. 可记为

$$s=\sum_{n=1}^{\infty} u_n = u_1+u_2+u_3+\cdots+u_n+\cdots$$

如果 $n\to\infty$ 时，s_n 没有极限，即 $\lim\limits_{n\to\infty} s_n$ 不存在，则称该级数是发散的. 当级数发散时，和数自然是不存在.

当级数 $\sum\limits_{n=1}^{\infty} u_n$ 收敛时，其和 s 与它的部分和 s_n 之差

$$r_n = s-s_n = u_{n+1}+u_{n+2}+\cdots$$

称为级数的余项. 显然，级数收敛的充分必要条件是 $\lim\limits_{n\to\infty} r_n=0$.

很显然，我们学习无穷级数事实上就是在讨论无穷个数的和的运算问题(注：这里也不排除减法运算，减法可以看成是一个正数与一个负数的和). 其结果不外乎两种：一种是无穷个数能加起来(即它们的和数存在)，这种情况我们称级数是收敛的；而另一种情况则是无穷个数无法加起来(即它们的和数不存在)，这种情况我们称级数是发散的. 由于是无穷项相加(减)，因此我们在这里不可能用常规的加减手段(就是有限个数的加、减运算)去处理，所以才有了上面的定义 7.2. 下面我们就用定义7.2来判断级数的敛散性，同时在级数收敛的情况下求出其和数.

例 7.2 判断下列级数的敛散性，若收敛，求其和：

视频 84

(1) $\sum\limits_{n=1}^{\infty} n$；　　(2) $\sum\limits_{n=1}^{\infty} \dfrac{1}{n(n+1)}$；

(3) $\sum\limits_{n=1}^{\infty} \ln\dfrac{n+1}{n}$；　　(4) $\sum\limits_{n=1}^{\infty} \dfrac{1}{\sqrt{n}}$.

解 (1) 因为级数的部分和

$$s_n = 1+2+\cdots+n = \frac{n(n+1)}{2},$$

而 $\lim\limits_{n\to\infty} s_n = \lim\limits_{n\to\infty}\dfrac{n(n+1)}{2}=+\infty$，所以级数 $\sum\limits_{n=1}^{\infty} n$ 发散.

(2) 因为级数的部分和

$$\begin{aligned} s_n &= \frac{1}{1\times 2}+\frac{1}{2\times 3}+\cdots+\frac{1}{n(n+1)} \\ &= \left(1-\frac{1}{2}\right)+\left(\frac{1}{2}-\frac{1}{3}\right)+\cdots+\left(\frac{1}{n}-\frac{1}{n+1}\right) \\ &= 1-\frac{1}{n+1}, \end{aligned}$$

从而有 $\lim\limits_{n\to\infty} s_n = \lim\limits_{n\to\infty}\left(1-\dfrac{1}{n+1}\right)=1$，

所以级数是收敛的，且级数的和 $s=1$.

(3) 因为级数的部分和

$$s_n=\ln 2+\ln\frac{3}{2}+\ln\frac{4}{3}+\cdots+\ln\frac{n+1}{n}$$

$$=\ln 2+(\ln 3-\ln 2)+(\ln 4-\ln 3)+\cdots+[\ln(n+1)-\ln n]$$

$$=\ln(n+1),$$

而 $\lim\limits_{n\to\infty}s_n=\lim\limits_{n\to\infty}\ln(n+1)=+\infty$，所以级数是发散的.

(4) 因为 $s_n=1+\frac{1}{\sqrt{2}}+\cdots+\frac{1}{\sqrt{n}}>\frac{1}{\sqrt{n}}+\frac{1}{\sqrt{n}}+\cdots+\frac{1}{\sqrt{n}}=\sqrt{n}$.

而 $\lim\limits_{n\to\infty}\sqrt{n}=\infty$，所以 $\lim\limits_{n\to\infty}s_n=\infty$.

因此级数 $\sum\limits_{n=1}^{\infty}\frac{1}{\sqrt{n}}$ 是发散的.

由上面的例题可以看出：使用定义 7.2 来讨论级数 $\sum\limits_{n=1}^{\infty}u_n$ 的敛散性时，首先必须求出此级数的前 n 项和 s_n，然后分析极限 $\lim\limits_{n\to\infty}s_n$ 是否存在. 若极限存在，则该级数是收敛的，否则，级数是发散的. 如果说级数的前 n 项和 S_n 求不出来的话，就要用其他的方法来讨论.

例 7.3 分析几何级数（等比级数）

$$\sum_{n=1}^{\infty}aq^{n-1}\quad(a\neq 0)$$

的敛散性.

解 由等比数列求和公式，当公比 $|q|\neq 1$ 时，级数的部分和

$$s_n=a+aq+aq^2+\cdots+aq^{n-1}=a\,\frac{1-q^n}{1-q}.$$

当 $|q|<1$ 时，$\lim\limits_{n\to\infty}q^n=0$，从而

$$\lim_{n\to\infty}s_n=\frac{a}{1-q},$$

所以级数收敛.

当 $|q|>1$ 时，$\lim\limits_{n\to\infty}q^n=+\infty$，从而

$$\lim_{n\to\infty}s_n=+\infty,$$

所以级数发散.

而 当 $q=1$ 时，显然 $s_n=na$，从而有

$$\lim_{n\to\infty}s_n=\lim_{n\to\infty}na=+\infty,$$

所以级数发散.

当 $q=-1$ 时，级数成为 $a-a+a-a+\cdots$，若 n 是奇数时，有 $s_n=a$，而若 n 是偶数时，

有 $s_n=0$. 因而，当 $n\to\infty$ 时，s_n 的极限不存在，级数发散.

综上所述：

当 $|q|<1$ 时，几何级数 $\sum\limits_{n=1}^{\infty} aq^{n-1}$ 是收敛的，它的和 $s=\dfrac{a}{1-q}$，

即 $\sum\limits_{n=1}^{\infty} aq^{n-1}=\dfrac{a}{1-q}(|q|<1)$；

当 $|q|\geqslant 1$ 时，几何级数 $\sum\limits_{n=1}^{\infty} aq^{n-1}$ 是发散的.

7.1.2 无穷级数的基本性质

判定级数的敛散性，虽然可以使用级数收敛、发散的定义来进行，但对于形式复杂的级数，使用这种方法往往是很困难的，甚至无法判定. 判定级数的敛散性，常常要使用级数的性质. 无穷级数主要有如下性质：

视频 85

性质 1 若级数 $\sum\limits_{n=1}^{\infty} u_n$ 收敛，其和为 s，则对任一常数 c，级数 $\sum\limits_{n=1}^{\infty} cu_n$ 也收敛，且和为 cs. 若 $\sum\limits_{n=1}^{\infty} u_n$ 是发散的，则对任一不为零的常数 c，级数 $\sum\limits_{n=1}^{\infty} cu_n$ 也发散(证明从略).

性质 2 若级数 $\sum\limits_{n=1}^{\infty} u_n$ 和 $\sum\limits_{n=1}^{\infty} v_n$ 都收敛，和分别为 s_1、s_2，则级数 $\sum\limits_{n=1}^{\infty}(u_n\pm v_n)$ 也收敛，且和为 $s_1\pm s_2$(证明从略).

例 7.4 判别级数 $\left(\dfrac{1}{2}+\dfrac{1}{3}\right)+\left(\dfrac{1}{2^2}+\dfrac{1}{3^2}\right)+\left(\dfrac{1}{2^3}+\dfrac{1}{3^3}\right)+\cdots$ 的敛散性，若收敛，求其和.

解 级数可表示为

$$\sum_{n=1}^{\infty}\left(\frac{1}{2^n}+\frac{1}{3^n}\right),$$

因为级数 $\sum\limits_{n=1}^{\infty}\dfrac{1}{2^n}$ 是公比 $q=\dfrac{1}{2}$ 的等比级数，它是收敛的，且其和为

$$s_1=\frac{\frac{1}{2}}{1-\frac{1}{2}}=1.$$

而级数 $\sum\limits_{n=1}^{\infty}\dfrac{1}{3^n}$ 是公比 $q=\dfrac{1}{3}$ 的等比级数，它是收敛的，且其和为

$$s_2=\frac{\frac{1}{3}}{1-\frac{1}{3}}=\frac{1}{2}.$$

由性质 2 可知，

级数 $\sum\limits_{n=1}^{\infty}\left(\dfrac{1}{2^n}+\dfrac{1}{3^n}\right)$ 即级数 $\left(\dfrac{1}{2}+\dfrac{1}{3}\right)+\left(\dfrac{1}{2^2}+\dfrac{1}{3^2}\right)+\left(\dfrac{1}{2^3}+\dfrac{1}{3^3}\right)+\cdots$ 是收敛的，且其和为

$$s=s_1+s_2=1+\frac{1}{2}=\frac{3}{2}.$$

性质3 一个级数增加或减少有限项，不改变级数的敛散性(证明从略).

注意：一个级数增加或减少有限项后，虽然其敛散性不变，但一般情况下，收敛级数的和会发生改变.

如等比级数 $1+\frac{1}{2}+\frac{1}{4}+\frac{1}{8}+\cdots$ 是收敛的，减去它的前五项，得到级数为

$$\frac{1}{32}+\frac{1}{64}+\frac{1}{128}+\cdots$$

该级数显然收敛，但前一级数的和为 $\frac{1}{1-\frac{1}{2}}=2$，后一级数的和为 $\frac{\frac{1}{32}}{1-\frac{1}{2}}=\frac{1}{16}$.

性质4 若级数 $\sum_{n=1}^{\infty}u_n$ 收敛，将级数中的项任意合并(即加上括号)后所成的级数仍收敛且其和不变(证明从略).

注意：一个级数若合并项后所成的级数收敛，并不能保证原有级数是收敛的.

例如，级数
$$1-1+1-1+\cdots+1-1+\cdots$$
是发散的，但按如下方式合并项：
$$(1-1)+(1-1)+\cdots+(1-1)+\cdots$$
该级数显然收敛，且和为零.

由性质4可知，若合并项后所成的级数发散，则原有级数必发散；若原有级数收敛，则合并项后所成的级数也收敛.

性质5 若级数 $\sum_{n=1}^{\infty}u_n$ 收敛，则其通项 u_n 必趋于零，即 $\lim\limits_{n\to\infty}u_n=0$(级数收敛的必要条件).

注意：级数 $\sum_{n=1}^{\infty}u_n$ 收敛，必有 $\lim\limits_{n\to\infty}u_n=0$，但 $\lim\limits_{n\to\infty}u_n=0$ 只是级数 $\sum_{n=1}^{\infty}u_n$ 收敛的必要条件，而不是充分条件，也就是说，当 $\lim\limits_{n\to\infty}u_n=0$，级数 $\sum_{n=1}^{\infty}u_n$ 可能收敛，也可能发散；而反之若 $\lim\limits_{n\to\infty}u_n\neq0$，则级数 $\sum_{n=1}^{\infty}u_n$ 发散.

如前面的例7.2(4)，虽然有 $\lim\limits_{n\to\infty}u_n=\lim\limits_{n\to\infty}\frac{1}{\sqrt{n}}=0$，但级数 $\sum_{n=1}^{\infty}\frac{1}{\sqrt{n}}$ 是发散的.

例7.5 证明级数

$$\frac{1}{2}+\frac{2}{3}+\cdots+\frac{n}{n+1}+\cdots$$

是发散的.

证明 由于级数的通项为

$$u_n=\frac{n}{n+1},$$

而 $$\lim_{n\to\infty}u_n=\lim_{n\to\infty}\frac{n}{n+1}=1,$$

由性质 5 得级数$\frac{1}{2}+\frac{2}{3}+\cdots+\frac{n}{n+1}+\cdots$是发散的.

此例说明:在讨论级数 $\sum\limits_{n=1}^{\infty}u_n$ 的敛散性时,可利用性质 5 先求极限$\lim\limits_{n\to\infty}u_n$,若$\lim\limits_{n\to\infty}u_n\neq 0$,则可判定级数 $\sum\limits_{n=1}^{\infty}u_n$ 是发散的;当然,若$\lim\limits_{n\to\infty}u_n=0$,则无法判定级数的敛散性.

习题 7-1

习题 7-1 答案

1. 单项选择题

(1) 下列命题中,正确的是(   ).

A. 若$\lim\limits_{n\to\infty}u_n=0$,则级数 $\sum\limits_{n=1}^{\infty}u_n$ 收敛

B. 若$\lim\limits_{n\to\infty}u_n\neq 0$,则级数 $\sum\limits_{n=1}^{\infty}u_n$ 发散

C. 若级数 $\sum\limits_{n=1}^{\infty}u_n$ 发散,则$\lim\limits_{n\to\infty}u_n\neq 0$

D. 若级数 $\sum\limits_{n=1}^{\infty}u_n$ 发散,则必有$\lim\limits_{n\to\infty}u_n=\infty$

(2) 下列命题中,正确的是(   ).

A. 若级数 $\sum\limits_{n=1}^{\infty}u_n$,$\sum\limits_{n=1}^{\infty}v_n$ 都发散,则级数 $\sum\limits_{n=1}^{\infty}(u_n-v_n)$必发散

B. 若级数 $\sum\limits_{n=1}^{\infty}(u_n+v_n)$收敛,则级数 $\sum\limits_{n=1}^{\infty}u_n$,$\sum\limits_{n=1}^{\infty}v_n$ 都收敛

C. 若级数 $\sum\limits_{n=1}^{\infty}u_n$ 收敛、$\sum\limits_{n=1}^{\infty}v_n$ 发散,则级数 $\sum\limits_{n=1}^{\infty}(u_n+v_n)$必发散

D. 若级数 $\sum\limits_{n=1}^{\infty}(u_n+v_n)$发散,则级数 $\sum\limits_{n=1}^{\infty}u_n$,$\sum\limits_{n=1}^{\infty}v_n$ 都发散

2. 写出下列级数的前三项:

(1) $\sum\limits_{n=1}^{\infty}\frac{1}{(2n-1)2^n}$;　　(2) $\sum\limits_{n=1}^{\infty}\frac{n+1}{n^2+1}$;

(3) $\sum\limits_{n=1}^{\infty}\frac{n+(-1)^{n-1}}{n}$;　　(4) $\sum\limits_{n=1}^{\infty}(-1)^{n-1}\frac{3^n}{n!}$.

3. 写出下列级数的一般项(通项):

(1) $1+\frac{1}{3}+\frac{1}{5}+\frac{1}{7}+\cdots$　　(2) $\frac{1}{1\times 3^2}+\frac{1}{3\times 5^2}+\frac{1}{5\times 7^2}+\frac{1}{7\times 9^2}+\cdots$

(3) $-\frac{1}{2}+0+\frac{1}{4}+\frac{2}{5}+\frac{3}{6}+\cdots$　　(4) $2+\sqrt{\frac{3}{2}}+\sqrt[3]{\frac{4}{3}}+\sqrt[4]{\frac{5}{4}}+\cdots$

(5) $x-\frac{x^2}{2}+\frac{x^3}{3}-\frac{x^4}{4}+\cdots$　　(6) $\frac{a^2}{2}-\frac{a^3}{5}+\frac{a^4}{10}-\frac{a^5}{17}+\frac{a^6}{26}+\cdots$

4. 依据级数收敛与发散的定义,判断下列级数的敛散性:

(1) $\sum_{n=1}^{\infty}\frac{1}{(2n-1)(2n+1)}$；　　(2) $\sum_{n=1}^{\infty}\frac{1}{\sqrt{n+1}+\sqrt{n}}$；

(3) $\sum_{n=1}^{\infty}\left(\frac{1}{5^n}+\frac{1}{3^n}\right)$；　　(4) $\sum_{n=1}^{\infty}(-1)^{n-1}\frac{2n+1}{n(n+1)}$.

5. 判断下列级数的敛散性：

(1) $\frac{2}{3}-\frac{2^2}{3^2}+\frac{2^3}{3^3}-\frac{2^4}{3^4}+\cdots$　　(2) $1+\ln 3+\ln^2 3+\ln^3 3+\cdots$

(3) $\sqrt{\frac{1}{3}}+\sqrt{\frac{2}{5}}+\sqrt{\frac{3}{7}}+\sqrt{\frac{4}{9}}+\cdots$

(4) $\left(\frac{2}{5}-\frac{2}{7}\right)+\left(\frac{2}{5^2}-\frac{2}{7^2}\right)+\left(\frac{2}{5^3}-\frac{2}{7^3}\right)+\cdots$

(5) $\frac{1}{3}+\frac{1}{\sqrt{3}}+\frac{1}{\sqrt[3]{3}}+\frac{1}{\sqrt[4]{3}}+\cdots$

(6) $\sqrt{\frac{1}{2}}+\sqrt{\frac{2}{5}}+\sqrt{\frac{3}{10}}+\sqrt{\frac{4}{17}}+\cdots$

7.2　正项级数及其审敛法

视频 86

对于一个级数 $\sum_{n=1}^{\infty}u_n$ 来说，要考虑的问题主要有以下两个方面：

(1) 级数是否收敛？即当给出一个级数时，我们如何来判定该级数是否收敛？

(2) 当级数收敛时，求出它的和；这个和是如何求出的呢？

在一般情况下，可以利用级数收敛与发散的定义、性质来判断一个级数的敛散性，但常常是很困难的，因此需要建立判断级数敛散性的审敛法. 本节主要介绍正项级数及其审敛法.

如果级数 $\sum_{n=1}^{\infty}u_n$ 的每一项都是非负数，即 $u_n\geqslant 0(n=1,2,3,\cdots)$，则称该级数为正项级数.

正项级数是一类重要的级数，在研究其他级数的敛散性问题时，往往归结为研究正项级数的收敛性.

由于正项级数的通项有 $u_n\geqslant 0$，所以其部分和数列 $s_1,s_2,\cdots,s_n,\cdots$ 是单调增加的，即 $s_1\leqslant s_2\leqslant\cdots\leqslant s_n\leqslant\cdots$

由数列极限的存在准则(即单调有界数列必有极限)知，只要级数的部分和数列 $\{s_n\}$ 有上界，正项级数必收敛. 由此推出以下三种判定正项级数敛散性的审敛法.

7.2.1　比较审敛法

定理 7.1　(比较审敛法)设 $\sum_{n=1}^{\infty}u_n$ 与 $\sum_{n=1}^{\infty}v_n$ 为正项级数，且 $\sum_{n=1}^{\infty}u_n\leqslant\sum_{n=1}^{\infty}v_n$，则

(1) 若级数 $\sum_{n=1}^{\infty}v_n$ 收敛，那么级数 $\sum_{n=1}^{\infty}u_n$ 也收敛；

(2) 若级数 $\sum\limits_{n=1}^{\infty} u_n$ 发散，那么级数 $\sum\limits_{n=1}^{\infty} v_n$ 也发散.

比较审敛法(即定理 7.1)告诉了我们一个很朴实的道理，在两个大小不一和式的比较过程中，如果更大的那个和式是已知可以加起来的(即收敛)，那么较小的那个和式自然也是可以加起来的(即也是收敛的)；反之较小的和式如果已知是加不起来的(即发散)，那更大的那个和式肯定也是无法相加的(即也是发散的).

例 7.6 判断级数 $\sum\limits_{n=1}^{\infty} \dfrac{1}{n\cdot 2^n}$ 的敛散性.

解 因为 $\dfrac{1}{n\cdot 2^n}\leqslant\dfrac{1}{2^n}$，所以 $\sum\limits_{n=1}^{\infty} \dfrac{1}{n\cdot 2^n}\leqslant \sum\limits_{n=1}^{\infty} \dfrac{1}{2^n}$，

而级数 $\sum\limits_{n=1}^{\infty} \dfrac{1}{2^n}$ 是以 $\dfrac{1}{2}$ 为公比的几何级数，它是收敛的.

由定理 7.1 可知，级数 $\sum\limits_{n=1}^{\infty} \dfrac{1}{n\cdot 2^n}$ 也是收敛的.

例 7.7 判定级数 $\sum\limits_{n=1}^{\infty} \dfrac{1}{n}$ 的敛散性(该级数称为调和级数).

解 由于当 $x>0$ 时，有不等式 $x>\ln(1+x)$ 成立，所以

$$\frac{1}{n}>\ln\left(1+\frac{1}{n}\right)=\ln\frac{n+1}{n}.$$

即
$$\sum_{n=1}^{\infty}\frac{1}{n}>\sum_{n=1}^{\infty}\ln\frac{n+1}{n}$$

由上节中的例 7.2(3)可知：级数 $\sum\limits_{n=1}^{\infty} \ln\dfrac{1+n}{n}$ 是发散的.

由比较审敛法得，调和级数 $\sum\limits_{n=1}^{\infty} \dfrac{1}{n}$ 发散.

例 7.8 讨论级数 $\sum\limits_{n=1}^{\infty} \dfrac{1}{n^p}$ 的敛散性(该级数称为 p-级数).

视频 87

解 当 $p=1$ 时，显然级数为调和级数 $\sum\limits_{n=1}^{\infty} \dfrac{1}{n}$，是发散的；

当 $p<1$ 时，因为 $\dfrac{1}{n^p}>\dfrac{1}{n}$，由定理 7.1 可知，级数 $\sum\limits_{n=1}^{\infty} \dfrac{1}{n^p}$ 发散；

当 $p>1$ 时，因为

$$\begin{aligned}\sum_{n=1}^{\infty}\frac{1}{n^p}&=1+\frac{1}{2^p}+\frac{1}{3^p}+\frac{1}{4^p}+\cdots+\frac{1}{n^p}+\cdots\\&=1+\left(\frac{1}{2^p}+\frac{1}{3^p}\right)+\left(\frac{1}{4^p}+\frac{1}{5^p}+\frac{1}{6^p}+\frac{1}{7^p}\right)+\cdots\\&\leqslant 1+\left(\frac{1}{2^p}+\frac{1}{2^p}\right)+\left(\frac{1}{4^p}+\frac{1}{4^p}+\frac{1}{4^p}+\frac{1}{4^p}\right)+\cdots\\&=1+\frac{1}{2^{p-1}}+\left(\frac{1}{2^{p-1}}\right)^2+\cdots\\&=\sum_{n=1}^{\infty}\left(\frac{1}{2^{p-1}}\right)^{n-1}.\end{aligned}$$

由于级数 $\sum_{n=1}^{\infty}\left(\frac{1}{2^{p-1}}\right)^{n-1}$ 是公比 $q=\frac{1}{2^{p-1}}<1$ 的等比级数，是收敛的，根据比较审敛法知，级数 $\sum_{n=1}^{\infty}\frac{1}{n^p}$ 收敛.

综上所述，当 $p\leqslant 1$ 时，p-级数 $\sum_{n=1}^{\infty}\frac{1}{n^p}$ 发散，当 $p>1$ 时，p-级数 $\sum_{n=1}^{\infty}\frac{1}{n^p}$ 收敛.

从上面的例子可以看出，运用比较审敛法的关键是找到一个已知敛散性的正项级数，通过比较二者通项的值的大小，来确定未知级数的敛散性.

注意：在用比较审敛法判断级数敛散性时，我们常用来进行比较的级数有：

(1) 几何级数(等比级数) $\sum_{n=1}^{\infty}aq^n$，其敛散性为 $\begin{cases}|q|<1 \text{ 时，级数收敛，}\\ |q|\geqslant 1 \text{ 时，级数发散；}\end{cases}$

(2) p-级数 $\sum_{n=1}^{\infty}\frac{1}{n^p}(p>0)$，其敛散性为 $\begin{cases}p>1 \text{ 时，} & \text{级数收敛，}\\ 0<p\leqslant 1 \text{ 时，} & \text{级数发散.}\end{cases}$

其中当 $p=1$ 时为调和级数，所以调和级数只是 p-级数的一种特例. 熟记以上级数的敛散性，将有利于比较审敛法的运用.

例 7.9　判定下列级数的敛散性：

(1) $\sum_{n=1}^{\infty}\frac{1}{\sqrt{n(n+1)}}$；　　(2) $\sum_{n=1}^{\infty}\frac{1+n}{n^3+1}$.

解　(1) 因为 $n(n+1)<(n+1)^2$，故有

$$\frac{1}{\sqrt{n(n+1)}}>\frac{1}{n+1}.$$

所以

$$\sum_{n=1}^{\infty}\frac{1}{\sqrt{n(n+1)}}>\sum_{n=1}^{\infty}\frac{1}{n+1}.$$

又，级数

$$\sum_{n=1}^{\infty}\frac{1}{n+1}=\frac{1}{2}+\frac{1}{3}+\cdots+\frac{1}{n+1}+\cdots$$

是调和级数去掉第一项所成的级数，由级数的性质 3 知 $\sum_{n=1}^{\infty}\frac{1}{n+1}$ 发散. 由比较审敛法知级数 $\sum_{n=1}^{\infty}\frac{1}{\sqrt{n(n+1)}}$ 是发散的.

(2) 因为

$$\frac{n+1}{n^3+1}<\frac{2n}{n^3}=\frac{2}{n^2}.$$

所以

$$\sum_{n=1}^{\infty}\frac{n+1}{n^3+1}<\sum_{n=1}^{\infty}\frac{2}{n^2}=2\sum_{n=1}^{\infty}\frac{1}{n^2}.$$

因级数 $\sum_{n=1}^{\infty}\frac{1}{n^2}$ 是收敛的 p-级数 $(p=2)$，由级数的性质 1 知，级数 $\sum_{n=1}^{\infty}\frac{2}{n^2}$ 也收敛；由比较审敛法知，级数 $\sum_{n=1}^{\infty}\frac{1+n}{n^3+1}$ 是收敛的.

运用比较审敛法时，要先找一个已知敛散性的级数，再比较通项值的关系，这对初学者来说，往往难以把握.

7.2.2 极限审敛法

前面我们学习了无穷级数 $\sum_{n=1}^{\infty} u_n$ 收敛的必要条件是 $\lim_{n\to\infty} u_n=0$，然而这个必要条件反而说明不了级数的敛散性，也就是说，在无穷级数满足必要条件 $\lim_{n\to\infty} u_n=0$ 时，该级数既可能收敛，也可能发散，因此，在这种情况下我们需要对无穷级数 $\sum_{n=1}^{\infty} u_n$ 作进一步的讨论，为此我们给出下面的极限审敛法.

视频 88

定理 7.2 （极限审敛法）设 $\sum_{n=1}^{\infty} u_n$ 为正项级数，则有

(1) 若 $\lim_{n\to\infty} u_n\neq 0$，级数 $\sum_{n=1}^{\infty} u_n$ 发散；

(2) 若 $\lim_{n\to\infty} u_n=0$，但是 $\lim_{n\to\infty} nu_n\neq 0$，级数 $\sum_{n=1}^{\infty} u_n$ 发散；

(3) 若 $\lim_{n\to\infty} u_n=0$，但是 $\lim_{n\to\infty} n^p u_n\neq 0\ (p>1)$，级数 $\sum_{n=1}^{\infty} u_n$ 收敛.

注意：

(1)因为必要条件是有它不咋的，而没它是不行的，所以必要条件说明不了什么，但我们往往可以用必要条件来否定问题；

(2)要想利用好定理 7.2，必须具备一定的极限计算技能，尤其是掌握当 $x\to\infty$ 时，多项式之比的极限计算公式，即

$$\lim_{x\to\infty}\frac{a_n x^n+a_{n-1}x^{n-1}+\cdots+a_0}{b_m x^m+b_{m-1}x^{m-1}+\cdots+b_0}=\begin{cases}\dfrac{a_n}{b_m} & \text{当 } n=m \text{ 时}\\ 0 & \text{当 } n<m \text{ 时}\\ \infty & \text{当 } n>m \text{ 时}\end{cases}$$

例 7.10 判定下列级数的敛散性：

(1) $\sum_{n=1}^{\infty}\frac{1}{\sqrt{n^2+a^2}}\quad (a>0)$；　　(2) $\sum_{n=1}^{\infty}\ln\left(1+\frac{1}{n^2}\right)$.

解 (1) 因为
$$\lim_{n\to\infty}\frac{n}{\sqrt{n^2+a^2}}=\lim_{n\to\infty}\frac{1}{\sqrt{1+\left(\frac{a}{n}\right)^2}}=1\neq 0,$$

所以，由极限审敛法知，级数 $\sum_{n=1}^{\infty}\frac{1}{\sqrt{n^2+a^2}}$ 发散.

(2) 因为
$$\lim_{n\to\infty} n^2\ln\left(1+\frac{1}{n^2}\right)=\lim_{n\to\infty}\ln\left(1+\frac{1}{n^2}\right)^{n^2}=1\neq 0,$$

所以，由极限审敛法知：级数 $\sum_{n=1}^{\infty}\ln\left(1+\frac{1}{n^2}\right)$ 收敛.

7.2.3　比值审敛法

用比较审敛法判定级数的敛散性时，如果将待审级数与几何级数作比较，并表达成极限形式的话，便可得到下面的比值审敛法. 相比前两种审敛法来讲，比值审敛法更直截了当，应用起来也十分方便，并且我们在后期的学习讨论中，会反复用到这种方法.

定理 7.3　(比值审敛法，又称达朗贝尔判别法)设 $\sum\limits_{n=1}^{\infty} u_n$ 为正项级数，且有 $\lim\limits_{n\to\infty}\dfrac{u_{n+1}}{u_n}=\lambda$（$\lambda$ 为常数），则

(1) 当 $\lambda<1$ 时，级数 $\sum\limits_{n=1}^{\infty} u_n$ 收敛；

(2) 当 $\lambda>1$ 或 $\lim\limits_{n\to\infty}\dfrac{u_{n+1}}{u_n}=+\infty$ 时，级数 $\sum\limits_{n=1}^{\infty} u_n$ 发散.

视频 89

注意：当 $\lambda=1$ 时，此审敛法无效，级数 $\sum\limits_{n=1}^{\infty} u_n$ 的敛散性不能确定(即可能是收敛的，也可能是发散的)，其敛散性需用其他方法来判定.

例 7.11　判定下列级数的敛散性：

(1) $\sum\limits_{n=1}^{\infty}\dfrac{n}{3^n}$；　(2) $\sum\limits_{n=1}^{\infty}\dfrac{a^n}{n!}$　$(a>0)$；　(3) $\sum\limits_{n=1}^{\infty}\dfrac{1}{1+a^n}$　$(a>0)$；　(4) $\sum\limits_{n=1}^{\infty}\dfrac{1}{n^n}$.

解　(1) 因为

$$\lim_{n\to\infty}\frac{u_{n+1}}{u_n}=\lim_{n\to\infty}\frac{\dfrac{n+1}{3^{n+1}}}{\dfrac{n}{3^n}}=\frac{1}{3}\lim_{n\to\infty}\frac{n+1}{n}=\frac{1}{3}<1,$$

所以，由比值审敛法知，级数 $\sum\limits_{n=1}^{\infty}\dfrac{n}{3^n}$ 收敛.

(2) 因为

$$\lim_{n\to\infty}\frac{u_{n+1}}{u_n}=\lim_{n\to\infty}\frac{\dfrac{a^{n+1}}{(n+1)!}}{\dfrac{a^n}{n!}}=\lim_{n\to\infty}\frac{a}{n+1}=0<1,$$

所以，由比值审敛法知，级数 $\sum\limits_{n=1}^{\infty}\dfrac{a^n}{n!}$　$(a>0)$ 收敛.

(3) 因为

$$\lim_{n\to\infty}\frac{u_{n+1}}{u_n}=\lim_{n\to\infty}\frac{1+a^n}{1+a^{n+1}},$$

若 $a>1$，$\lim\limits_{n\to\infty}\left(\dfrac{1}{a}\right)^n=0$，得

$$\lim_{n\to\infty}\frac{1+a^n}{1+a^{n+1}}=\lim_{n\to\infty}\frac{\dfrac{1}{a^{n+1}}+\dfrac{1}{a}}{\dfrac{1}{a^{n+1}}+1}=\frac{1}{a}<1,$$

故由比值审敛法知，级数 $\sum\limits_{n=1}^{\infty}\dfrac{1}{1+a^n}$ 收敛.

若 $a<1$，$\lim\limits_{n\to\infty}a^n=0$，此时，由于 $\lim\limits_{n\to\infty}\dfrac{1+a^n}{1+a^{n+1}}=1$，故该级数的敛散性不能用比值审敛法来判定；但由于当 $a<1$ 时，有 $\lim\limits_{n\to\infty}u_n=\lim\limits_{n\to\infty}\dfrac{1}{1+a^n}=1\neq0$，故由级数收敛的必要条件知，级数 $\sum\limits_{n=1}^{\infty}\dfrac{1}{1+a^n}$ 发散.

若 $a=1$，级数就变为 $\sum\limits_{n=1}^{\infty}\dfrac{1}{2}$，级数显然是发散的.

综上所述，级数 $\sum\limits_{n=1}^{\infty}\dfrac{1}{1+a^n}(a>0)$ 当 $a>1$ 时收敛；当 $a\leqslant1$ 时发散.

(4) 因为

$$\lim_{n\to\infty}\frac{u_{n+1}}{u_n}=\lim_{n\to\infty}\frac{\dfrac{1}{(n+1)^{n+1}}}{\dfrac{1}{n^n}}=\lim_{n\to\infty}\left(\frac{n}{n+1}\right)^n\frac{1}{n+1}$$

$$=\lim_{n\to\infty}\left(\frac{n}{n+1}\right)^n\frac{1}{n+1}=\lim_{n\to\infty}\frac{1}{\left(1+\dfrac{1}{n}\right)^n}\cdot\lim_{n\to\infty}\frac{1}{n+1}$$

$$=\frac{1}{\mathrm{e}}\times0=0<1,$$

故由比值审敛法知，级数 $\sum\limits_{n=1}^{\infty}\dfrac{1}{n^n}$ 收敛.

从例题可以看出：在判定正项级数敛散性时，感觉到比值审敛法比比较审敛法更好、更容易掌握，因此觉得只要掌握比值审敛法就行了. 这种想法是不对的，因为没有哪一种方法能解决所有的问题. 其实每种审敛法各具特点，不存在哪种审敛法更重要的问题，它们之间是相辅相成的.

习题 7-2

习题 7-2 答案

1. 单项选择题

(1) 下列命题中，正确的是(　　).

A. 若正项级数 $\sum\limits_{n=1}^{\infty}u_n$ 收敛，则 $\sum\limits_{n=1}^{\infty}u_{2n}$ 必收敛

B. 若正项级数 $\sum\limits_{n=1}^{\infty}u_n$ 收敛，则 $\lim\limits_{n\to\infty}\dfrac{u_{n+1}}{u_n}=\lambda<1$

C. 若 $0<u_n<\dfrac{1}{n}$，则级数 $\sum\limits_{n=1}^{\infty}u_n$ 必收敛

D. 若正项级数 $\sum\limits_{n=1}^{\infty}u_n$ 收敛，则必有 $u_n<\dfrac{1}{n^2}$

(2) 下列正项级数中,收敛的是(　　).

A. $\sum\limits_{n=1}^{\infty}\frac{n-1}{2n}$　　B. $\sum\limits_{n=1}^{\infty}\frac{1}{\sqrt{2n^2+1}}$

C. $\sum\limits_{n=1}^{\infty}(\sqrt{n+1}-\sqrt{n})$　　D. $\sum\limits_{n=2}^{\infty}\frac{1}{n^2-1}$

2. 用比较审敛法判定下列级数的敛散性:

(1) $1+\frac{1}{3}+\frac{1}{5}+\frac{1}{7}+\cdots$　　(2) $\frac{1}{\ln 2}+\frac{1}{\ln 3}+\frac{1}{\ln 4}+\frac{1}{\ln 5}+\cdots$

(3) $\frac{1}{2\times 5}+\frac{1}{3\times 6}+\frac{1}{4\times 7}+\cdots$　　(4) $\sin\frac{\pi}{2}+\sin\frac{\pi}{2^2}+\sin\frac{\pi}{2^3}+\sin\frac{\pi}{2^4}+\cdots$

(5) $\frac{2}{1\times 3}+\frac{3}{2\times 4}+\frac{4}{3\times 5}+\cdots$　　(6) $1+\frac{1+2}{1+2^2}+\frac{1+3}{1+3^2}+\frac{1+4}{1+4^2}+\cdots$

3. 用比值审敛法判定下列级数的敛散性:

(1) $\frac{1}{1\times 2}+\frac{3}{2\times 2^2}+\frac{3^2}{3\times 2^3}+\frac{3^3}{4\times 2^4}+\cdots$

(2) $\frac{1}{3}+\frac{2^2}{3^2}+\frac{3^2}{3^3}+\frac{4^2}{3^4}+\cdots$

(3) $\frac{1}{1!}+\frac{2^2}{2!}+\frac{3^3}{3!}+\cdots+\frac{n^n}{n!}+\cdots$

(4) $\sin\frac{\pi}{2}+2^2\sin\frac{\pi}{2^2}+\cdots+n^2\sin\frac{\pi}{2^n}+\cdots$

4. 判定下列级数的敛散性:

(1) $\sum\limits_{n=1}^{\infty}\frac{2^n}{1+3^n}$;　　(2) $\sum\limits_{n=1}^{\infty}\frac{1}{\sqrt{(2n+1)(2n-1)}}$;

(3) $\sum\limits_{n=1}^{\infty}\frac{1}{n}(\sqrt{n+1}-\sqrt{n-1})$;　　(4) $\sum\limits_{n=1}^{\infty}\frac{n\cos^2\left(\frac{n\pi}{3}\right)}{2^n}$.

7.3　绝对收敛与条件收敛

7.2 节介绍了正项级数及判别其敛散性的方法,本节先研究交错级数的敛散性判定方法,然后再讨论任意项级数敛散性的判定方法.

视频 90

7.3.1　交错级数及审敛法

一个级数的各项如果是正负相间的,则称该级数是交错级数,一般地,交错级数可以表示为

$$\sum_{n=1}^{\infty}(-1)^{n-1}u_n \quad 或 \quad \sum_{n=1}^{\infty}(-1)^n u_n,$$

其中，$u_n(n=1,2,3,\cdots)$都是正数.

交错级数有如下重要的审敛法.

定理 7.4 （莱布尼茨准则）若交错级数 $\sum_{n=1}^{\infty}(-1)^{n-1}u_n$ 满足条件

(1) $u_n \geqslant u_{n+1} \quad (n=1,2,3,\cdots)$，

(2) $\lim_{n\to\infty} u_n = 0$，

则级数 $\sum_{n=1}^{\infty}(-1)^{n-1}u_n$ 收敛.

例 7.12 判别下列级数的敛散性：

(1) $1-\frac{1}{2}+\frac{1}{3}-\frac{1}{4}+\cdots+(-1)^{n-1}\frac{1}{n}+\cdots$； (2) $\sum_{n=1}^{\infty}(-1)^{n-1}\frac{1}{n\cdot 3^n}$.

解 (1) 因为级数中的 $u_n=\frac{1}{n}$ 满足 $u_n \geqslant u_{n+1}$，且 $\lim_{n\to\infty} u_n = \lim_{n\to\infty}\frac{1}{n}=0$，所以，级数 $1-\frac{1}{2}+\frac{1}{3}-\frac{1}{4}+\cdots+(-1)^{n-1}\frac{1}{n}+\cdots$ 收敛.

(2) 因为级数中的 $u_n=\frac{1}{n\cdot 3^n}$，显然，$\frac{1}{(n+1)\cdot 3^{n+1}}<\frac{1}{n\cdot 3^n}$，

且
$$\lim_{n\to\infty} u_n = \lim_{n\to\infty}\frac{1}{n\cdot 3^n}=0,$$

所以，级数 $\sum_{n=1}^{\infty}(-1)^{n-1}\frac{1}{n\cdot 3^n}$ 收敛.

7.3.2 绝对收敛与条件收敛

如果常数项级数 $\sum_{n=1}^{\infty}u_n$ 中的一般项 u_n 为任意实数，则称这样的级数为任意项级数. 现在来研究判定任意项级数敛散性的问题.

视频 91

讨论一个任意项级数的敛散性，往往借助正项级数的审敛法来讨论.

设级数 $\sum_{n=1}^{\infty}u_n$ 是一个任意项级数，如果将其各项均取绝对值，就得到一个正项级数 $\sum_{n=1}^{\infty}|u_n|$.

定义 7.3 若级数 $\sum_{n=1}^{\infty}|u_n|$收敛，则称级数 $\sum_{n=1}^{\infty}u_n$ 绝对收敛；若级数 $\sum_{n=1}^{\infty}u_n$ 收敛，而级数 $\sum_{n=1}^{\infty}|u_n|$发散，则称级数 $\sum_{n=1}^{\infty}u_n$ 条件收敛.

任意项级数 $\sum_{n=1}^{\infty}u_n$ 的敛散性与正项级数 $\sum_{n=1}^{\infty}|u_n|$的敛散性之间有十分重要的关系，下面的定理描述了二者的关系.

定理 7.5 若一个级数 $\sum_{n=1}^{\infty}u_n$ 绝对收敛(即 $\sum_{n=1}^{\infty}|u_n|$收敛)，则该级数 $\sum_{n=1}^{\infty}u_n$ 一定收敛.

需要注意：

(1) 此定理的逆定理不成立，即不能由级数 $\sum_{n=1}^{\infty} u_n$ 收敛就得到级数 $\sum_{n=1}^{\infty} |u_n|$ 收敛. 如，例 7.12(1)级数 $\sum_{n=1}^{\infty} (-1)^{n-1}\frac{1}{n}$ 是收敛的，但各项加绝对值后的级数 $\sum_{n=1}^{\infty} \frac{1}{n}$ 则是发散的.

(2) 定理 7.5 说明，在判定一个级数的敛散性的时候，可以运用该定理，即利用级数的绝对收敛与收敛间的关系来分析. 只要级数 $\sum_{n=1}^{\infty} |u_n|$ 是收敛的，便可得级数 $\sum_{n=1}^{\infty} u_n$ 也是收敛的(但如果 $\sum_{n=1}^{\infty} |u_n|$ 发散，则需用其他方法来分析级数 $\sum_{n=1}^{\infty} u_n$ 的敛散性).

结合正项级数的比值审敛法，可以得到如下定理：

定理 7.6　设 $\sum_{n=1}^{\infty} u_n$ 为任意项级数，且有 $\lim_{n\to\infty}\left|\frac{u_{n+1}}{u_n}\right| = \lambda$($\lambda$ 为常数)，

(1) 当 $\lambda<1$ 时，则任意项级数 $\sum_{n=1}^{\infty} u_n$ 收敛，且绝对收敛；

(2) 当 $\lambda>1$ 或 $\lim_{n\to\infty}\left|\frac{u_{n+1}}{u_n}\right| = +\infty$ 时，则任意项级数 $\sum_{n=1}^{\infty} u_n$ 发散.

(3) 当 $\lambda=1$ 时，则此法无效.

由定理 7.6 可知，一个绝对收敛级数必定是收敛的，但当级数 $\sum_{n=1}^{\infty} |u_n|$ 发散时，我们往往不能确定级数 $\sum_{n=1}^{\infty} u_n$ 的敛散性. 然而若是用比值审敛法判定级数 $\sum_{n=1}^{\infty} |u_n|$ 发散，则可说明级数 $\sum_{n=1}^{\infty} u_n$ 也是发散的.

由此可见，在判定任意项级数 $\sum_{n=1}^{\infty} u_n$ 的敛散性时，定理 7.6 是一种非常不错的方法.

例 7.13　判定下列级数的敛散性，若收敛，指明是绝对收敛还是条件收敛.

(1) $\sum_{n=1}^{\infty} (-1)^{n-1}\frac{1}{n\cdot 3^n}$；　(2) $\sum_{n=1}^{\infty} (-1)^{n-1}\frac{2^n}{2n-1}$；　(3) $\sum_{n=1}^{\infty} \frac{\sin n\alpha}{n^2}$($\alpha$ 是正常数).

解　(1) 由例 7.12(2)可知，级数 $\sum_{n=1}^{\infty} (-1)^{n-1}\frac{1}{n\cdot 3^n}$ 是收敛的.

由于
$$\lim_{n\to\infty}\left|\frac{u_{n+1}}{u_n}\right| = \lim_{n\to\infty}\frac{\dfrac{1}{(n+1)3^{n+1}}}{\dfrac{1}{n\cdot 3^n}} = \frac{1}{3}<1,$$

所以根据定理 7.6，级数 $\sum_{n=1}^{\infty} (-1)^{n-1}\frac{1}{n\cdot 3^n}$ 收敛，且绝对收敛.

(2) 因为

$$\lim_{n\to\infty}\left|\frac{u_{n+1}}{u_n}\right| = \lim_{n\to\infty}\frac{\dfrac{2^{n+1}}{2n+1}}{\dfrac{2^n}{2n-1}} = 2\lim_{n\to\infty}\frac{2n-1}{2n+1} = 2>1,$$

所以,级数 $\sum_{n=1}^{\infty}(-1)^{n-1}\frac{2^n}{2n-1}$是发散的.

(3) 因为

$$\left|\frac{\sin n\alpha}{n^2}\right|\leqslant\frac{1}{n^2},$$

而级数 $\sum_{n=1}^{\infty}\frac{1}{n^2}$是 $p=2>1$ 的 p-级数,它是收敛的,由比较审敛法得,级数 $\sum_{n=1}^{\infty}\left|\frac{\sin n\alpha}{n^2}\right|$收敛,因此,级数 $\sum_{n=1}^{\infty}\frac{\sin n\alpha}{n^2}$绝对收敛.

从上面的例题可以看出:分析任意项级数的敛散性时,一般可按如下步骤进行:

(1) 先用定理 7.6 进行分析,若分析结果符合定理 7.6,则讨论结束;

(2) 若不符合定理 7.6 的条件(即 $\lambda=1$ 或 $\lim\limits_{n\to\infty}\left|\frac{u_{n+1}}{u_n}\right|$ 不存在)时,则再考虑使用其他方法(如正项级数的比较审敛法、交错级数的莱布尼茨准则、收敛与发散的定义以及级数的性质等)来判定.

习题 7-3

习题 7-3 答案

1. 单项选择题

(1) 对于级数 $\sum_{n=1}^{\infty}(-1)^n\frac{1}{n^p}$,下列结论中,正确的是(　　).

A. 当 $0<p\leqslant1$ 时,级数发散　　B. 当 $0<p\leqslant1$ 时,级数绝对收敛

C. 当 $p>1$ 时,级数条件收敛　　D. 当 $p>1$ 时,级数绝对收敛

(2) 下列级数中,条件收敛的是(　　).

A. $\sum_{n=1}^{\infty}(-1)^n\frac{1}{\sqrt{n}}$　　B. $\sum_{n=1}^{\infty}(-1)^{n+1}\left(\frac{2}{5}\right)^n$

C. $\sum_{n=1}^{\infty}(-1)^n\frac{1}{n(n+1)}$　　D. $\sum_{n=1}^{\infty}(-1)^n\frac{1}{\sqrt{2n^3+1}}$

(3) 下列级数中,绝对收敛的是(　　).

A. $\sum_{n=1}^{\infty}(-1)^{n-1}\frac{n}{\sqrt{2n^2-1}}$　　B. $\sum_{n=1}^{\infty}(-1)^n\frac{1}{n}$

C. $\sum_{n=1}^{\infty}(-1)^{n+1}\frac{1}{2^n}$　　D. $\sum_{n=1}^{\infty}(-1)^{n-1}\frac{n+1}{2n-1}$

(4) 设 $\sum_{n=1}^{\infty}V_n$ 为正项级数,k 为正常数,以下命题中,正确的是(　　).

A. 若 $\sum_{n=1}^{\infty}v_n$ 发散,$|u_n|\geqslant kv_n$,则 $\sum_{n=1}^{\infty}u_n$ 发散

B. 若 $\sum_{n=1}^{\infty}v_n$ 发散,$|u_n|\geqslant kv_n$,则 $\sum_{n=1}^{\infty}u_n$ 条件收敛

C. 若 $\sum_{n=1}^{\infty}v_n$ 收敛,$|u_n|\geqslant kv_n$,则 $\sum_{n=1}^{\infty}u_n$ 条件收敛

D. 若 $\sum_{n=1}^{\infty} v_n$ 收敛，$|u_n| \leqslant k v_n$，则 $\sum_{n=1}^{\infty} u_n$ 绝对收敛

2. 判断下列级数的敛散性，如果收敛，指出是绝对收敛还是条件收敛.

(1) $1-\frac{1}{\sqrt{2}}+\frac{1}{\sqrt{3}}-\frac{1}{\sqrt{4}}+\cdots$

(2) $\frac{1}{1\times 2}-\frac{1}{3\times 2^3}+\frac{1}{5\times 2^5}-\frac{1}{7\times 2^7}+\cdots$

(3) $\frac{1}{\ln 2}-\frac{1}{\ln 3}+\frac{1}{\ln 4}-\frac{1}{\ln 5}+\cdots$

(4) $1-\frac{2}{3}+\frac{3}{3^2}-\frac{4}{3^3}+\cdots$

(5) $2\sin\frac{\pi}{3}-2^2\sin\frac{\pi}{3^2}+2^3\sin\frac{\pi}{3^3}-2^4\sin\frac{\pi}{3^4}+\cdots$

(6) $\frac{1}{\pi}\sin\frac{\pi}{2}-\frac{1}{\pi^2}\sin\frac{\pi}{3}+\frac{1}{\pi^3}\sin\frac{\pi}{4}-\frac{1}{\pi^4}\sin\frac{\pi}{5}+\cdots$

7.4　幂级数

前面研究的级数是常数项级数，即级数的各项都是常数. 本节研究函数项级数，重点讨论幂级数.

7.4.1　函数项级数与幂级数的定义

如果级数的每一项 u_n 都是函数 $u_n(x)(x\in I)$，则称该级数为函数项级数，一般可表示为

$$\sum_{n=1}^{\infty} u_n(x)=u_1(x)+u_2(x)+\cdots+u_n(x)+\cdots \quad (x\in I). \tag{7-1}$$

对函数项级数，给 x 以一个确定的值，如 $x=x_0\in I$ 时，则函数项级数(7-1)就成为一个常数项级数

$$\sum_{n=1}^{\infty} u_n(x_0)=u_1(x_0)+u_2(x_0)+\cdots+u_n(x_0)+\cdots \tag{7-2}$$

如果常数项级数(7-2)收敛，则称 x_0 为函数项级数(7-1)的收敛点；如果常数项级数(7-2)发散，则称 x_0 为函数项级数(7-1)的发散点.

对于函数项级数，收敛点、发散点往往都不止一个，我们把函数项级数(7-1)的收敛点的全体称为它的收敛域，而函数项级数(7-1)的发散点的全体，就称为它的发散域.

如果函数项级数(7-1)在其收敛域内取任意一点 x，函数项级数(7-1)成为一个常数项级数，因而必有一个确定的和. 因此，在收敛域上，函数项级数(7-1)的和就是 x 的函数，记作 $s(x)$，我们称 $s(x)$ 为函数项级数(7-1)的和函数. 显然，和函数的定义域就是函数项级数(7-1)的收敛域，在收敛域上，有

$$s(x)=u_1(x)+u_2(x)+\cdots+u_n(x)+\cdots=\sum_{n=1}^{\infty}u_n(x).$$

若用 $s_n(x)$ 表示函数项级数(7-1)的前 n 项的和

$$s_n(x)=u_1(x)+u_2(x)+\cdots+u_n(x),$$

则在函数项级数(7-1)的收敛域上，有

$$\lim_{n\to\infty}s_n(x)=s(x).$$

由此可见，讨论函数项级数，重要的是分析其收敛域及求其和函数. 但函数项级数比常数项级数要复杂得多，为此，仅讨论其中结构简单、应用广泛的一种函数项级数，即幂级数.

定义 7.4 形如

$$\sum_{n=0}^{\infty}a_n(x-x_0)^n=a_0+a_1(x-x_0)+a_2(x-x_0)^2+\cdots+a_n(x-x_0)^n+\cdots \tag{7-3}$$

视频 92

的函数项级数称为幂级数，其中，x_0 及 $a_0,a_1,a_2,\cdots,a_n,\cdots$ 都是常数，常数 $a_0,a_1,a_2,\cdots,a_n,\cdots$ 称为幂级数的系数.

当 $x_0=0$ 时，幂级数(7-3)成为

$$\sum_{n=0}^{\infty}a_nx^n=a_0+a_1x+a_2x^2+\cdots+a_nx^n+\cdots \tag{7-4}$$

如

$$\sum_{n=0}^{\infty}x^n=1+x+x^2+\cdots+x^n+\cdots$$

$$\sum_{n=0}^{\infty}(-1)^nx^n=1-x+x^2-x^3+\cdots+(-1)^nx^n+\cdots$$

$$\sum_{n=0}^{\infty}\frac{x^n}{n!}=1+x+\frac{x^2}{2!}+\frac{x^3}{3!}+\cdots+\frac{x^n}{n!}+\cdots$$

$$\sum_{n=1}^{\infty}\frac{(-1)^n}{\sqrt{n(n+1)}}(x+1)^n=\frac{-1}{\sqrt{1\times2}}(x+1)+\frac{1}{\sqrt{2\times3}}(x+1)^2-\frac{1}{\sqrt{3\times4}}(x+1)^2+\cdots+\frac{(-1)^n}{\sqrt{n(n+1)}}(x+1)^n+\cdots$$

都是幂级数.

幂级数(7-4)是一种特殊形式的幂级数，也是最为重要的一种幂级数(为了后面学习的需要，我们把这种形式的幂级数称为标准形式). 由于形如式(7-3)的幂级数(这种形式的幂级数我们把它称作为一般形式)，可以通过令 $x-x_0=t$ 的变量代换将其转化为形如式(7-4)形式的幂级数，因此，本书主要讨论形如式(7-4)的幂级数的收敛域，研究它在收敛域上的性质.

7.4.2 幂级数的收敛半径及收敛区间

我们首先来解决求幂级数 $\sum\limits_{n=0}^{\infty}a_nx^n$ 收敛域的问题.

从幂级数 $\sum\limits_{n=0}^{\infty} a_n x^n$ 的形式可以看出，当取 $x=0$ 时，显然，$\sum\limits_{n=0}^{\infty} a_n x^n = a_0$（因为当取 $n \geqslant 1$ 时，级数各项的值都是 0），即级数 $\sum\limits_{n=0}^{\infty} a_n x^n$ 在 $x=0$ 处一定是收敛的；而在 $x \neq 0$，级数可能是收敛，也可能是发散的.

如果幂级数 $\sum\limits_{n=0}^{\infty} a_n x^n$ 不是仅在 $x=0$ 处收敛，那么，幂级数不是在整个实数范围收敛，就一定在实数范围内存在一个使幂级数收敛的集合.

可以证明：若幂级数不是仅在 $x=0$ 处收敛或者整个实数范围内收敛，则一定存在一个正实数 $R>0$，使幂级数 $\sum\limits_{n=0}^{\infty} a_n x^n$：

(1) 当 $|x|<R$ 即 $x \in (-R, R)$ 时，幂级数收敛；

(2) 当 $|x|>R$ 即 $x \infty (-\infty, -R) \cup (R, +\infty)$ 时，幂级数发散；

(3) 当 $|x|=R$ 即 $x=\pm R$ 时，幂级数可能收敛，也可能发散.

这里的正实数 R，称为幂级数的收敛半径，并称区间 $(-R, R)$ 为幂级数的收敛区间.

可见，要求幂级数 $\sum\limits_{n=0}^{\infty} a_n x^n$ 的收敛域，关键是求它的收敛半径，那么如何求收敛半径呢？根据正项级数比值审敛法，可以得到下述定理：

定理 7.7　若幂级数 $\sum\limits_{n=0}^{\infty} a_n x^n$ 的系数满足：$\lim\limits_{n \to \infty} \left| \dfrac{a_{n+1}}{a_n} \right| = \rho$，

则幂级数 $\sum\limits_{n=0}^{\infty} a_n x^n$ 的收敛半径为

视频 93

$$R = \begin{cases} \dfrac{1}{\rho}, & \rho \neq 0; \\ +\infty, & \rho = 0; \\ 0, & \rho = +\infty. \end{cases}$$

可见，由定理 7.7 容易求出幂级数的收敛半经，进而可解决求幂级数的收敛域的问题.

例 7.14　求下列幂级数的收敛半径和收敛域：

(1) $\sum\limits_{n=1}^{\infty} (-1)^{n-1} \dfrac{x^n}{n}$；　　(2) $\sum\limits_{n=1}^{\infty} \dfrac{2n-1}{2^{2n-1}} x^n$；

(3) $\sum\limits_{n=0}^{\infty} n!\, x^n$；　　(4) $\sum\limits_{n=1}^{\infty} \dfrac{(-1)^{n-1}}{n!} x^n$.

解　(1) 因为

$$\rho = \lim_{n \to \infty} \left| \frac{a_{n+1}}{a_n} \right| = \lim_{n \to \infty} \left| \frac{(-1)^n \dfrac{1}{n+1}}{(-1)^{n-1} \dfrac{1}{n}} \right| = \lim_{n \to \infty} \frac{n}{n+1} = 1,$$

所以，收敛半径 $R = \dfrac{1}{\rho} = 1$，级数的收敛区间为 $(-1, 1)$；

因为当取 $x=1$ 时，级数成为

$$1-\frac{1}{2}+\frac{1}{3}-\frac{1}{4}+\cdots+(-1)^{n-1}\frac{1}{n}+\cdots$$

是收敛的交错级数.

当取 $x=-1$ 时,级数成为

$$-1-\frac{1}{2}-\frac{1}{3}-\frac{1}{4}-\cdots-\frac{1}{n}+\cdots$$

是发散的,因此,级数的收敛域为 $(-1,1]$.

(2) 因为

$$\rho=\lim_{n\to\infty}\left|\frac{a_{n+1}}{a_n}\right|=\lim_{n\to\infty}\left|\frac{\frac{2n+1}{2^{2n+1}}}{\frac{2n-1}{2^{2n-1}}}\right|=\frac{1}{4}\lim_{n\to\infty}\frac{2n+1}{2n-1}=\frac{1}{4},$$

所以,级数的收敛半径 $R=\frac{1}{\rho}=4$,收敛区间为 $(-4,4)$.

因为,当取 $x=4$ 时,级数成为

$$\sum_{n=1}^{\infty}\frac{2n-1}{2^{2n-1}}4^n=\sum_{n=1}^{\infty}2(2n-1),$$

而 $\lim\limits_{n\to\infty}2(2n-1)=+\infty$,由级数收敛的必要条件知,级数发散.

当取 $x=-4$ 时,级数成为

$$\sum_{n=1}^{\infty}\frac{2n-1}{2^{2n-1}}(-4)^n=\sum_{n=1}^{\infty}(-1)^n 2(2n-1),$$

也是发散的,故级数的收敛域为 $(-4,4)$.

(3) 因为

$$\rho=\lim_{n\to\infty}\left|\frac{a_{n+1}}{a_n}\right|=\lim_{n\to\infty}\frac{(n+1)!}{n!}=\lim_{n\to\infty}(n+1)=+\infty,$$

所以级数的收敛半径 $R=0$,该级数仅在点 $x=0$ 处收敛,收敛域为 $\{x|x=0\}$.

(4) 因为

$$\rho=\lim_{n\to\infty}\left|\frac{a_{n+1}}{a_n}\right|=\lim_{n\to\infty}\frac{\frac{1}{(n+1)!}}{\frac{1}{n!}}=\lim_{n\to\infty}\frac{1}{n+1}=0,$$

所以,收敛半径 $R=+\infty$,级数收敛域为 $(-\infty,+\infty)$.

从例 7.14 可以看到,对于符合定理 7.7 要求的幂级数,要求此幂级数的收敛半径以及收敛域都可以先应用定理 7.7 求出收敛半径,尔后分析收敛域.如果题目中的幂级数的形式与定理 7.7 不相符合,如何求幂级数的收敛半径和收敛域?下面的例题给出了几种形式的求解方法.

例 7.15 求下列级数的收敛半径和收敛域:

(1) $\sum\limits_{n=1}^{\infty}\frac{n}{4^n}x^{2n}$; (2) $\sum\limits_{n=1}^{\infty}\frac{n^2}{3^n}x^{2n-1}$; (3) $\sum\limits_{n=1}^{\infty}\frac{(-1)^n}{\sqrt{n(n+1)}}(x+1)^n$.

解　(1) 因为级数缺 x 的奇次项，所以不能直接用定理 7.7 求收敛半径，但可通过变量代换将其化为形如式(7-4)的级数.

视频 94

令 $x^2=t$，原级数化为 $\sum_{n=1}^{\infty}\frac{n}{4^n}t^n$，对此级数，由于

$$\rho=\lim_{n\to\infty}\left|\frac{a_{n+1}}{a_n}\right|=\lim_{n\to\infty}\frac{\frac{n+1}{4^{n+1}}}{\frac{n}{4^n}}=\lim_{n\to\infty}\frac{n+1}{4n}=\frac{1}{4},$$

所以，$R_t=\frac{1}{\rho}=4$，当 $|t|<4$ 即 $x^2<4$ 时，级数 $\sum_{n=1}^{\infty}\frac{n}{4^n}t^n$ 收敛.

因此，当 $|x|<2$ 时，原级数收敛，故收敛半径为 $R=2$.

因为当取 $x=\pm 2$ 时，幂级数成为 $\sum_{n=1}^{\infty}n$，是发散的，

所以，级数 $\sum_{n=1}^{\infty}\frac{n}{4^n}x^{2n}$ 的收敛域为 $(-2,2)$.

(2) 因为级数缺 x 的偶次项，所以不能直接用定理 7.7 求收敛半径，但根据正项级数比值审敛法，有

$$\lim_{n\to\infty}\left|\frac{u_{n+1}}{u_n}\right|=\lim_{n\to\infty}\left|\frac{\frac{(n+1)^2}{3^{n+1}}x^{2n+1}}{\frac{n^2}{3^n}x^{2n-1}}\right|=\lim_{n\to\infty}\frac{1}{3}\left(\frac{n+1}{n}\right)^2x^2=\frac{1}{3}x^2.$$

当 $\frac{1}{3}x^2<1$ 即 $|x|<\sqrt{3}$ 时，级数绝对收敛；当 $\frac{1}{3}x^2>1$ 即 $|x|>\sqrt{3}$ 时，级数发散. 所以，级数的收敛半径 $R=\sqrt{3}$，收敛区间为 $(-\sqrt{3},\sqrt{3})$.

当 $x=\sqrt{3}$ 时，级数 $\sum_{n=1}^{\infty}\frac{n^2}{3^n}x^{2n-1}$ 成为 $\sum_{n=1}^{\infty}\frac{n^2}{3^n}(\sqrt{3})^{2n-1}=\sum_{n=1}^{\infty}\frac{n^2}{\sqrt{3}}$，是发散的；

当 $x=-\sqrt{3}$ 时，级数 $\sum_{n=1}^{\infty}\frac{n^2}{3^n}x^{2n-1}$ 成为 $\sum_{n=1}^{\infty}\left(-\frac{n^2}{\sqrt{3}}\right)$，仍是发散的.

所以，级数 $\sum_{n=1}^{\infty}\frac{n^2}{3^n}x^{2n-1}$ 的收敛域就是 $(-\sqrt{3},\sqrt{3})$.

(3) 此级数是形如式(7-3)的幂级数，可通过下列的变量代换化为形如式(7-4)的级数.

令 $t=x+1$，则所给级数变形为 $\sum_{n=1}^{\infty}\frac{(-1)^n}{\sqrt{n(n+1)}}t^n$. 而对此级数，有

$$\rho=\lim_{n\to\infty}\left|\frac{a_{n+1}}{a_n}\right|=\lim_{n\to\infty}\frac{\frac{1}{\sqrt{(n+1)(n+2)}}}{\frac{1}{\sqrt{n(n+1)}}}=\lim_{n\to\infty}\sqrt{\frac{n}{n+2}}=1.$$

由此可知收敛半径 $R=1$，当 $|t|<1$ 时，级数 $\sum_{n=1}^{\infty}\frac{(-1)^n}{\sqrt{n(n+1)}}t^n$ 收敛，就知当 $|x+1|<1$ 即

$-2<x<0$ 时，$\sum\limits_{n=1}^{\infty}\dfrac{(-1)^n}{\sqrt{n(n+1)}}(x+1)^n$ 也收敛. 故级数 $\sum\limits_{n=1}^{\infty}\dfrac{(-1)^n}{\sqrt{n(n+1)}}(x+1)^n$ 的收敛区间为$(-2,0)$.

当 $x=-2$ 时，级数变为

$$\sum_{n=1}^{\infty}\frac{(-1)^n}{\sqrt{n(n+1)}}(-2+1)^n=\sum_{n=1}^{\infty}\frac{1}{\sqrt{n(n+1)}},$$

是发散的；

当 $x=0$ 时，级数为

$$\sum_{n=1}^{\infty}\frac{(-1)^n}{\sqrt{n(n+1)}},$$

是收敛的交错级数. 所以，级数 $\sum\limits_{n=1}^{\infty}\dfrac{(-1)^n}{\sqrt{n(n+1)}}(x+1)^n$ 的收敛域为$(-2,0]$.

7.4.3 幂级数的运算性质

在利用幂级数解决实际问题时，经常要对幂级数进行加、减以及求导、求积分等运算，幂级数在进行这些运算时，有如下性质.

视频 95

性质 1 设幂级数 $\sum\limits_{n=0}^{\infty}a_nx^n$ 和 $\sum\limits_{n=0}^{\infty}b_nx^n$ 的收敛半径各为 R_1,R_2，和函数分别为 $s_1(x),s_2(x)$，则幂级数

$$\sum_{n=0}^{\infty}(a_n\pm b_n)x^n=\sum_{n=0}^{\infty}a_nx^n\pm\sum_{n=0}^{\infty}b_nx^n$$

的收敛半径 $R=\min\{R_1,R_2\}$，且和函数 $s(x)=s_1(x)\pm s_2(x)$.

例 7.16 求幂级数 $\sum\limits_{n=1}^{\infty}\dfrac{1}{n}\left[1+(-1)^n\dfrac{1}{2^n}\right]x^n$ 的收敛半径.

解 因为 $\sum\limits_{n=1}^{\infty}\dfrac{1}{n}\left[1+(-1)^n\dfrac{1}{2^2}\right]x^n=\sum\limits_{n=1}^{\infty}\dfrac{1}{n}x^n+\sum\limits_{n=1}^{\infty}(-1)^n\dfrac{1}{n\cdot 2^n}x^n$

而幂级数 $\sum\limits_{n=1}^{\infty}\dfrac{1}{n}x^n$ 与 $\sum\limits_{n=1}^{\infty}(-1)^n\dfrac{1}{n\cdot 2^n}x^n$ 的收敛半径由定理 2.7 可求得

$$R_1=\lim_{n\to\infty}\left|\frac{a_n}{a_{n+1}}\right|=\lim_{n\to\infty}\frac{\dfrac{1}{n}}{\dfrac{1}{n+1}}=\lim_{n\to\infty}\frac{n+1}{n}=1$$

$$R_2=\lim_{n\to\infty}\left|\frac{a_n}{a_{n+1}}\right|=\lim_{n\to\infty}\frac{\dfrac{1}{n\cdot 2^n}}{\dfrac{1}{(n+1)\cdot 2^{n+1}}}=\lim_{n\to\infty}\frac{2(n+1)}{n}=2$$

所以根据性质 1. 我们可以得到幂级数 $\sum\limits_{n=1}^{\infty}\dfrac{1}{n}\left[1+(-1)^n\dfrac{1}{2^n}\right]x^n$ 的收敛半径为

$$R=\min\{R_1,R_2\}=1$$

通过这个例子我们可以注意到，在讨论一个比较复杂的幂级数的收敛半径与和函数时，可以利用性质 1 把其拆分成若干个较简单的幂级数，然后从讨论这些简单幂级数的收敛半径与

和函数入手，最终得到较复杂的幂级数的收敛半径与和函数.

性质 2　设幂级数 $\sum_{n=0}^{\infty} a_n x^n$ 的收敛域为区间 I，则其和函数 $s(x)$ 在区间 I 内是连续的.

性质 3　（逐项求导的性质）设幂级数 $\sum_{n=0}^{\infty} a_n x^n$ 的收敛半径为 $R>0$，其和函数为 $s(x)$，则在区间 $(-R,R)$ 内，和函数 $s(x)$ 可导，且有

$$s'(x)=\left(\sum_{n=0}^{\infty} a_n x^n\right)'=\sum_{n=0}^{\infty}(a_n x^n)'=\sum_{n=0}^{\infty} n a_n x^{n-1}.$$

性质 4　（逐项积分的性质）设幂级数 $\sum_{n=0}^{\infty} a_n x^n$ 的收敛半径为 $R>0$，其和函数为 $s(x)$，则在区间 $(-R,R)$ 内，和函数 $s(x)$ 可积，且有

$$\int_0^x s(t)\mathrm{d}t=\int_0^x\left(\sum_{n=0}^{\infty} a_n t^n\right)\mathrm{d}t=\sum_{n=0}^{\infty}\int_0^x a_n t^n\mathrm{d}t=\sum_{n=0}^{\infty}\frac{a_n}{n+1}x^{n+1}.$$

性质 3 和性质 4 分别表明，幂级数在其收敛域内可以进行逐项求导运算和逐项积分的运算.

比如：我们都知道

$$1+x+x^2+x^3+\cdots+x^n+\cdots=\frac{1}{1-x},\quad x\in(-1,1).$$

因此，我们根据性质 3，可以在区间 $(-1,1)$ 内，由上式的两边对 x 逐项求导数，得到

$$1+2x+3x^2+4x^3+\cdots+nx^{n-1}+\cdots=\frac{1}{(1-x)^2},\quad x\in(-1,1).$$

这样就得到了一个新的幂级数的和函数，而这个和函数可以帮助我们求解收敛级数 $\sum_{n=1}^{\infty}\frac{n}{3^n}$［例 7.11(1)］的和数，即

$$\begin{aligned}\sum_{n=1}^{\infty}\frac{n}{3^n}&=\frac{1}{3}+\frac{2}{3^2}+\frac{3}{3^3}+\cdots+\frac{n}{3^n}+\cdots\\&=\frac{1}{3}\left(1+\frac{2}{3}+\frac{3}{3^2}+\cdots+\frac{n}{3^{n-1}}\cdots\right)\\&=\frac{1}{3}\left[\frac{1}{\left(1-\frac{1}{3}\right)^2}\right]=\frac{3}{4}.\end{aligned}$$

但如果我们是在区间 $(-1,1)$ 内，根据性质 4 两边逐项积分的话，那得到的就是另一个幂级数的和函数：

$$x+\frac{x^2}{2}+\frac{x^3}{3}+\cdots+\frac{x^{n+1}}{n+1}+\cdots=-\ln|1-x|\quad x\in(-1,1).$$

而这个幂级数的和函数又可以帮助我们去求解收敛级数 $\sum_{n=1}^{\infty}\frac{1}{n\cdot 2^n}$ 的和数（例 7.6），即

$$\sum_{n=1}^{\infty}\frac{1}{n\cdot 2^n}=\frac{1}{1\cdot 2}+\frac{1}{2\cdot 2^2}+\frac{1}{3\cdot 2^3}+\cdots$$

$$=-\ln\left|1-\frac{1}{2}\right|=\ln 2.$$

所以,通过以上的讨论我们看到,前面我们在学习常数项级数敛散性的判断时,一直在回避求解收敛级数的和数问题,现在有了幂级数的和函数概念后,我们发现可以借用和函数来求解部分收敛级数的和数了.

幂级数的代数运算、逐项求导运算及逐项积分运算的性质有着重要的意义,也是间接求解幂级数和函数及收敛半径、收敛域的一种重要的方法.

例 7.17 利用幂级数性质,求下列幂级数的和函数及收敛域:

(1) $\sum_{n=0}^{\infty}(-1)^n(n+1)x^n$;　　(2) $\sum_{n=0}^{\infty}\frac{x^{2n+1}}{2n+1}$.

解 (1) 设级数的和函数为 $s(x)$,即

$$s(x)=\sum_{n=0}^{\infty}(-1)^n(n+1)x^n$$

$$=1-2x+3x^2-4x^3+\cdots+(-1)^n(n+1)x^n+\cdots$$

由幂级数的性质 4(逐项积分的性质),得

$$\int_0^x s(t)\mathrm{d}t=\int_0^x\left[\sum_{n=0}^{\infty}(-1)^n(n+1)t^n\right]\mathrm{d}t=\sum_{n=0}^{\infty}\int_0^x(-1)^n(n+1)t^n\mathrm{d}t$$

$$=x-x^2+x^3-x^4+\cdots+(-1)^n x^{n+1}+\cdots$$

$$=\frac{x}{1+x},\quad x\in(-1,1).$$

对上式两端关于 x 求导,得

$$\left[\int_0^x s(t)\mathrm{d}t\right]'=\left(\frac{x}{1+x}\right)',\text{即 } s(x)=\left(\frac{x}{1+x}\right)'=\frac{1}{(1+x)^2},$$

所以得

$$\sum_{n=0}^{\infty}(-1)^n(n+1)x^n=\frac{1}{(1+x)^2},\ x\in(-1,1).$$

而当 $x=\pm 1$ 时,级数 $\sum_{n=0}^{\infty}(-1)^n(n+1)x^n$ 显然发散,所以得级数的收敛域为$(-1,1)$.

(2) 设级数的和函数为 $s(x)$,即

$$s(x)=\sum_{n=0}^{\infty}\frac{x^{2n+1}}{2n+1}=x+\frac{x^3}{3}+\frac{x^5}{5}+\cdots+\frac{x^{2n+1}}{2n+1}+\cdots$$

由幂级数逐项求导的性质,得

$$s'(x)=\left(\sum_{n=0}^{\infty}\frac{x^{2n+1}}{2n+1}\right)'=\left(x+\frac{x^3}{3}+\frac{x^5}{5}+\cdots+\frac{x^{2n+1}}{2n+1}+\cdots\right)'$$

$$=1+x^2+x^4+\cdots+x^{2n}+\cdots$$

$$=\frac{1}{1-x^2},\quad x\in(-1,1).$$

两边积分，得

$$\int_0^x s'(t)\mathrm{d}t=\int_0^x \frac{1}{1-t^2}\mathrm{d}t,$$

即
$$s(x)=\frac{1}{2}\int_0^x\left(\frac{1}{1-t}+\frac{1}{1+t}\right)\mathrm{d}t=\frac{1}{2}\ln\frac{1+x}{1-x},\quad x\in(-1,1),$$

所以

$$\sum_{n=0}^{\infty}\frac{x^{2n+1}}{2n+1}=\frac{1}{2}\ln\frac{1+x}{1-x},\ x\in(-1,1).$$

而当 $x=\pm1$ 时，幂级数 $\sum\limits_{n=0}^{\infty}\frac{x^{2n+1}}{2n+1}$ 成为 $\sum\limits_{n=0}^{\infty}\frac{1}{2n+1}$ 或 $\sum\limits_{n=0}^{\infty}\frac{-1}{2n+1}$，都是发散的，所以，幂级数 $\sum\limits_{n=0}^{\infty}\frac{x^{2n+1}}{2n+1}$ 的收敛域为 $(-1,1)$.

习题 7-4

习题 7-4 答案

1. 单项选择题

(1) 若幂级数 $\sum\limits_{n=0}^{\infty}a_nx^n$ 的收敛区间为 $(-R,R)$，则级数 $\sum\limits_{n=0}^{\infty}a_n(x-3)^n$ 的收敛区间为(　　).

A. $(-R,R)$　　B. $(1-R,1+R)$　　C. $(3-R,3+R)$　　D. $(-\infty,+\infty)$

(2) 若幂级数 $\sum\limits_{n=0}^{\infty}a_nx^n$ 的收敛半径为 R，则幂级数 $\sum\limits_{n=0}^{\infty}a_nx^{3n}$ 的收敛半径为(　　).

A. R　　B. R^3　　C. $\sqrt[3]{R}$　　D. $\sqrt{R}$

(3) 若幂级数 $\sum\limits_{n=0}^{\infty}a_n(x-1)^n$ 在点 $x=-1$ 处收敛，则该级数在点 $x=2$ 处(　　).

A. 条件收敛　　B. 绝对收敛

C. 发散　　D. 敛散性不能确定

2. 求下列幂级数的收敛域：

(1) $-x-\frac{x^2}{2}-\frac{x^3}{3}-\cdots-\frac{x^n}{n}-\cdots$

(2) $\frac{x}{3}+\frac{x^2}{2\times3^2}+\frac{x^3}{3\times3^3}+\cdots+\frac{x^n}{n\times3^n}+\cdots$

(3) $\frac{x}{2}+\frac{x^2}{2\times4}+\frac{x^3}{2\times4\times6}+\cdots+\frac{x^n}{2\times4\times6\times\cdots\times(2n)}+\cdots$

(4) $x+2^2x^2+3^3x^3+\cdots+n^nx^n+\cdots$

(5) $\frac{x}{3}+\frac{2x^2}{3^2}+\frac{3x^3}{3^3}+\cdots+\frac{nx^n}{3^n}+\cdots$

(6) $(x-2)+\frac{(x-2)^2}{2}+\frac{(x-2)^3}{3}+\cdots+\frac{(x-2)^n}{n}+\cdots$

(7) $\frac{1}{2}+\frac{3}{2^2}x^2+\frac{5}{2^3}x^4+\cdots+\frac{2n-1}{2^n}x^{2n-2}+\cdots$

(8) $-\frac{x^3}{3}+\frac{x^5}{5}-\frac{x^7}{7}+\cdots+(-1)^n\frac{x^{2n+1}}{2n+1}+\cdots$

3. 求下列级数的收敛域及在收敛区间的和函数

(1) $1+2x+3x^2+4x^3+\cdots$

(2) $\frac{x}{1\times 4}+\frac{x^2}{2\times 4^2}+\frac{x^3}{3\times 4^3}+\cdots$

(3) $\sum\limits_{n=1}^{\infty}\left[\frac{(-1)^n}{2^n}+3^n\right]x^n$.

7.5 函数展开成幂级数

7.4 节讨论了幂级数的收敛域及和函数的求法，由此可知，一个幂级数在其收敛域内，能用其和函数表示，如

幂级数 $\sum\limits_{n=0}^{\infty}x^n=1+x+x^2+x^3+\cdots+x^n+\cdots=\frac{1}{1-x}$，$x\in(-1,1)$.

但在实际应用中，往往需要解决与之相反的问题：给定的一个函数 $f(x)$，要寻找一个幂级数 $\sum\limits_{n=0}^{\infty}a_nx^n$[或 $\sum\limits_{n=0}^{\infty}a_n(x-x_0)^n$]，使其和函数恰为 $f(x)$. 这一问题称为把函数展开成为幂级数.

对任意给定的函数 $f(x)$，是否都可以展开为幂级数？即 $f(x)$ 应具备什么条件才能展开为幂级数？怎样展开为幂级数？这是本节要讨论的问题.

7.5.1 泰勒级数和麦克劳林级数

对给定的函数 $f(x)$，如果幂级数 $\sum\limits_{n=0}^{\infty}a_n(x-x_0)^n$ 在 x_0 的某邻域 (x_0-r,x_0+r) 内的和函数为 $f(x)$，即

$$f(x)=\sum_{n=0}^{\infty}a_n(x-x_0)^n,\quad x\in(x_0-r,x_0+r),\tag{7-5}$$

视频 96

则称函数 $f(x)$ 在点 $x=x_0$ 处可展开为幂级数，且式(7-5)[或式(7-5)右端的幂级数]称为函数 $f(x)$ 在点 $x=x_0$ 处的幂级数展开式.

函数 $f(x)$ 满足什么条件时才可以展开为幂级数呢？

如果一个函数 $f(x)$ 在点 $x=x_0$ 处可展开成幂级数，即如果式(7-5)成立，则由幂级数逐项求导性质，得

$$\begin{aligned}f'(x)&=\left[\sum_{n=0}^{\infty}a_n(x-x_0)^n\right]'\\&=a_1+2a_2(x-x_0)+3a_3(x-x_0)^2+\cdots+na_n(x-x_0)^{n-1}+\cdots\end{aligned}$$

$$f''(x)=2a_2+6a_3(x-x_0)+\cdots+n(n-1)a_n(x-x_0)^{n-2}+\cdots$$

$\vdots$

$$f^{(n)}(x)=n!\,a_n+(n+1)!\,a_{n+1}(x-x_0)+\frac{(n+2)!}{2!}(x-x_0)^2+\cdots$$

将 $x=x_0$ 代入上述各式，得

$$f(x_0)=a_0,\ f'(x_0)=a_1,\ f''(x_0)=2!\,a_2,\cdots,f^{(n)}(x_0)=n!\,a_n,$$

即有 $a_0=f(x_0)$，　$a_1=\frac{1}{1!}f'(x_0)$，　$a_2=\frac{1}{2!}f''(x_0),\cdots$，　$a_n=\frac{1}{n!}f^{(n)}(x_0)$.

由此可见，如果函数 $f(x)$ 在点 $x=x_0$ 处可展开成幂级数，那么，在 x_0 的某邻域内 $f(x)$ 必存在任意阶导数，且其展开式必为下列幂级数：

$$f(x_0)+f'(x_0)(x-x_0)+\frac{1}{2!}f''(x_0)(x-x_0)^2+\cdots+\frac{1}{n!}f^{(n)}(x_0)(x-x_0)^n+\cdots \tag{7-6}$$

我们称幂级数(7-6)为函数 $f(x)$ 的泰勒级数，该展开式就称为 $f(x)$ 的泰勒展开式.

而如果 $f(x)$ 在 (x_0-r,x_0+r) 内的任意阶导数都存在，那么，按照上面的方法，总可以作出 $f(x)$ 的泰勒级数(7-6). 假设级数(7-6)的和函数为 $s(x)$，那么，$s(x)$ 与 $f(x)$ 是否恒等呢？不一定；也就是说，$s(x)$ 与 $f(x)$ 有可能恒等，也可能仅在 $x=x_0$ 一点处相等. 那么，在什么情况下，$s(x)$ 与 $f(x)$ 恒等呢？如下定理给出了结论.

定理 7.8　(初等函数展开定理)设 $f(x)$ 是一个在 (x_0-l,x_0+l) 内有任意阶导数的初等函数，则 $f(x)$ 在点 $x=x_0$ 处可展开成幂级数，且有展开式

$$f(x)=\sum_{n=0}^{\infty}\frac{1}{n!}f^{(n)}(x_0)(x-x_0)^n,\quad x\in(x_0-r,x_0+r), \tag{7-7}$$

其中，$r=\min\{l,R\}$，R 是式(7-7)右端幂级数的收敛半径.

定理表明：对于初等函数来说，它的泰勒级数就是它的幂级数展开式.

特别地，当 $x_0=0$ 时，式(7-7)就变为

$$f(x)=\sum_{n=0}^{\infty}\frac{1}{n!}f^{(n)}(0)x^n,\quad x\in(-r,r). \tag{7-8}$$

式(7-8)被称为 $f(x)$ 为麦克劳林展开式，式(7-8)右端的级数称为 $f(x)$ 的麦克劳林级数.

实际上，麦克劳林级数是泰勒级数当取 $x_0=0$ 时的特殊情形，为了简便，通常使用函数的麦克劳林展开式，即 x 的幂级数展开式. 因此，本书主要讨论当 $x_0=0$ 时将函数展开成麦克劳林级数的方法. 而当 $x_0\neq0$ 时，可以令 $F(t)=f(x_0+t)$，即 $t=x-x_0$，通过作变量代换成为前者的形式后，求得 $F(t)$ 在点 $t=0$ 处的幂级数展开式，就求得 $f(x)$ 在点 $x=x_0$ 处的展开式.

7.5.2　函数的幂级数展开

把初等函数 $f(x)$ 展开成 x 的幂级数，一般有直接展开法和间接展开法两种. 由定理 7.8 知，直接展开法一般可按如下步骤进行：

视频 97

(1) 求出 $f(x)$ 在点 $x=0$ 处的各阶导数 $f^{(n)}(0)$ 及 $a_n=\frac{1}{n!}f^{(n)}(0)(n=0,1,2,3,\cdots)$. 这里我们要说明两点，一是 $0!=1$，这是约定的；二是 $f^{(0)}(0)=f(0)$.

(2) 写出函数 $f(x)$ 的麦克劳林级数

$$\sum_{n=0}^{\infty}a_nx^n=f(0)+\frac{f'(0)}{1!}x+\frac{f''(0)}{2!}x^2+\cdots+\frac{f^{(n)}(0)}{n!}x^n+\cdots \tag{7-9}$$

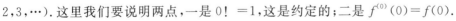

(3) 求出式(7-9)的收敛半径 R(或收敛区间)及 $f(x)$ 的任意阶导数存在的区间 $(-l,l)$,令 $r=\min\{R,l\}$,则展开式(7-9)在 $(-r,r)$ 内成立;再考察当 $x=\pm r$ 时,式(7-9)是否成立.

例 7.18 求指数函数 $f(x)=e^x$ 的麦克劳林展开式.

解 因为所给函数是初等函数,且各阶导数为

$$f'(x)=f''(x)=\cdots=f^{(n)}(x)=e^x$$

所以可求出 $f'(0)=f''(0)=\cdots=f^{(n)}(0)=e^0=1$

因此根据式(7-8)我们可以求出所给函数的麦克劳林展开式为

$$e^x=1+x+\frac{1}{2!}x^2+\cdots+\frac{1}{n!}x^n+\cdots$$

从展开式中可以看出,这其实就是一个关于 x 的幂级数,由于

$$\lim_{n\to\infty}\left|\frac{a_{n+1}}{a_n}\right|=\lim_{n\to\infty}\frac{1}{n+1}=0,$$

所以这个幂级数的收敛域为 $(-\infty,+\infty)$,且有

$$e^x=1+x+\frac{1}{2!}x^2+\cdots+\frac{1}{n!}x^n+\cdots \quad x\in(-\infty,+\infty) \tag{7-10}$$

那么,展开式(7-10)有什么作用呢?在这里,它至少有两个方面的作用.

作用 1:可以间接帮助我们求解幂级数的和函数,即

$$s(x)=1+x+\frac{1}{2!}x^2+\frac{1}{3!}x^3+\cdots=e^x, \quad x\in(-\infty,\infty).$$

而这个和函数可以帮助我们求解收敛级数 $\sum_{n=1}^{\infty}\frac{a^n}{n!}(a>0)$[例 7.11(2)]的和数,即

$$\sum_{n=1}^{\infty}\frac{a^n}{n!}=e^a-1 \quad (a>0).$$

作用 2:我们可以得到初等函数 $f(x)=e^x$ 的另一种表达形式,从而获得研究这个初等函数的另一个平台,即

$$e^x=1+x+\frac{1}{2!}x^2+\frac{1}{3!}x^3+\cdots+\frac{1}{n!}x^n+\cdots \quad x\in(-\infty,\infty).$$

比如我们在上册书中提到 e≈2.718 281 828 459 045…是一个无理数,那么,这个无理数是如何计算出来的呢?

其实,通过上式,我们可以看到

$$e=1+1+\frac{1}{2!}+\frac{1}{3!}+\cdots+\frac{1}{n!}+\cdots$$

如果我们只取前面 8 项来计算的话,可以得到

$$e\approx1+1+\frac{1}{2!}+\frac{1}{3!}+\frac{1}{4!}+\frac{1}{5!}+\frac{1}{6!}+\frac{1}{7!}=2.718253968.$$

显然,取得项数越多,就越接近 2.718 281 828 459 045…

因此,把初等函数展开成 x 的幂级数,对我们研究初等函数和寻找幂级数的和函数都有很大的帮助.

例 7.19 将正弦函数 $f(x)=\sin x$ 展开成 x 的幂级数

解 从例 7.18 可以知道，这里仍然是求初等函数的麦克劳林展开式

因为
$$f^{(n)}(x)=\sin\left(x+\frac{n\pi}{2}\right)\quad(n=1,2,\cdots),$$

当 n 取 $0,1,2,3,\cdots$ 时，$f^{(n)}(0)=0,1,0,-1$，

因此根据式(7-8)我们可以求出所给函数的麦克劳林展开式为

$$\sin x=x-\frac{1}{3!}x^3+\frac{1}{5!}x^5-\cdots+\frac{(-1)^n}{(2n+1)!}x^{2n+1}+\cdots$$

同样我们可以求出上述的幂级数的收敛域为$(-\infty,+\infty)$，所以

$$\sin x=x-\frac{1}{3!}x^3+\cdots+\frac{(-1)^n}{(2n+1)!}x^{2n+1}+\cdots\quad x\in(-\infty,+\infty)\tag{7-11}$$

例 7.20 将 $f(x)=(1+x)^m$ 展开为 x 的幂级数(其中 m 为任意实数).

解 因为$f(x)=(1+x)^m$，$f'(x)=m(1+x)^{m-1}$，

$$f''(x)=m(m-1)(1+x)^{m-2},\cdots$$

$$f^{(n)}(x)=m(m-1)\cdot\cdots\cdot(m-n+1)(1+x)^{m-n}.$$

所以
$$f(0)=1,f'(0)=m,f''(0)=m(m-1),\cdots,$$
$$f^{(n)}(0)=m(m-1)\cdot\cdots\cdot(m-n+1).$$

又因 $f(x)=(1+x)^m$ 为初等函数，所以

$$(1+x)^m=1+mx+\frac{m(m-1)}{2!}x^2+\cdots+\frac{m(m-1)\cdot\cdots\cdot(m-n+1)}{n!}x^n+\cdots\tag{7-12}$$

由$\lim\limits_{n\to\infty}\left|\frac{a_{n+1}}{a_n}\right|=\lim\limits_{n\to\infty}\left|\frac{m-n}{n+1}\right|=1$，可知式(7-12)中右端级数的收敛半径为 $R=1$. 而 $f(x)=(1+x)^m$ 在$(-1,1)$内存在任意阶导数，因此，在$(-1,1)$内，式(7-12)成立，但在区间的端点(即 $x=\pm1$)，式(7-12)是否成立呢？要视 m 的数值来确定.

根据式(7-12)，当 m 分别取$-1,\frac{1}{2},-\frac{1}{2}$时，可以得到下面三个常见的展开式：

$$\frac{1}{1+x}=1-x+x^2-x^3+\cdots+(-1)^nx^n+\cdots\qquad x\in(-1,1);$$

$$\sqrt{1+x}=1+\frac{1}{2}x-\frac{1}{2\times4}x^2+\frac{1\times3}{2\times4\times6}x^3-\frac{1\times3\times5}{2\times4\times6\times8}x^4+\cdots\qquad x\in[-1,1];$$

$$\frac{1}{\sqrt{1+x}}=1-\frac{1}{2}x+\frac{1\times3}{2\times4}x^2-\frac{1\times3\times5}{2\times4\times6}x^3+\frac{1\times3\times5\times7}{2\times4\times6\times8}x^3+\cdots\qquad x\in(-1,1].$$

当 m 取正整数时，式(7-12)就是代数学中的二项式定理.

从上面的讨论可以看出，用直接展开法将函数展开为幂级数，要逐项计算出系数 $a_n=\frac{1}{n!}f^{(n)}(0)$，这往往是比较麻烦的，这就需要掌握另一种方法——间接展开法.

所谓间接展开法，就是利用一些已知展开式的函数，通过幂级数的运算性质及变量代换

等，将所给函数展开成幂级数.

例 7.21 把 $f(x)=\cos x$ 展开为 x 的幂级数.

视频 98

解 因 $\sin x=x-\frac{1}{3!}x^3+\frac{1}{5!}x^5-\cdots+\frac{(-1)^n}{(2n+1)!}x^{2n+1}+\cdots \quad x\in(-\infty,+\infty)$，

两边求导数，可得

$$\cos x=1-\frac{x^2}{2!}+\frac{x^4}{4!}-\frac{x^6}{6!}+\cdots+(-1)^n\frac{x^{2n}}{(2n)!}+\cdots \quad x\in(-\infty,+\infty).$$

例 7.22 求 $f(x)=\ln(1+x)$ 的麦克劳林展开式.

解 因

$$\ln(1+x)=\int_0^x \frac{1}{1+t}\mathrm{d}t,$$

所以
$$\ln(1+x)=\int_0^x [1-t+t^2-\cdots+(-1)^n t^n+\cdots]\mathrm{d}t$$
$$=x-\frac{x^2}{2}+\frac{x^3}{3}-\cdots+(-1)^n\frac{x^{n+1}}{n+1}+\cdots \quad x\in(-1,1].$$

为了便于间接求解初等函数的幂级数展开式，我们把一些常用的重要的初等函数的幂级数展开式汇总如下：

$$\mathrm{e}^x=1+x+\frac{1}{2!}x^2+\cdots+\frac{1}{n!}x^n+\cdots \quad x\in(-\infty,+\infty);$$

$$\sin x=x-\frac{1}{3!}x^3+\frac{1}{5!}x^5-\cdots+\frac{(-1)^n}{(2n+1)!}x^{2n+1}+\cdots \quad x\in(-\infty,+\infty);$$

$$\cos x=1-\frac{x^2}{2!}+\frac{x^4}{4!}-\frac{x^6}{6!}+\cdots+(-1)^n\frac{x^{2n}}{(2n)!}+\cdots \quad x\in(-\infty,+\infty); \tag{7-13}$$

$$\frac{1}{1+x}=1-x+x^2-x^3+\cdots+(-1)^n x^n+\cdots \quad x\in(-1,1); \tag{7-14}$$

$$\sqrt{1+x}=1+\frac{1}{2}x-\frac{1}{2\times4}x^2+\frac{1\times3}{2\times4\times6}x^3-\frac{1\times3\times5}{2\times4\times6\times8}x^4+\cdots \quad x\in[-1,1]; \tag{7-15}$$

$$\frac{1}{\sqrt{1+x}}=1-\frac{1}{2}x+\frac{1\times3}{2\times4}x^2-\frac{1\times3\times5}{2\times4\times6}x^3+\frac{1\times3\times5\times7}{2\times4\times6\times8}x^4+\cdots \quad x\in(-1,1]; \tag{7-16}$$

$$\ln(1+x)=x-\frac{x^2}{2}+\frac{x^3}{3}-\cdots+(-1)^n\frac{x^{n+1}}{n+1}+\cdots \quad x\in(-1,1]; \tag{7-17}$$

$$\frac{1}{1-x}=1+x+x^2+x^3+\cdots+x^n+\cdots \quad x\in(-1,1). \tag{7-18}$$

例 7.23 将 $f(x)=\frac{1}{1+x^2}$ 展开为 x 的幂级数.

解 设 $x^2=t$，则 $\frac{1}{1+x^2}=\frac{1}{1+t}$，因为

$$\frac{1}{1+t}=1-t+t^2-t^3+\cdots+(-1)^n t^n+\cdots \quad t\in(-1,1),$$

所以

$$\frac{1}{1+x^2}=1-x^2+x^4-x^6+\cdots+(-1)^n x^{2n}+\cdots \quad x\in(-1,1).$$

例 7.24　将 $f(x)=(1+x)\ln(1+x)$ 展开为 x 的幂级数.

解法一　由式(7-17),得

$$\begin{aligned}(1+x)\ln(1+x)&=(1+x)\left[x-\frac{x^2}{2}+\frac{x^3}{3}-\cdots+(-1)^n\frac{x^{n+1}}{n+1}+\cdots\right]\\&=\sum_{n=1}^{\infty}\frac{(-1)^{n-1}}{n}x^n+\sum_{n=1}^{\infty}\frac{(-1)^{n-1}}{n}x^{n+1}\\&=x+\sum_{n=2}^{\infty}\frac{(-1)^{n-1}}{n}x^n+\sum_{n=2}^{\infty}\frac{(-1)^n}{n-1}x^n\\&=x+\sum_{n=2}^{\infty}(-1)^n\left(-\frac{1}{n}+\frac{1}{n-1}\right)x^n\\&=x+\sum_{n=2}^{\infty}\frac{(-1)^n}{n(n-1)}x^n,\quad x\in(-1,1].\end{aligned}$$

解法二　因 $f'(x)=1+\ln(1+x)$,由式(7-17),得

$$f'(x)=1+\sum_{n=1}^{\infty}\frac{(-1)^{n-1}}{n}x^n,\quad x\in(-1,1],$$

所以 $f(x)=\int_0^x\left(1+\sum_{n=1}^{\infty}\frac{(-1)^{n-1}}{n}t^n\right)\mathrm{d}t=x+\sum_{n=2}^{\infty}\frac{(-1)^n}{n(n-1)}x^n,\quad x\in(-1,1].$

例 7.25　把 $f(x)=\sin x$ 展开为 $\left(x-\frac{\pi}{4}\right)$ 的幂级数.

解　令 $x-\frac{\pi}{4}=t$,则 $x=t+\frac{\pi}{4}$,所以

$$f(x)=\sin\left(t+\frac{\pi}{4}\right)=\frac{\sqrt{2}}{2}(\sin t+\cos t).$$

由式(7-11)和式(7-13),得

$$\begin{aligned}\sin\left(t+\frac{\pi}{4}\right)&=\frac{\sqrt{2}}{2}\left(\sum_{n=0}^{\infty}\frac{(-1)^n}{(2n+1)!}t^{2n+1}+\sum_{n=0}^{\infty}\frac{(-1)^n}{(2n)!}t^{2n}\right)\\&=\frac{\sqrt{2}}{2}\left(1+t-\frac{1}{2!}t^2-\frac{1}{3!}t^3+\cdots\right),\quad t\in(-\infty,+\infty),\end{aligned}$$

因此

$$\sin x=\frac{\sqrt{2}}{2}\left[1+\left(x-\frac{\pi}{4}\right)-\frac{1}{2!}\left(x-\frac{\pi}{4}\right)^2-\frac{1}{3!}\left(x-\frac{\pi}{4}\right)^3+\cdots\right],\ x\in(-\infty,+\infty).$$

习题 7-5

习题 7-5 答案

1. 将下列函数展开为 x 的幂级数,并指出其展开项成立的区间.

(1) $f(x)=e^{2x}$;

(2) $f(x)=\sin\dfrac{x}{2}$;

(3) $f(x)=\dfrac{x}{\sqrt{1+x^2}}$;

(4) $f(x)=\dfrac{x^4}{1-x}$;

(5) $f(x)=a^x \quad (a>0,a\neq1)$;

(6) $f(x)=\cos^2 x$;

(7) $f(x)=\dfrac{1+x}{(1-x)^2}$;

(8) $f(x)=\ln\dfrac{1+x}{1-x}$.

2. 将函数 $f(x)=\cos x$ 展开为 $\left(x+\dfrac{\pi}{3}\right)$的幂级数.

3. 将 $f(x)=\dfrac{1}{x}$展开为$(x-3)$的幂级数.

4. 将 $f(x)=\dfrac{1}{x^2+3x+2}$展开为$(x+4)$的幂级数.

学习指导

一、学习重点与要求

1. 学习要求与重点

(1) 理解常数项级数收敛、发散及收敛级数的和的概念,会用级数收敛、发散的定义判定简单级数的敛散性.

(2) 理解级数的基本性质,会用级数收敛的必要条件不满足时,判定级数一定发散.

(3) 熟记几何级数(等比级数)等常见级数的敛散性.

(4) 理解正项级数的比较审敛法和比值审敛法的原理,掌握用比较审敛法(包括比较审敛法极限形式)和比值审敛法判定级数的敛散性.

(5) 理解交错级数的莱布尼茨准则,掌握用莱布尼茨准则判定交错级数敛散性的方法.

(6) 理解任意项级数绝对收敛、条件收敛的含义以及绝对收敛与条件收敛的关系.

(7) 理解幂级数的收敛半径、收敛区间、收敛域及和函数的含义,掌握幂级数收敛半径、收敛域的求法.

(8) 理解幂级数的基本性质,掌握幂级数在其定义域内的加(减)法、逐项求导与逐项求积分的运算,会求一些简单的幂级数的和函数.

(9) 了解函数的幂级数展开式的含义,知道函数的泰勒级数及初等函数展开定理,知道$\dfrac{1}{1-x}$, e^x, $\sin x$, $\cos x$, $(1+x)^n$ 等函数的麦克劳林级数展开式,会用函数展开为幂级数的直接展开法与间接展开法求一些较简单函数的麦克劳林级数或泰勒级数.

2. 学习疑难解答

(1) 用级数收敛与发散定义判定级数的敛散性应怎样进行?

答:要判定级数 $\sum\limits_{n=1}^{\infty}u_n$ 是否收敛,先求出级数 $\sum\limits_{n=1}^{\infty}u_n$ 的前 n 项和 s_n,然后分析极限 $\lim\limits_{n\to\infty}s_n$ 是否存在. 若此

极限存在，则级数 $\sum\limits_{n=1}^{\infty} u_n$ 是收敛的；否则，级数 $\sum\limits_{n=1}^{\infty} u_n$ 就是发散的，如本章的例 7.2 等.

(2) 对常数项级数的讨论，要解决的主要问题有哪些？对于幂级数，学习的重点是什么？

答：由无穷级数的定义知道，常数项级数是无限个常数相加的问题，因此，分析这无限个常数相加的和是否存在——即级数是否收敛就是讨论的主要问题. 而如果级数收敛，则再讨论求其和. 讨论函数项级数要解决的主要问题是求其收敛域及在其收敛域内求和函数，幂级数是最基本的、最常用的也是最为重要的函数项级数，因此，对于幂级数的学习，重点是在理解收敛域、和函数定义以及幂级数的有关性质的基础上，掌握求幂级数收敛半径、收敛区间、收敛域以及在收敛域内求其和函数的方法.

(3) 应如何运用正项级数的比较审敛法判定正项级数的敛散？

答：正项级数的比较审敛法包括比较审敛法的"一般形式"和比较审敛法的"极限形式"两种形式，无论用哪种形式，都需要与其他的敛散性已知的级数来做比较，根据比较的情况来判定级数是否收敛.

在用"一般形式"分析 $\sum\limits_{n=1}^{\infty} u_n$ 敛散性时，就要设法找到一个级数 $\sum\limits_{n=1}^{\infty} v_n$，比较这两个级数的通项 u_n、v_n 的大小，若有 $u_n \leqslant v_n$ 且 $\sum\limits_{n=1}^{\infty} v_n$ 是收敛的，则 $\sum\limits_{n=1}^{\infty} u_n$ 就是收敛的；而若 $u_n \geqslant v_n$ 且 $\sum\limits_{n=1}^{\infty} v_n$ 是发散的，则级数 $\sum\limits_{n=1}^{\infty} u_n$ 就是发散的.

需要注意：对于选择的级数 $\sum\limits_{n=1}^{\infty} v_n$，出现下列情况，是无效的：

① 若 $u_n \leqslant v_n$，且 $\sum\limits_{n=1}^{\infty} v_n$ 发散；② 若 $u_n \geqslant v_n$ 且 $\sum\limits_{n=1}^{\infty} v_n$ 收敛.

可见，在判定一个级数 $\sum\limits_{n=1}^{\infty} u_n$ 的敛散时，如何选择用来进行比较的级数 $\sum\limits_{n=1}^{\infty} v_n$，对于初学者来说，这是一个难点，但只要深入理解审敛法，通过习题、练习等方法积累经验，这个问题是可以解决的.

在用"极限形式"分析 $\sum\limits_{n=1}^{\infty} u_n$ 敛散性时，就是①选择用 n 还是用 n^p $(p>1)$ 去乘通项. ②求极限：若 $\lim\limits_{n\to 0} nu_n = l \neq 0$（或 $\lim\limits_{n\to 0} nu_n = +\infty$），则级数 $\sum\limits_{n=1}^{\infty} u_n$ 是发散的；而当 $p>1$ 时，$\lim\limits_{n\to\infty} n^p u_n = l(0<l<+\infty)$，则级数 $\sum\limits_{n=1}^{\infty} u_n$ 是收敛的.

(4) 比值审敛法在判定正项级数敛散性时比比较审敛法容易把握，是否说明前者比后者重要？是否只要掌握了比值审敛法就可以了？

答：这是一种认识上的误区. 虽然在判定正项级数敛散性时，比值审敛法比比较审敛法容易把握，但任何一种方法都不能解决所有问题；由于当 $\lim\limits_{n\to\infty} = \dfrac{u_{n+1}}{u_n} = 1$，比值审敛法无效时，需要用包括比较审敛法在内的其他方法来判定级数是否收敛. 事实上，判定级数敛散性的各种方法是没有好坏优劣之分，它们各有特点，在使用上，往往会起到相互补充的作用.

(5) 如何判定任意项级数的敛散性？

答：判定任意项级数敛散性，往往借助正项级数，并利用绝对收敛与条件收敛的关系来讨论，一般可按下面的方法来进行分析：

① 使用定理 7.6，若符合此定理，则级数敛散性的判定完毕；

② 若不符合此定理，再使用其他方法来判定. 这里所说的其他方法主要有：交错级数的莱布尼兹准则、正项级数的比较审敛法（对级数 $\sum\limits_{n=1}^{\infty} |u_n|$ 敛散性判定）、敛散性的定义及性质等.

(6) 如何求幂级数 $\sum\limits_{n=0}^{\infty} a_n x^n$ 的收敛半径、收敛域？如何求幂级数在其收敛域内的和函数？

答：求幂级数收敛半径、收敛域是本章的一个重点，求幂级数 $\sum\limits_{n=0}^{\infty} a_n x^n$ 的收敛半径、收敛域一般可按下列步骤进行：

① 按定理 7.7，求出极限$\lim\limits_{n\to\infty}\left|\dfrac{a_{n+1}}{a_n}\right|=\rho$，并求出收敛半径 R；

② 若 $R=0$，则收敛域是$\{x|x=0\}$；若 $R=+\infty$，则收敛域为$(-\infty,+\infty)$；若 $0<R<+\infty$，写出收敛区间：$(-R,+R)$；

③ 用 $x=\pm R$ 分别代入级数 $\sum\limits_{n=0}^{\infty}a_nx^n$，分别判定 $\sum\limits_{n=0}^{\infty}a_n(-R)^n$ 和 $\sum\limits_{n=0}^{\infty}a_n(R)^n$ 的敛散性；

④ 根据③的情况，结合收敛区间$(-R,+R)$，写出收敛域.

对于其他形式的幂级数（如 $\sum\limits_{n=0}^{\infty}a_n(x-x_0)^n$、$\sum\limits_{n=0}^{\infty}a_nx^{2n}$、$\sum\limits_{n=0}^{\infty}a_nx^{2n+1}$ 等）的收敛半径、收敛域的求解是以幂级数 $\sum\limits_{n=0}^{\infty}a_nx^n$ 收敛半径、收敛域求解方法为基础，通过变量代换等方法来求解，可参考本章例 7.15 的解法.

对于形式比较复杂的幂级数，还可结合幂级数的性质来求收敛半径、收敛域，如本章例 7.17.

(7) 如何将函数展开为 x 幂级数表示？如何将函数展开为 $x-x_0$ 的幂级数？

答：将函数展开为 x 幂级数（即麦克劳林级数）表示有直接展开法和间接展开法两种方法.

① 直接展开法的步骤：

第一步，求出 $f(x)$在 $x=0$ 处的各阶导数 $f^{(n)}(0)$及 $a_n=\dfrac{1}{n!}f^{(n)}(0)(n=1,2,3,\cdots)$；

第二步，写出函数 $f(x)$的麦克劳林级数：

$$\sum_{n=0}^{\infty}a_nx^n=f(0)+\frac{f'(0)}{1!}x+\frac{f''(0)}{2!}x^2+\cdots+\frac{f^{(n)}(0)}{n!}x^n+\cdots$$

第三步，确定 $f(x)=\sum\limits_{n=0}^{\infty}\dfrac{f^{(n)}(0)}{n!}x^n$ 的区域，求出上面级数的收敛半径 R 及 $f(x)$的任意阶导数存在的区间$(-l,l)$，令 $r=\min\{R,l\}$，再考察当 $x=\pm r$，$\sum\limits_{n=0}^{\infty}\dfrac{f^{(n)}(0)}{n!}x^n$ 是否收敛；

第四步，根据分析的情况，写出 $f(x)=\sum\limits_{n=0}^{\infty}\dfrac{f^{(n)}(0)}{n!}x^n$ 及等号左、右两边相等的区域.

② 间接展开法. 指利用一些已知展开式的函数，通过幂级数的运算性质及变量代换等，将所给函数展开成幂级数的方法. 这种方法需要熟记一些函数的展开式，灵活使用幂级数的运算性质（特别是逐项求导与逐项积分的性质）、通过适当的变量代换来实现将函数展开成为幂级数.

注意：一般地，直接展开法仅用在将比较简单的函数展开为幂级数，要将相对复杂的函数展开为幂级数表示，通常是使用间接展开法.

将函数展开为 $x-x_0$ 的幂级数（即泰勒级数）也有直接展开法和间接展开法两种方法，但通常是用间接展开法，具体的办法是：先做变量代换（令 $x-x_0=t$ 得 $x=t+x_0$），代入函数并整理化简后，将函数变换成为展开式已知的函数，使用已知展开式的函数，将函数展开成麦克劳林级数（此时级数中函数的自变量是 t）后，再用 $x-x_0$ 换级数中的 t 即可，如本章的例 7.25.

复习题七

复习题七答案

1. 单项选择题

(1) 下列命题中正确的是(　　).

A. 若级数 $\sum\limits_{n=1}^{\infty}u_n$ 发散，则级数 $\sum\limits_{n=1}^{\infty}|u_n|$ 必发散

B. 若级数 $\sum\limits_{n=1}^{\infty}|u_n|$ 发散，则级数 $\sum\limits_{n=1}^{\infty}u_n$ 必发散

C. 若级数 $\sum_{n=1}^{\infty} u_n$ 收敛，则级数 $\sum_{n=1}^{\infty} |u_n|$ 必收敛

D. 若级数 $\sum_{n=1}^{\infty} u_n$ 收敛，则必有 $\lim_{n\to\infty}\left|\frac{u_{n+1}}{u_n}\right|=\lambda<1$

(2) 设 S_n 是级数 $\sum_{n=1}^{\infty} u_n$ 的前 n 项和，则下列命题中，正确的是（　　）.

A. $\sum_{n=1}^{\infty} u_n$ 收敛的充分必要条件是 S_n 有界　　B. 若级数 $\sum_{n=1}^{\infty} u_n$ 收敛，则 S_n 有界

C. 若 $\sum_{n=1}^{\infty} u_n$ 收敛，则 S_n 为单调有界数列　　D. 若 S_n 有界，则 $\sum_{n=1}^{\infty} u_n$ 收敛

(3) 设级数 $\sum_{n=1}^{\infty} u_n$ 收敛，下列级数中，发散的是（　　）.

A. $\sum_{n=1}^{\infty} u_{n+1}$　　B. $\sum_{n=1}^{\infty} (u_n+10)$　　C. $\sum_{n=1}^{\infty} 10u_n$　　D. $\sum_{n=1}^{\infty} \frac{u_n}{10}$

(4) $\lim_{n\to\infty} u_n \neq 0$ 是级数 $\sum_{n=1}^{\infty} u_n$ 发散的（　　）.

A. 充分条件　　B. 必要条件

C. 充分必要条件　　D. 既非充分也非必要条件

2. 判定下列级数的敛散性：

(1) $\sum_{n=1}^{\infty} \frac{1}{n^2-4n+5}$；　(2) $\sum_{n=1}^{\infty} \frac{1}{\sqrt{4n^2+n}}$；

(3) $\sum_{n=1}^{\infty} \frac{3^n}{n^3 \cdot 2^n}$；　(4) $\sum_{n=1}^{\infty} \sin\frac{\pi}{2^n}$；

(5) $\sum_{n=1}^{\infty} \left(1-\cos\frac{\alpha}{n}\right)$；　(6) $\sum_{n=1}^{\infty} \frac{1}{n^2-\ln n}$；

(7) $\sum_{n=1}^{\infty} \frac{2^n}{4^n+3^n}$；　(8) $\sum_{n=1}^{\infty} n\tan\frac{1}{n}$；

(9) $\sum_{n=1}^{\infty} \frac{n!}{n^n}$；　(10) $\sum_{n=1}^{\infty} \frac{1}{2^n-n}$.

3. 判断下列级数的敛散性，若收敛，指明是绝对收敛还是条件收敛：

(1) $\sum_{n=1}^{\infty} (-1)^{n-1}\frac{n}{3^{n-1}}$；　(2) $\sum_{n=1}^{\infty} \frac{(-1)^{n-1}}{\sqrt{n^2+2}}$；

(3) $\sum_{n=1}^{\infty} (-1)^{n-1}\frac{n+1}{(2n-1)!}$；　(4) $\sum_{n=1}^{\infty} (-1)^{n-1}\frac{\sin\frac{\pi}{n}}{n^n}$；

(5) $\sum_{n=1}^{\infty} (-1)^{n-1}\frac{\sqrt{n}}{n+\alpha}\quad(\alpha>0)$；　(6) $\sum_{n=1}^{\infty} (-1)^{n-1}\frac{\ln n}{n!}$；

(7) $\sum_{n=1}^{\infty} (-1)^{n-1}\frac{n}{(n+1)\ln(1+n)}$；　(8) $\sum_{n=1}^{\infty} (-1)^{n-1}\frac{n+1}{n}$.

4. 求下列幂级数的收敛半径和收敛域：

(1) $\sum_{n=0}^{\infty} (-1)^n\frac{x^n}{2^n \cdot n!}$；　(2) $\sum_{n=0}^{\infty} (-1)^n\frac{2^n}{n^2+4}x^n$；

(3) $\sum_{n=1}^{\infty} \frac{(2x+1)^n}{n}$；　(4) $\sum_{n=0}^{\infty} 2^n(x+1)^{2n}$；

(5) $\sum_{n=0}^{\infty} \frac{n}{2^n} x^{2n}$;　　(6) $\sum_{n=0}^{\infty} n(x+1)^n$.

5. 将下列函数展开成为 x 的幂级数：

(1) $f(x)=x^2 e^{x^2}$;　　(2) $f(x)=(1+x^2)\arctan x$;

(3) $f(x)=\frac{3x}{x^2+x-2}$;　　(4) $f(x)=\frac{1-x}{(1+x)^2}$;

(5) $f(x)=\ln(x+\sqrt{x^2+1})$;　　(6) $f(x)=\frac{1}{(2-x)^2}$.

6. 将下列函数展开成$(x-1)$的幂级数：

(1) $f(x)=\lg x$;　　(2) $f(x)=\sqrt{x^3}$.

【人文数学】

数学家泰勒与麦克劳林简介

泰勒(Brook，Taylor)英国数学家．1685 年 8 月 18 日生于英格兰德尔塞克斯郡的埃德蒙顿市；1731 年 12 月 29 日卒于伦敦．

泰勒出生于英格兰一个富有的且有点贵族血统的家庭．父亲约翰来自肯特郡的比夫隆家庭．泰勒是长子．进大学之前，泰勒一直在家里读书．泰勒全家尤其是他的父亲，都喜欢音乐和艺术，经常在家里招待艺术家．这对泰勒一生的工作造成了极大的影响，这从他的两个主要科学研究课题：弦振动问题及透视画法，就可以看出来．

1701 年，泰勒进剑桥大学的圣约翰学院学习．1709 年，他获得法学学士学位．1714 年获法学博士学位．1712 年，他被选为英国皇家学会会员，同年进入仲裁牛顿和莱布尼茨发明微积分优先权争论的委员会．从 1714 年起，担任皇家学会第一秘书，1718 年，以健康为由辞去这一职务．

泰勒后期的家庭生活是不幸的．1721 年，因和一位据说是出身名门但没有财产的女人结婚，遭到父亲的严厉反对，只好离开家庭．两年后，妻子在生产中死去，才又回到家里．1725 年，在征得父亲同意后，他第二次结婚，并于 1729 年继承了父亲在肯特郡的财产．1730 年，第二个妻子也在生产中死去，不过这一次留下了一个女儿．妻子的死深深地刺激了他，第二年他也去世了，安葬在伦敦圣・安教堂墓地．

由于工作及健康上的原因，泰勒曾几次访问法国并和法国数学家蒙莫尔多次通信讨论级数问题和概率论的问题．1708 年，23 岁的泰勒研究出了“振动中心问题”的解，引起了人们的注意，在这个工作中，他用了牛顿的瞬时记号．可以说，从 1714 年到 1719 年，是泰勒数学才华盛产的时期．他的两本著作：《正和反的增量法》及《直线透视》都出版于 1715 年，它们的第二版分别出版于 1717 年和 1719 年．从 1712 年到 1724 年，他在《哲学会报》上共发表了 13 篇文章，其中有些是通信和评论．文章中还包含毛细管现象、磁学及温度计的实验记录．在生命的后期，泰勒转向宗教和哲学的写作，他的第三本著作《哲学的沉思》在他死后由外孙 W. 杨于 1793 年出版．

泰勒以微积分学中将函数展开成无穷级数的定理著称于世．这条定理大致可以叙述为：函数在一个点的邻域内的值可以用函数在该点的值及各阶导数值组成的无穷级数表示出来．然而，在半个世纪里，数学家们并没有认识到泰勒定理的重大价值．这一重大价值是后来由拉格朗日发现的，他把这一定理刻画为微积分的基本定理．泰勒定理的严格证明是在定理诞生一个世纪之后由柯西给出的．

科林・麦克劳林(Colin Maclaurin)是苏格兰数学家，1698 年 2 月生于苏格兰的基尔莫登，1746 年 1 月 14 日卒于爱丁堡．麦克劳林是 18 世纪英国最具有影响的数学家之一．

麦克劳林是牧师的儿子，半岁丧父，9 岁丧母．由其叔父抚养成人．叔父也是一位牧师．麦克劳林是一个

"神童",为了当牧师,他 11 岁考入格拉斯哥大学学习神学,但入校不久却对数学发生了浓厚的兴趣,一年后转攻数学. 17 岁取得了硕士学位并为自己关于重力作功的论文作了精彩的公开答辩;19 岁担任阿伯丁大学的数学教授并主持该校马里歇尔学院数学的工作;两年后被选为英国皇家学会会员;1722—1726 年在巴黎从事研究工作,并在 1724 年因写了物体碰撞的杰出论文而荣获法国科学院资金,回国后任爱丁堡大学教授.

1719 年,麦克劳林在访问伦敦时见到了牛顿,从此便成为牛顿的门生. 1724 年,由于牛顿的大力推荐,他继续获得教授席位. 麦克劳林 21 岁时发表了第一本重要著作《构造几何》,书中描述了作圆锥曲线的一些新的巧妙方法,精辟地讨论了圆锥曲线及高次平面曲线的种种性质. 1742 年撰写的《流数论》以泰勒级数作为基本工具,是对牛顿的流数法作出符合逻辑的、系统解释的第一本书. 此书之意是为牛顿流数法提供一个几何框架的,以答复贝克莱大主教等人对牛顿的微积分学原理的攻击. 他以熟练的几何方法和穷竭法论证了流数学说,还把级数作为求积分的方法,并独立于柯西以几何形式给出了无穷级数收敛的积分判别法. 他得到数学分析中著名的麦克劳林级数展开式,并用待定系数法给予证明.

他在代数学中的主要贡献是在《代数论》(1748,遗著)中,创立了用行列式的方法求解多个未知数联立线性方程组. 但书中记叙法不太好,后来由另一位数学家克拉默(Cramer)又重新发现了这个法则,所以现今称之为克拉默法则.

麦克劳林也是一位实验科学家,设计了很多精巧的机械装置. 他不但学术成就斐然,而且关心政治,1745 年参加了爱丁堡保卫战.

麦克劳林终生不忘牛顿对他的栽培,并为继承、捍卫、发展牛顿的学说而奋斗. 他曾打算写一本《关于伊萨克·牛顿爵士的发现说明》,但未能完成便去世了. 死后在他的墓碑上刻有"曾蒙牛顿推荐",以表达他对牛顿的感激之情.

第8章

常微分方程

章序 在几何、物理及其他工程问题中，经常需要寻找与问题有关的变量之间的函数关系，即求函数关系的问题．事实上，在许多问题中，往往不能直接找出所研究的函数关系，却能找到列出所研究的函数与其导数（或微分）之间的关系式，这样的关系式就是微分方程．建立微分方程后，再通过求解微分方程来得出所要寻求的未知函数．

本章主要介绍微分方程的基本概念及常见几种类型微分方程与它们的解法，并通过举例说明微分方程的一些简单应用．

8.1 微分方程的基本概念

首先分析几个实例，然后再介绍微分方程的基本定义．

视频99

例8.1 一曲线过点(1，−1)，且该曲线上任意一点处的切线斜率等于横坐标平方的倒数，求这条曲线的方程．

解 为了求这曲线的方程，可设所求的曲线的方程为 $y=f(x)$．

由导数的几何意义可知，未知函数 $y=f(x)$ 满足如下关系式：

$$\frac{\mathrm{d}y}{\mathrm{d}x}=\frac{1}{x^2}. \tag{8-1}$$

由题设条件还知道，未知函数 $y=f(x)$ 还满足 $y\Big|_{x=1}=-1$. (8-2)

对式(8-1)两边积分，得

$$y=\int\frac{1}{x^2}\mathrm{d}x=-\frac{1}{x}+c\quad(c\text{ 为任意常数}). \tag{8-3}$$

将条件(8-2)代入式(8-3)，得

$$c=0.$$

将 $c=0$ 代入式(8-3)中，得所求曲线的方程为

$$y=-\frac{1}{x}. \tag{8-4}$$

例8.2 将质量为 m 的物体在离地面高度 h 处以初速度 v_0 向上抛出，试求物体的运动规

律(不考虑空气阻力).

解 过上抛点作一铅直向上直线,以该直线与地面的交点为原点,铅直向上为正轴方向建立坐标系(图8-1),并从物体上抛的时刻开始计时.

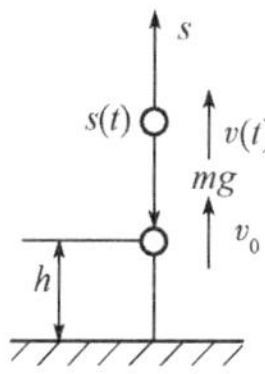

图 8-1

设在 t 时该物体的位置为 $s=s(t)$,由一阶导数和二阶导数的物理意义知,物体在 t 时刻的速度和加速度各为

$$v=\frac{\mathrm{d}s}{\mathrm{d}t},\quad a=\frac{\mathrm{d}^2s}{\mathrm{d}t^2}.$$

由于不考虑空气阻力,则

$$a=-g,\text{即得}\frac{\mathrm{d}^2s}{\mathrm{d}t^2}=-g. \tag{8-5}$$

据题意,$s=s(t)$满足

$$s\bigg|_{t=0}=h,\quad \frac{\mathrm{d}s}{\mathrm{d}t}\bigg|_{t=0}=v_0. \tag{8-6}$$

对式(8-5)积分一次,得

$$\frac{\mathrm{d}s}{\mathrm{d}t}=-gt+c_1,\text{即 } v=-gt+c_1, \tag{8-7}$$

再对式(8-7)积分一次,得

$$s=-\frac{1}{2}gt^2+c_1t+c_2, \tag{8-8}$$

以上式中的 c_1,c_2 是任意常数.

将条件 $\frac{\mathrm{d}s}{\mathrm{d}t}\bigg|_{t=0}=v_0$ 代入式(8-7),得

$$c_1=v_0,$$

将条件 $s\bigg|_{t=0}=h$ 及 $c_1=v_0$ 都代入式(8-8),得

$$c_2=h.$$

将所求的 $c_1=v_0$ 及 $c_2=h$ 代入式(8-8),即得物体运动的方程

$$s=-\frac{1}{2}gt^2+v_0t+h. \tag{8-9}$$

在上面两例中,关系式(8-1)和关系式(8-5)都含有未知函数的导数(或微分),尽管两例的实际意义不相同,但解决问题的方法是相同的,即在建立起一个含有未知函数的导数(或微分)的关系式后,通过此关系式求出满足所给附加条件的未知函数.

一般而言,这种含有未知函数的导数(或微分)的方程,称为微分方程;而由微分方程求出未知函数的过程,称为求解微分方程.在微分方程中,若未知函数是一元函数,则称这种微分方程为常微分方程;若未知函数是多元函数,则称这种微分方程为偏微分方程.例如,在上面两例中的式(8-1)和式(8-5)均是常微分方程.本章我们只讨论常微分方程,为方便,简称为微分方程(或方程).

在微分方程中出现的未知函数的导数的最高阶数称为微分方程的阶;若微分方程的阶为

n,则称此方程为 n 阶微分方程.

例如,方程式(8-1)是一阶微分方程,方程式(8-5)是二阶微分方程.

如果把某个已知函数及其导数代入微分方程中,使方程的左、右两边恒等,则称此函数为微分方程的解.如例 8.1 中的函数式(8-3)与函数式(8-4)都是微分方程式(8-1)的解,例 8.2 中的函数式(8-8)与函数式(8-9)都是微分方程式(8-5)的解.

从上面两例还可以看出,例 8.1 中的函数式(8-3)和函数式(8-4),例 8.2 中的函数式(8-8)与函数式(8-9)虽然各都是方程式(8-1)、方程式(8-5)的解,但所表示的解的含义是不相同的,解的形式也是不相同的.

如果微分方程的解中含有相互独立的任意常数,且个数与微分方程的阶数相同,则这样的解称为微分方程的通解;而不含任意常数的微分方程的解,称为微分方程的特解.如例 8.1 中的式(8-3),例 8.2 中的式(8-8)分别是微分方程式(8-1)、式(8-5)的通解;而例 8.1 中的式(8-4)、例 8.2 中的式(8-9)分别是微分方程式(8-1)、式(8-5)的特解.

在例 8.1 中,微分方程式(8-1)的解式(8-4)是由附加条件式(8-2)将通解式(8-3)中的任意常数 c 确定所得的;在例 8.2 中,微分方程式(8-5)的解式(8-9)是由附加条件式(8-6)将通解式(8-8)中的任意常数 c_1, c_2 确定所得的,这种用于确定微分方程通解中的任意常数的值的条件,称为微分方程的初值条件(也叫做定解条件).

例如,例 8.1 中的式(8-2)、例 8.2 中的式(8-6)各是方程式(8-1)与式(8-5)的初值条件.

由初值条件确定了通解中的任意常数的值之后所得到的微分方程的解称为微分方程满足初值条件的特解.

例如,例 8.1 中的式(8-4)是微分方程式(8-1)满足初值条件式(8-2)的特解;例 8.2 中的式(8-9)是方程式(8-5)满足初值条件式(8-6)的特解.

求满足初值条件的特解的问题,称为初值问题.

一般而言,一阶微分方程的初值条件写成 $y\Big|_{x=x_0}=y_0$ 或写成 $y(x_0)=y_0$;二阶微分方程的初值条件写成 $\begin{cases} y\Big|_{x=x_0}=y_0, \\ \dfrac{\mathrm{d}y}{\mathrm{d}x}\Big|_{x=x_0}=y_1 \end{cases}$ 或写成 $\begin{cases} y(x_0)=y_0, \\ y'(x_0)=y_1, \end{cases}$ 其中的 x_0, y_0, y_1 为已知数.

例 8.3 验证函数 $y=c_1\mathrm{e}^{2x}+c_2\mathrm{e}^{-2x}$($c_1, c_2$ 为任意常数)是方程 $y''-4y=0$ 的通解,并求满足初值条件 $y\Big|_{x=0}=0$, $y'\Big|_{x=0}=1$ 的特解.

解 因为 $y'=2c_1\mathrm{e}^{2x}-2c_2\mathrm{e}^{-2x}$, $y''=4c_1\mathrm{e}^{2x}+4c_2\mathrm{e}^{-2x}$,
将 y、y'' 代入微分方程中,得

$$y''-4y=4(c_1\mathrm{e}^{2x}+c_2\mathrm{e}^{-2x})-4(c_1\mathrm{e}^{2x}+c_2\mathrm{e}^{-2x})=0.$$

所以,函数 $y=c_1\mathrm{e}^{2x}+c_2\mathrm{e}^{-2x}$ 是微分方程 $y''-4=0$ 的解.

由 $y=c_1\mathrm{e}^{2x}+c_2\mathrm{e}^{-2x}$ 的形式可知,c_1, c_2 不能合并为用一个任意常数表示,所以它们是两个相互独立的任意常数,而微分方程 $y''-4y=0$ 的阶数是 2,说明该解中所含的相互独立的任意常数个数与微分方程的阶数是相等的,所以,$y=c_1\mathrm{e}^{2x}+c_2\mathrm{e}^{-2x}$ 是微分方程 $y''-4y=0$ 的通解.

将初值条件 $y\Big|_{x=0}=0$，$y'\Big|_{x=0}=1$ 分别代入

$$y=c_1e^{2x}+c_2e^{-2x} \text{和} y'=2c_1e^{2x}-2c_2e^{-2x},$$

得

$$\begin{cases} c_1+c_2=0, \\ 2c_1-2c_2=1, \end{cases}$$

解得 $c_1=\frac{1}{4}$，$c_2=-\frac{1}{4}$.

所以，所求的特解为　$y=\frac{1}{4}(e^{2x}-e^{-2x})$.

例 8.4　求微分方程 $y'''=x+1$ 的通解.

解　将方程 $y'''=x+1$ 求积分，得

$$y''=\frac{1}{2}x^2+x+c_1.$$

对上式两边求积分，得

$$y'=\frac{1}{6}x^3+\frac{1}{2}x^2+c_1x+c_2$$

再对上式两边积分，得

$$y=\frac{1}{24}x^4+\frac{1}{6}x^3+\frac{1}{2}c_1x^2+c_2x+c_3 \quad (\text{其中的 } c_1, c_2, c_3 \text{ 为任意常数}).$$

例 8.5　下列函数中，哪些是方程 $y'-2y=0$ 的解？哪一个是满足初值条件 $y\Big|_{x=0}=1$ 的特解？

(1) $y=\sin 2x$；　(2) $y=e^{2x}$；　(3) $y=3e^{2x}$.

解　(1) 因为 $y'=2\cos 2x$，将 $y=\sin 2x$ 及 $y'=2\cos 2x$ 代入方程 $y'-2y=0$，得：左边 $=2\cos 2x-2\sin 2x\neq 0$，即左边 $\neq$ 右边.

所以，函数 $y=\sin 2x$ 不是方程 $y'-2y=0$ 的解.

(2) 因为 $y'=2e^{2x}$，将 $y=e^{2x}$ 及 $y'=2e^{2x}$ 代入方程 $y'-2y=0$，得：

左边 $=2e^{2x}-2e^{2x}=0$，即　左边 $=$ 右边.

又将 $x=0$ 代入 $y=e^{2x}$，求得 $y=1$，即满足 $y\Big|_{x=0}=1$，

所以，函数 $y=e^{2x}$ 是方程 $y'-2y=0$ 的解，且是满足初值条件 $y\Big|_{x=0}=1$ 的特解.

(3) 因 $y'=6e^{2x}$，将 $y=3e^{2x}$ 及 $y'=6e^{2x}$ 代入方程 $y'-2y=0$，得：

左边 $=6e^{2x}-6e^{2x}=0$，即左边 $=$ 右边.

而将 $x=0$ 代入 $y=3e^{2x}$，求得 $y=3\neq 1$，

所以，函数 $y=3e^{2x}$ 是方程 $y'-2y=0$ 的解，但不是满足初值条件 $y\Big|_{x=0}=1$ 的特解.

习题 8-1 答案

习题 8-1

1. 单项选择题

(1) 下列微分方程中,是一阶微分方程的是(　　).

A. $y'=x^2+y$　　　　B. $y''+(y')^2+e^x=0$

C. $\dfrac{d^2y}{dx^2}+xy=0$　　　　D. $\dfrac{d^4s}{dt^4}+s=s^4$

(2) 微分方程$\dfrac{d^2y}{dx^2}+\left(\dfrac{dy}{dx}\right)^3+2x=0$ 的阶数是(　　).

A. 1　　B. 2　　C. 3　　D. 0

(3) 微分方程 $x^3(y'')^4+yy'=0$ 的阶数是(　　).

A. 1　　B. 2　　C. 3　　D. 4

(4) 下列函数中,(　　)是微分方程 $y'+\dfrac{y}{x}=x$ 的解.

A. $y=\dfrac{x^2}{3}+1$　　　　B. $y=\dfrac{x^3}{3}+\dfrac{1}{x}$

C. $y=-\dfrac{x^2}{3}+1$　　　　D. $y=\dfrac{x^2}{3}+\dfrac{1}{x}$

(5) 在方程$\dfrac{d^3y}{dx^3}+e^x\dfrac{d^2y}{dx^2}+e^{2x}=1$ 的通解中,应含有的相互独立的任意常数的个数为(　　).

A. 2　　B. 3　　C. 4　　D. 0

2. 指出下列方程中哪些是微分方程. 是微分方程的,指出它们的阶数.

(1) $dy-\sqrt{y}\,dx=0$;　　　　(2) $x^3(y'')^2-2y'=0$;

(3) $y^2=2y+x$;　　　　(4) $xdy-y^2\sin x dx=0$;

(5) $(7x-6y)dx+(x+y)dy=0$;　　　　(6) $y^2-x\cos y=0$;

(7) $\dfrac{d^2y}{dt^2}+3y=e^{2t}$;　　　　(8) $xy'''-(y')^2=0$.

3. 验证下列函数(其中 c 为任意常数)是否为相应的微分方程的解,是通解还是特解?

(1) $xy'=2y$, $y=cx^2$, $y=x^2$;

(2) $y''=-y$, $y=\sin x$, $y=3\sin x-4\cos x$;

(3) $xy'-2y+1=0$, $y=cx^2+\dfrac{1}{2}$, $y=\dfrac{1}{2}(x^2+1)$;

(4) $\dfrac{dy}{dx}=2y$, $y=e^x$, $y=ce^{2x}$.

4. 验证函数 $y=c_1x+c_2e^x$ 是微分方程

$$(1-x)y''+xy'-y=0$$

的通解,并求满足初值条件 $y\big|_{x=0}=-1$, $y'\big|_{x=0}=1$ 的特解.

5. 已知曲线过点(1,2),且在该曲线上任意一点 $P(x,y)$ 处的切线斜率为 $3x^2$,求此曲线方程.

8.2　一阶微分方程

求解微分方程是本章的一个中心问题.本节将讨论两种形式的一阶微分方程的解法.

视频 100

8.2.1　可分离变量的微分方程

由一阶微分方程的含义可知,一阶微分方程可用如下形式表示:

$$y'=f(x,y)\quad 或\quad F(x,y,y')=0.$$

特别地,具有形如

$$y'=f(x)\cdot g(y) \tag{8-10}$$

的方程,称为可分离变量的微分方程.

可分离变量的微分方程式(8-10)具有的特点是:在方程的右端为一个只含 x 的函数 $f(x)$与一个只含 y 的函数 $g(y)$的乘积.这里的 $f(x)$,$g(y)$分别是变量 x,y 的连续函数,且 $g(y)\neq 0$.

由可分离变量的微分方程具有的这一特点,就可以将两个不同变量的函数与相应的微分分离到等号的两端,所以,这类方程的解法具体如下.

首先,把方程式(8-10)分离变量,得

$$\frac{\mathrm{d}y}{g(y)}=f(x)\mathrm{d}x.$$

对上式两边同时积分:

$$\int\frac{1}{g(y)}\mathrm{d}y=\int f(x)\mathrm{d}x.$$

假设由不定积分能求得

$$\int\frac{1}{g(y)}\mathrm{d}y=G(y)+c,\quad \int f(x)\mathrm{d}x=F(x)+c,$$

则可得方程式(8-10)的通解为

$$G(y)=F(x)+c.$$

因这种解方程的方法在求解过程中具有分离变量的特点,所以称这种方法为分离变量法.

例 8.6　求方程 $x(y^2-1)\mathrm{d}x+y(x^2-1)\mathrm{d}y=0$ 的通解.

解　方程可变形为

$$\frac{y}{y^2-1}\mathrm{d}y=-\frac{x}{x^2-1}\mathrm{d}x.$$

上式两边积分:　$$\int\frac{y}{y^2-1}\mathrm{d}y=-\int\frac{x}{x^2-1}\mathrm{d}x,$$

得　$$\frac{1}{2}\ln|y^2-1|=-\frac{1}{2}\ln|x^2-1|+c_1.$$

化简得方程的通解为

$$(x^2-1)(y^2-1)=c \quad (这里的\ c=\pm e^{2c_1}).$$

例 8.7 求方程 $y'=1+y^2-2x-2xy^2$ 满足初值条件 $y(0)=0$ 的特解.

解 微分方程可变形为

$$y'=1+y^2-2x(1+y^2)=(1-2x)(1+y^2),$$

所以有

$$\frac{dy}{1+y^2}=(1-2x)dx.$$

对上式两边积分：

$$\int\frac{dy}{1+y^2}=\int(1-2x)dx,$$

得 $$\arctan y=x-x^2+c.$$

由初值条件 $y(0)=0$ 知，当 $x=0$ 时，$y=0$，代入上式，可得

$$c=0.$$

故所求特解为

$$\arctan y=x-x^2 \quad 或 \quad y=\tan(x-x^2).$$

8.2.2 一阶线性微分方程

具有形如

$$y'+P(x)y=Q(x) \tag{8-11}$$

的方程称为一阶线性微分方程.

方程式(8-11)具有的特点是：未知函数 y 及其导数 y' 都是一次的.

若 $Q(c)\equiv 0$，方程式(8-11)成为 $y'+P(x)y=0$， (8-12)

称方程式(8-12)为一阶齐次线性微分方程.

若 $Q(x)\neq 0$，称方程式(8-11)为一阶非齐次线性微分方程. 方程式(8-12)还称为方程式(8-11)所对应的一阶齐次线性微分方程.

1. 一阶齐次线性微分方程的解法

从微分方程式(8-12)可以看出，一阶齐次线性微分方程是可分离变量方程. 分离变量，得

$$\frac{dy}{y}=-P(x)dx.$$

两边积分，得

$$\ln|y|=-\int P(x)dx+c_1.$$

为了方便讨论，记 $\int P(x)dx$ 为 $P(x)$ 的一个原函数，c_1 为任意常数，则由上式可得

$$y=\pm e^{c_1}\cdot e^{-\int P(x)dx}.$$

记 $c=\pm e^{c_1}$，且可验证 $y=0$ 也是方程式(8-12)的解，所以，方程式(8-12)的通解为

$$y = c\mathrm{e}^{-\int P(x)\mathrm{d}x}. \tag{8-13}$$

由于上述通解形式的简化过程常常会用到，为此，在求解微分方程的解时，可以约定简化写法如下：

在求解过程中，将 $\ln|y|$ 写成 $\ln y$，将 c_1 写成 $\ln c$，最后结果中 c 为任意常数.

例 8.8　求方程 $(x^2y-2xy)\mathrm{d}x+x\mathrm{d}y=0$ 满足初值条件 $y\Big|_{x=0}=1$ 的特解.

解　方程可变形为

$$\frac{\mathrm{d}y}{\mathrm{d}x}+(x-2)y=0$$

是一阶齐次线性微分方程，由公式(8-13)得方程通解为

$$y = c\mathrm{e}^{-\int(x-2)\mathrm{d}x} = c\mathrm{e}^{2x-\frac{x^2}{2}}.$$

将初值条件 $y\Big|_{x=0}=1$ 代入上述通解，可求得 $c=1$，故所求的特解为

$$y=\mathrm{e}^{2x-\frac{x^2}{2}}.$$

2. 一阶非齐次线性微分方程的解法

在前面我们得到的式(8-13)是方程式(8-11)的特殊情况 $Q(x)=0$[即方程式(8-12)]时的通解，显然，不论式(8-13)中的 c 取任何常数值，都只能是方程式(8-12)的解，而不可能是方程式(8-11)的解. 但由于方程式(8-11)与方程式(8-12)的关系，可以想象，两个方程在解的关系上是具有联系的.

由此，如果假设方程 $y'+P(x)y=Q(x)$ 具有式(8-13)形式的解，则其中的 c 自然不可能再是常数，而应该是 x 的函数，如果设为 $c(x)$，则只要确定 $c(x)$ 这个函数，就可求得方程式(8-11)即 $y'+P(x)y=Q(x)$ 的解.

由上述分析，设方程 $y'+P(x)y=Q(x)$ 的解为

$$y = c(x)\mathrm{e}^{-\int P(x)\mathrm{d}x}, \tag{8-14}$$

于是有

$$y' = c'(x)\mathrm{e}^{-\int P(x)\mathrm{d}x} + c(x)(-P(x))\mathrm{e}^{-\int P(x)\mathrm{d}x}. \tag{8-15}$$

将式(8-14)、式(8-15)代入方程 $y'+P(x)y=Q(x)$，得

$$c'(x)\mathrm{e}^{-\int P(x)\mathrm{d}x} + c(x)(-P(x))\mathrm{e}^{\int P(x)\mathrm{d}x} + P(x)c(x)\mathrm{e}^{-\int P(x)\mathrm{d}x} = Q(x),$$

即 $c'(x)\mathrm{e}^{-\int P(x)\mathrm{d}x} = Q(x)$，也即 $c'(x) = Q(x)\mathrm{e}^{\int P(x)\mathrm{d}x}$.

积分可得

$$c(x) = \int Q(x)\mathrm{e}^{\int P(x)\mathrm{d}x}\mathrm{d}x + c.$$

将这里所求得的 $c(x)$ 代入式(8-14)，就得一阶非齐次线性微分方程式(8-11)的通解公

式为

$$y=\left[\int Q(x)\mathrm{e}^{\int P(x)\mathrm{d}x}\mathrm{d}x+c\right]\cdot \mathrm{e}^{-\int P(x)\mathrm{d}x}. \tag{8-16}$$

通解公式(8-16)是通过把对应的齐次线性方程通解中的任意常数 c 变易为待定函数 $c(x)$，然后求出 $c(x)$，得出非齐次线性方程的通解. 因此，这种方法称为常数变易法.

将式(8-16)展开，方程 $y'+P(x)y=Q(x)$ 的通解还可以表示为

$$y=c\cdot \mathrm{e}^{-\int P(x)\mathrm{d}x}+\mathrm{e}^{-\int P(x)\mathrm{d}x}\cdot\int Q(x)\mathrm{e}^{\int P(x)\mathrm{d}x}\mathrm{d}x. \tag{8-17}$$

式(8-17)表明：方程 $y'+P(x)y=Q(x)$ 的通解可由两部分组成：

第一部分是对应方程的齐次线性方程 $y'+P(x)y=0$ 的通解，第二部分则是方程 $y'+P(x)y=Q(x)$ 的通解中，取 $c=0$ 的一个特解，也就是方程 $y'+P(x)y=Q(x)$ 的一个特解.

由此可见，一阶非齐次线性微分方程的通解，等于其对应的一阶齐次线性微分方程的通解与非齐次线性方程的一个特解之和. 这是一阶非齐次线性微分方程的解的结构.

例 8.9 求方程 $2y'-y=\mathrm{e}^x$ 的通解.

解法一 方程可变形为

$$y'-\frac{1}{2}y=\frac{1}{2}\mathrm{e}^x,$$

对应的齐次方程为

$$y'-\frac{1}{2}y=0.$$

由分离变量法，得该齐次线性微分方程的通解为

$$y=c\mathrm{e}^{\frac{x}{2}}.$$

可设所给非齐次线性微分方程的解为

$$y=c(x)\mathrm{e}^{\frac{x}{2}}.$$

因为 $y'=c'(x)\mathrm{e}^{\frac{x}{2}}+\frac{1}{2}c(x)\mathrm{e}^{\frac{x}{2}}$，

将 y' 和 y 代入方程 $2y'-y=\mathrm{e}^x$，就有

$$c'(x)=\frac{1}{2}\mathrm{e}^{\frac{x}{2}},$$

所以

$$c(x)=\int\frac{1}{2}\mathrm{e}^{\frac{x}{2}}\mathrm{d}x=\mathrm{e}^{\frac{x}{2}}+c.$$

因此，方程 $2y'-y=\mathrm{e}^x$ 的通解为

$$y=c\mathrm{e}^{\frac{x}{2}}+\mathrm{e}^x.$$

解法二 方程变形为

$$y'-\frac{1}{2}y=\frac{1}{2}e^x,$$

此时
$$P(x)=-\frac{1}{2},\ Q(x)=\frac{1}{2}e^x.$$

由公式(8-16)得方程的通解为

$$\begin{aligned}y&=\left[\int \frac{1}{2}e^x\cdot e^{\int\left(-\frac{1}{2}\right)dx}dx+c\right]\cdot e^{-\int\left(-\frac{1}{2}\right)dx}\\&=e^{\frac{x}{2}}\left(\int \frac{1}{2}e^x\cdot e^{-\frac{x}{2}}dx+c\right)\\&=e^{\frac{x}{2}}(e^{\frac{x}{2}}+c),\end{aligned}$$

即通解为

$$y=ce^{\frac{x}{2}}+e^x.$$

例 8.10　求方程$\frac{dy}{dx}=\frac{y}{x+y^3}$的通解.

解　该方程不是关于 $y,\frac{dy}{dx}$的线性方程,但能变形为

$$\frac{dx}{dy}-\frac{1}{y}x=y^2,$$

方程就成了关于 $x,\frac{dx}{dy}$的线性方程.因此,可利用类似于前面讨论的常数变易法或公式来求解.

解法一　用公式求解

由于　$P(y)=-\frac{1}{y},\qquad Q(y)=y^2,$

由公式得方程$\frac{dy}{dx}=\frac{y}{x+y^3}$的通解为

$$\begin{aligned}x&=\left[\int y^2e^{\int\left(-\frac{1}{y}\right)dy}dy+c\right]e^{-\int\left(-\frac{1}{y}\right)dy}\\&=y\left(\int ydy+c\right)=\frac{y^3}{2}+cy.\end{aligned}$$

解法二　用常数变易法求解

方程$\frac{dx}{dy}-\frac{1}{y}x=y^2$ 对应的齐次方程$\frac{dx}{dy}-\frac{1}{y}x=0$ 的通解为

$$x=ce^{-\int\left(-\frac{1}{y}\right)dy}=cy.$$

设 $x=c(y)y$,代入方程$\frac{dx}{dy}-\frac{1}{y}x=y^2$,得

$$c'(y)=y,$$

所以
$$c(y)=\int y\mathrm{d}y=\frac{1}{2}y^2+C.$$

故方程$\frac{\mathrm{d}y}{\mathrm{d}x}=\frac{y}{x+y^3}$的通解为

$$x=\left(\frac{1}{2}y^2+c\right)y=\frac{y^3}{2}+cy.$$

此例说明，有些方程虽然不是关于$y,\frac{\mathrm{d}y}{\mathrm{d}x}$的线性方程，但如果把$x$看成是$y$的函数，方程是关于$x,\frac{\mathrm{d}x}{\mathrm{d}y}$的线性方程时，也可以利用常数变易法或公式(8-16)来求解.

习题 8-2

习题 8-2 答案

1. 单项选择题

(1) 方程 $x\mathrm{d}y+\mathrm{d}x=\mathrm{e}^y\mathrm{d}x$ 的通解是(　　).

A. $y=cx\mathrm{e}^x$　　B. $y=x\mathrm{e}^x+c$

C. $y=-\ln(1-cx)$　　D. $y=-\ln(1+x)+c$

(2) 方程 $xy'+3y=0$ 的通解是(　　).

A. $y=x^{-3}$　　B. $y=cx\mathrm{e}^x$

C. $y=x^{-3}+c$　　D. $y=cx^{-3}$

(3) 方程 $x\mathrm{d}y-y\mathrm{d}x=0$ 的通解是(　　).

A. $y=cx$　　B. $y=\frac{c}{x}$

C. $y=c\mathrm{e}^x$　　D. $y=c\ln x$

(4) 方程 $\sin x\cos y\mathrm{d}x=\cos x\sin y\mathrm{d}y$ 满足 $y\Big|_{x=0}=\frac{\pi}{4}$ 的特解是(　　).

A. $\sin y=\frac{\sqrt{2}}{2}\sin x$　　B. $\cos y=\frac{\sqrt{2}}{2}\cos x$

C. $\sin y=\frac{\sqrt{2}}{2}\cos x$　　D. $\cos y=\frac{\sqrt{2}}{2}\sin x$

(5) 以下函数中，是方程 $x\mathrm{d}y=y\ln y\mathrm{d}x$ 的一个解的是(　　).

A. $y=\ln x$　　B. $y=\sin x$

C. $y=\mathrm{e}^x$　　D. $\ln^2 y=x$

2. 判别下列微分方程的类型：

(1) $\frac{\mathrm{d}y}{\mathrm{d}t}+3y=\mathrm{e}^{2t}$；　　(2) $(x+1)y'-3y=\mathrm{e}^x(1+x)^4$；

(3) $x\mathrm{d}y+y^2\sin x\mathrm{d}x=0$；　　(4) $\mathrm{d}y=\frac{\mathrm{d}x}{x+y^2}$；

(5) $\frac{\mathrm{d}y}{\mathrm{d}x}=\frac{y^2}{xy-x^2}$；　　(6) $(x^2+1)y'+2xy=\cos x$.

3. 求下列微分方程的通解：

(1) $y'=e^{x+y}$；　　(2) $x\sqrt{1+y^2}+yy'\sqrt{1+x^2}=0$；

(3) $xy'-y-\dfrac{x}{\ln x}=0$；　　(4) $y'+y\cos x=\dfrac{1}{2}\sin 2x$；

(5) $y'+2y=1$；　　(6) $(x^2+1)y'+2xy-\cos x=0$；

(7) $xy'-y\ln y=0$；　　(8) $x^2\mathrm{d}y+(2xy-x^2)\mathrm{d}x=0$.

4. 求下列方程满足所给初值条件的特解：

(1) $y'\sin x=y\ln y$，$y\big|_{x=\frac{\pi}{2}}=e$；

(2) $y'=e^{2x-y}$，$y\big|_{x=0}=0$；

(3) $y'-\dfrac{2y}{x}=x^2e^x$，$y\big|_{x=1}=0$；

(4) $(x-2)\dfrac{\mathrm{d}y}{\mathrm{d}x}=y+2(x-2)^3$，$y\big|_{x=1}=0$；

(5) $\dfrac{\mathrm{d}y}{\mathrm{d}x}-y\tan x=\sec x$，$y\big|_{x=0}=0$.

8.3　可降阶的二阶微分方程

二阶及二阶以上的微分方程统称为高阶微分方程.高阶微分方程在工程技术上有着广泛的应用.如，力学中，在有阻力的情况下的自由振动和强迫振动时物体的运动规律；在电学中，串联电路等问题的分析中，都常用到二阶微分方程.因此，讨论高阶微分方程的解法很有必要，但高阶微分方程的求解，要比一阶微分方程复杂，能够求解出的类型也不多.本节主要讨论可降阶的二阶微分方程的解法.

视频 101

8.3.1　$y''=f(x)$型的方程

形如

$$y''=f(x)$$

的方程是最简单的二阶微分方程，其解可通过两次积分求得.

例 8.11　求方程 $y''=x\sin x$ 的通解.

解　对方程两边积分，有

$$\begin{aligned} y' &= \int x\sin x\,\mathrm{d}x=-\int x\,\mathrm{d}\cos x \\ &= -x\cos x+\int \cos x\,\mathrm{d}x \\ &= -x\cos x+\sin x+c_1. \end{aligned}$$

上式再求积分，有

$$y=\int(-x\cos x+\sin x+c_1)\mathrm{d}x=-\cos x+c_1x-\int x\mathrm{d}\sin x$$

$$=-\cos x+c_1x-x\sin x+\int\sin x\mathrm{d}x$$

$$=-x\sin x-2\cos x+c_1x+c_2,$$

即方程 $y''=x\sin x$ 的通解为

$$y=-x\sin x-2\cos x+c_1x+c_2.$$

这种形式的方程可推广为 n 阶的形式的方程

$$y^{(n)}=f(x).$$

这种形式的方程可以通过求 n 次积分的方法来求解.

8.3.2 $y''=f(x,y')$ 型的方程

形如

$$y''=f(x,y') \tag{8-18}$$

的方程，具有在方程中不显含有因变量 y 的特点，可按如下步骤进行求解：

(1) 设 $y'=p$，则将 $y''=\dfrac{\mathrm{d}p}{\mathrm{d}x}=p'$ 代入方程式(8-18)，方程可化为

$$p'=f(x,p) \tag{8-19}$$

这是一个关于自变量 x 和未知函数 $p(x)$ 的一阶微分方程.

(2) 试用上节所述的方法(一阶微分方程的解法)求解方程式(8-19)，可求得 $p=p(x)$.

(3) 由于 $p=p(x)$ 就是 $y'=p(x)$，所以，通过积分就可以求出 y 的表达式，即求得方程式(8-18)的解.

例 8.12 求微分方程 $y''=\dfrac{1}{x}y'+x\mathrm{e}^x$ 的通解.

解 令 $y'=p$，则 $y''=p'$.

于是方程可化为

$$p'=\frac{1}{x}p+x\mathrm{e}^x,\text{即 } p'-\frac{1}{x}p=x\mathrm{e}^x.$$

这方程是个一阶线性微分方程，由一阶线性微分方程通解公式，得

$$p=\mathrm{e}^{-\int(-\frac{1}{x})\mathrm{d}x}\left[\int x\mathrm{e}^x\cdot\mathrm{e}^{\int(-\frac{1}{x})\mathrm{d}x}\mathrm{d}x+c_1\right]=x(\mathrm{e}^x+c_1),$$

所以有

$$y'=p=x(\mathrm{e}^x+c_1).$$

对上式再积分，就得方程 $y''=\dfrac{1}{x}y'+x\mathrm{e}^x$ 的通解为

$$y=\int x(\mathrm{e}^x+c_1)\mathrm{d}x=(x-1)\mathrm{e}^x+\frac{c_1}{2}x^2+c_2.$$

例 8.13　求微分方程 $y''(x^2+1)=2xy'$ 的通解，并求满足初值条件 $y\Big|_{x=0}=1$，$y'\Big|_{x=0}=3$ 的特解.

解　令 $y'=p$，则 $y''=p'$，代入原方程，得

$$p'(x^2+1)=2xp,$$

变形可化为

$$\frac{\mathrm{d}p}{p}=\frac{2x}{1+x^2}\mathrm{d}x.$$

这是可分离变量的方程，由变量分离法得 p 关于 x 的通解为

$$y'=p=c_1(1+x^2).$$

将初值条件 $y'\Big|_{x=0}=3$ 代入，可得 $c_1=3$.

再积分，得

$$y=\int c_1(1+x^2)\mathrm{d}x=c_1x+\frac{1}{3}c_1x^3+c_2.$$

再将初值条件 $y\Big|_{x=0}=1$ 及 $c_1=3$ 代入上式，可得　$c_2=1$.

所以，满足初值条件 $y\Big|_{x=0}=1$，$y'\Big|_{x=0}=3$ 的特解为

$$y=3x+x^3+1.$$

8.3.3　$y''=f(y,y')$ 型的方程

形如

$$y''=f(y,y') \tag{8-20}$$

的方程，具有在方程中不显含有自变量 x 的特点，可按如下步骤进行求解：

(1) 设 $y'=p$，由复合函数求导法则，知

$$y''=\frac{\mathrm{d}p}{\mathrm{d}x}=\frac{\mathrm{d}p}{\mathrm{d}y}\cdot\frac{\mathrm{d}y}{\mathrm{d}x}=p\frac{\mathrm{d}p}{\mathrm{d}y},$$

于是，方程式(8-20)就变化为一个关于 y 及 $p=p(y)$ 的一阶微分方程

$$p\frac{\mathrm{d}p}{\mathrm{d}y}=f(y,p). \tag{8-21}$$

(2) 用 8.2 节学习的求一阶微分方程解的方法，求出 $p=p(y)$. 设求出的表达式为 $p=p(y)$，即 $\frac{\mathrm{d}y}{\mathrm{d}x}=p(y)$，这是个可分离变量的微分方程.

(3) 由分离变量法求解方程 $\frac{\mathrm{d}y}{\mathrm{d}x}=p(y)$ 得出 $y=y(x)$ 的表达式，即求得方程式(8-20)的解.

例 8.14 求方程 $yy''-(y')^2=0$ 满足初值条件 $y\Big|_{x=0}=1,\ y'\Big|_{x=0}=2$ 的特解.

解 可以看出,方程 $yy''-(y')^2=0$ 是不显含有自变量 x 的方程,令 $y'=p$,则有 $y''=p\dfrac{\mathrm{d}p}{\mathrm{d}y}$.

于是,方程可化为

$$yp\frac{\mathrm{d}p}{\mathrm{d}y}-p^2=0,\quad 即\quad p\left(y\frac{\mathrm{d}p}{\mathrm{d}y}-p\right)=0.$$

当 $y\neq0,p\neq0$ 时,方程可变化为

$$\frac{\mathrm{d}p}{p}=\frac{\mathrm{d}y}{y},$$

积分可得

$$p=c_1y,即\ y'=c_1y,$$

再分离变量:
$$\frac{\mathrm{d}y}{y}=c_1\mathrm{d}x,$$

再积分后得

$$y=c_2\mathrm{e}^{c_1x}.$$

而当 $p=0$,即 $y'=0$ 就有 $y=c$,它是函数 $y=c_2\mathrm{e}^{c_1x}$ 取 $c_1=0$ 的情形;

而当 $y=0$ 时,它是函数 $y=c_2\mathrm{e}^{c_1x}$ 取 $c_2=0$ 的情形.

所以,上面的 $y=c_2\mathrm{e}^{c_1x}$ 就是方程 $yy''-(y')^2=0$ 的通解.

由初值条件 $y\Big|_{x=0}=1,y'\Big|_{x=0}=2$ 得 $c_1=2,\ c_2=1.$

因此可得

$$y=\mathrm{e}^{2x}$$

就是所给方程满足初值条件 $y\Big|_{x=0}=1,\ y'\Big|_{x=0}=2$ 的特解.

习题 8-3

习题 8-3 答案

1. 求下列各微分方程的通解:

(1) $y''=x+\sin x$;　　(2) $y''=x\mathrm{e}^x$;

(3) $y''=y'+x$;　　(4) $y''=1+(y')^2$;

(5) $yy''-(y')^2-y'=0$;　　(6) $xy''+y'=0$.

2. 求下列各微分方程满足所给初始条件的特解:

(1) $y''+1=0,\quad y\Big|_{x=1}=1,\quad y'\Big|_{x=1}=0$;

(2) $y''=\mathrm{e}^{2x},\quad y\Big|_{x=0}=0,\quad y'\Big|_{x=0}=0$;

(3) $y''=\frac{3}{2}y^2$，　$y\Big|_{x=3}=1$，　$y'\Big|_{x=3}=1$；

(4) $(1-x^2)y''-xy'=3$，　$y\Big|_{x=0}=0$，　$y'\Big|_{x=0}=0$.

3. 试求 $y''=x$ 的经过点 $M(0,1)$ 且在此点与直线 $y=\frac{x}{2}+1$ 相切的积分曲线方程.

8.4　二阶线性微分方程解的结构

线性微分方程在自然科学、工程计算中有广泛的应用.因此,讨论线性微分方程的解法有着重要的意义,而分析线性微分方程解的结构,对讨论线性微分方程的解起着关键作用.

视频 102

8.4.1　二阶线性微分方程的概念

具有形如

$$y''+P(x)y'+Q(x)y=f(x) \tag{8-22}$$

的方程,称为二阶线性微分方程,其中,$P(x)$,$Q(x)$,$f(x)$各是 x 的表达式.

如果　$f(x)\equiv 0$,方程式(8-22)变化为

$$y''+P(x)y'+Q(x)y=0, \tag{8-23}$$

称方程式(8-23)为二阶齐次线性微分方程.

而当 $f(x)\neq 0$ 时,方程式(8-22)又称为二阶非齐次线性微分方程,并称方程式(8-23)为方程式(8-22)对应的齐次线性微分方程.

特别地,如果在方程式(8-22)中,系数 $P(x)$,$Q(x)$分别为常数 p,q 时,方程变化为

$$y''+py'+qy=f(x), \tag{8-24}$$

称方程式(8-24)为二阶常系数线性微分方程

类似地,如果 $f(x)\equiv 0$,称方程

$$y''+py'+qy=0 \tag{8-25}$$

为二阶常系数齐次线性微分方程.

如果 $f(x)\neq 0$,方程式(8-24)又称为二阶常系数非齐次线性微分方程,并称方程式(8-25)为方程式(8-24)对应的常系数齐次线性微分方程.

8.4.2　二阶齐次线性微分方程解的性质与解的结构

定理 8.1　设函数 $y_1(x)$,$y_2(x)$都是二阶齐次线性微分方程式(8-23)的解,则

$$y=c_1y_1(x)+c_2y_2(x)$$

也是方程式(8-23)的解(其中 c_1 和 c_2 是任意常数).

证明 设函数 $y_1(x)$，$y_2(x)$都是二阶齐次线性微分方程(8-23)的解，就有

$$y_1''+P(x)y_1'+Q(x)y_1=0 \text{ 及 } y_2''+P(x)y_2'+Q(x)y_2=0.$$

将 $y=c_1y_1(x)+c_2y_2(x)$代入方程式(8-23)的左端，得

$$\begin{aligned}\text{左边}&=(c_1y_1+c_2y_2)''+P(x)(c_1y_1+c_2y_2)'+Q(x)(c_1y_1+c_2y_2)\\&=c_1[y_1''+P(x)y_1'+Q(x)y_1]+c_2[y_2''+P(x)y_2'+Q(x)y_2]\\&=c_1\cdot 0+c_2\cdot 0=0=\text{右边},\end{aligned}$$

所以，$y=c_1y_1(x)+c_2y_2(x)$是方程式(8-23)的解.

例 8.15 验证 $c_1\mathrm{e}^{-x}+c_2\mathrm{e}^{2x}$及$c_1\mathrm{e}^{-x}+c_2\mathrm{e}^{1-x}$是方程 $y''-y'-2y=0$ 的解，并说明哪个是方程的通解，哪个不是通解.

证明 设 $y_1=\mathrm{e}^{-x}$，$y_2=\mathrm{e}^{2x}$，$y_3=\mathrm{e}^{1-x}$.

把 $y_1=\mathrm{e}^{-x}$代入方程 $y''-y'-2y=0$，有

$$\begin{aligned}\text{左边}&=(\mathrm{e}^{-x})''-(\mathrm{e}^{-x})'-2\mathrm{e}^{-x}\\&=\mathrm{e}^{-x}+\mathrm{e}^{-x}-2\mathrm{e}^{-x}=0=\text{右边},\end{aligned}$$

所以，$y_1=\mathrm{e}^{-x}$是方程 $y''-y'-2y=0$ 的解.

同理，把 $y_2=\mathrm{e}^{2x}$代入方程 $y''-y'-2y=0$，有

$$\begin{aligned}\text{左边}&=(\mathrm{e}^{2x})''-(\mathrm{e}^{2x})'-2\mathrm{e}^{2x}\\&=4\mathrm{e}^{2x}-2\mathrm{e}^{2x}-2\mathrm{e}^{-x}=0=\text{右边},\end{aligned}$$

所以，$y_1=\mathrm{e}^{2x}$是方程 $y''-y'-2y=0$ 的解.

把 $y_3=\mathrm{e}^{1-x}$代入方程 $y''-y'-2y=0$，有

$$\begin{aligned}\text{左边}&=(\mathrm{e}^{1-x})''-(\mathrm{e}^{1-x})'-2\mathrm{e}^{1-x}\\&=\mathrm{e}^{1-x}+\mathrm{e}^{1-x}-2\mathrm{e}^{1-x}=0=\text{右边},\end{aligned}$$

所以，$y_3=\mathrm{e}^{1-x}$也是方程 $y''-y'-2y=0$ 的解.

由定理 8.1 可得

$$c_1\mathrm{e}^{-x}+c_2\mathrm{e}^{2x}\text{和}c_1\mathrm{e}^{-x}+c_2\mathrm{e}^{1-x}\text{均是方程 }y''-y'-2y=0\text{ 的解.}$$

又因为在 $c_1\mathrm{e}^{-x}+c_2\mathrm{e}^{2x}$中，含有两个任意常数 c_1，c_2 与方程的阶数是相等的，且 c_1，c_2 不可能合并为 一个任意常数，即 c_1，c_2 是相互独立的.

因此，$c_1\mathrm{e}^{-x}+c_2\mathrm{e}^{2x}$是方程 $y''-y'-2y=0$ 的通解.

而 $c_1\mathrm{e}^{-x}+c_2\mathrm{e}^{1-x}=(c_1+c_2\mathrm{e})\mathrm{e}^{-x}=c\mathrm{e}^{-x}=cy_1$(其中，$c=c_1+c_2\mathrm{e}$)，说明该解中实质上只含有一个任意常数，所以，$c_1\mathrm{e}^{-x}+c_2\mathrm{e}^{1-x}$只是方程 $y''-y'-2y=0$ 的解，而不是方程的通解.

上例说明：并不是具有了形如 $c_1y_1+c_2y_2$ 的解，都是方程式(8-23)的通解. 还可以看出：

当$\dfrac{y_1}{y_2}=\dfrac{\mathrm{e}^{-x}}{\mathrm{e}^{2x}}=\mathrm{e}^{-3x}\neq$常数(称具有$\dfrac{y_1}{y_2}\neq$常数的函数 y_1，y_2 是线性无关的)时，$c_1\mathrm{e}^{-x}+c_2\mathrm{e}^{2x}$则是方程 $y''-y'-2y=0$ 的通解；

而当$\dfrac{y_1}{y_2}=\dfrac{\mathrm{e}^{-x}}{\mathrm{e}^{1-x}}=\mathrm{e}^{-1}\equiv$常数(称具有$\dfrac{y_1}{y_2}\equiv$常数的函数 y_1，y_2 是线性相关的)时，$c_1\mathrm{e}^{-x}+$

c_2e^{1-x}则不是方程 $y''-y'-2y=0$ 的通解.

由上述分析,可得如下定理:

定理 8.2 (二阶齐次线性微分方程通解的结构定理)设函数 $y_1(x)$,$y_2(x)$是二阶齐次线性微分方程式(8-23),即 $y''+P(x)y'+Q(x)y=0$ 的两个线性无关的特解,则方程式(8-23)的通解为

$$y=c_1y_1(x)+c_2y_2(x),$$

其中 c_1 和 c_2 是任意常数.

8.4.3 二阶非齐次线性微分方程解的结构

在前面的第二节里,一阶非齐次线性微分方程的解为该方程对应的齐次线性方程的通解与该方程的一个特解的和,即具有式(8-17)的结构.对于二阶非齐次线性微分方程式(8-22)的通解也具有类似的结构.

定理 8.3 设 y^* 是二阶非齐次线性微分方程

$$y''+P(x)y'+Q(x)y=f(x)$$

的一个特解,$\bar{y}$ 是其对应的齐次线性微分方程

$$y''+P(x)y'+Q(x)y=0$$

的通解,则

$$y=\bar{y}+y^*$$

是方程 $y''+P(x)y'+Q(x)y=f(x)$的通解.

证明 设 y^* 是方程 $y''+P(x)y'+Q(x)y=f(x)$的一个特解,$\bar{y}$ 是其对应的齐次方程的通解,则有

$$(y^*)''+P(x)(y^*)'+Q(x)y^*=f(x),$$

$$(\bar{y})''+P(x)(\bar{y})'+Q(x)\bar{y}=0.$$

将 $\bar{y}+y^*$ 代入方程 $y''+P(x)y'+Q(x)y=f(x)$,有

$$\begin{aligned}左边&=(\bar{y}+y^*)''+P(x)(\bar{y}+y^*)'+Q(x)(\bar{y}+y^*)\\&=[(\bar{y})''+P(x)(\bar{y})'+Q(x)\bar{y}]+[(y^*)''+P(x)(y^*)'+Q(x)y^*]\\&=0+f(x)=右边,\end{aligned}$$

故 $y=\bar{y}+y^*$ 是方程 $y''+P(x)y'+Q(x)y=f(x)$的解.

又因为 $\bar{y}$ 是方程 $y''+P(x)y'+Q(x)y=0$ 的通解,故其中必含有两个相互独立的任意常数,因此,在 $y=\bar{y}+y^*$ 中也必含有两个相互独立的任意常数.所以,$y=\bar{y}+y^*$ 就是二阶非齐次线性微分方程 $y''+P(x)y'+Q(x)y=f(x)$的通解.

例 8.16 验证 $y=c_1\cos2x+c_2\sin2x+x\left(\frac{1}{2}\sin2x-\cos2x\right)$是方程 $y''+4y=2\cos2x+4\sin2x$ 的通解.

证明 设 $\bar{y}=c_1\cos2x+c_2\sin2x$,则

$$(\bar{y})'=-2c_1\sin2x+2c_2\cos2x,\quad (\bar{y})''=-4c_1\cos2x-4c_2\sin2x,$$

所以有$(\bar{y})''+4\bar{y}=0$，即得 $\bar{y}=c_1\cos2x+c_2\sin2x$ 是方程 $y'+4y=0$ 的解.

又由于在 $\bar{y}$ 中含有 c_1,c_2 这两个相互独立的任意常数，所以，

$\bar{y}=c_1\cos2x+c_2\sin2x$是方程 $y''+4y=0$ 的通解.

再设 $y^*=x\left(\frac{1}{2}\sin2x-\cos2x\right)$，则

$$(y^*)'=\frac{1}{2}\sin2x-\cos2x+x(\cos2x+2\sin2x),$$

$$\begin{aligned}(y^*)''&=\cos2x+2\sin2x+(\cos2x+2\sin2x)+x(-2\sin2x+4\cos2x)\\&=2(\cos2x+2\sin2x)+x(-2\sin2x+4\cos2x).\end{aligned}$$

将 y^*、$(y^*)''$代入原方程，则有

$$\begin{aligned}左边&=(y^*)''+4y^*\\&=2(\cos2x+2\sin2x)+x(-2\sin2x+4\cos2x)+4x\left(\frac{1}{2}\sin2x-\cos2x\right)\\&=2(\cos2x+4\sin2x)=右边,\end{aligned}$$

即 $y^*=x\left(\frac{1}{2}\sin2x-\cos2x\right)$是方程

$y''+4y=2\cos2x+4\sin2x$ 的一个特解. 由二阶非齐次线性方程解的结构定理得

$$y=\bar{y}+y^*,$$

即 $y=c_1\cos2x+c_2\sin2x+x\left(\frac{1}{2}\sin2x-\cos2x\right)$是方程

$y''+4y=2\cos2x+4\sin2x$ 的通解.

定理 8.3 说明方程 $y''+P(x)y'+Q(x)y=f(x)$的通解是由它的一个特解 y^* 及与它对应的齐次方程 $y''+P(x)y'+Q(x)y=0$ 的通解 $\bar{y}$ 的和构成，因此，求一个二阶非齐次线性微分方程的通解，只要求得它的一个特解和与它对应的齐次线性微分方程的通解即可.

习题 8-4

习题 8-4 答案

1. 下列函数组在其定义区间内哪些是线性无关的？

(1) $x,\ x^2$；　(2) $x, 2x$；

(3) $e^{2x}, 3e^{2x}$；　(4) e^{-x}, e^x；

(5) $\cos2x, \sin2x$；　(6) e^{x^2}, xe^{x^2}；

(7) $\sin2x, \cos x\sin x$；　(8) $e^x\sin2x, e\cos2x$；

(9) $\ln x, x\ln x$；　(10) $e^{ax}, e^{bx}\quad(a\neq b)$，

2. 验证 $y_1=\cos\omega x$ 及 $y_2=\sin\omega x$ 都是方程 $y''+\omega^2y=0$ 的解，并写出该方程的通解.

3. 验证 $y_1=e^x$ 及 $y_2=xe^x$ 都是方程 $y''-2y'+y=0$ 的解，并写出该方程的通解.

4. 验证 $y=c_1e^x+c_2e^{2x}+\frac{1}{12}e^{5x}$($c_1,c_2$ 是任意常数)是方程 $y''-3y'+2y=e^{5x}$的通解.

5. 验证 $y=c_1\cos3x+c_2\sin3x+\frac{1}{32}(4x\cos x+\sin x)$($c_1$、$c_2$ 是任意常数)是方程$y''+9y=x\cos x$ 的通解.

8.5　二阶常系数齐次线性微分方程

二阶齐次线性微分方程解结构表明，求二阶齐次线性微分方程 $y''+P(x)y'+Q(x)y=0$ 的通解，就是要找到它的两个线性无关的解 y_1,y_2. 即便是这样，对一般的二阶齐次线性微分方程 $y''+P(x)y'+Q(x)y=0$，这样的 y_1,y_2 也是不容易求出的.

视频 103

这里仅讨论二阶常系数齐次线性微分方程 $y''+py'+qy=0$ 的求解方法.

对于求二阶常系数齐次线性微分方程式(8-25)即 $y''+py'+qy=0$ 的通解，同样要找到它的两个线性无关的解 y_1,y_2，如何求得这样的两个解呢？

由于指数函数 $y=e^{rx}$（r 为常数）的各阶导数均是 e^{rx} 与一个常数的乘积，而方程式(8-25)的特征是系数为常数，由此可知方程式(8-25)就具有形为 $y=e^{rx}$ 的特解，其中 r 是待定常数，只要求出 r，就能得到方程式(8-25)的一个特解.

为求出 r，将 $y=e^{rx}$ 代入方程式(8-25)即 $y''+py'+qy=0$，有

$$(e^{rx})''+p(e^{rx})'+qe^{rx}=0, \quad 即 \quad e^{rx}(r^2+pr+q)=0.$$

由于 $e^{rx}\neq 0$，故得

$$r^2+pr+q=0. \tag{8-26}$$

可见，只要 r 是一元二次方程式(8-26)的根，则 $y=e^{rx}$ 就是微分方程式(8-25)的解.

所以，求微分方程式(8-25)的解，就成为了求一元二次方程式(8-26)的根. 为此，称一元二次方程式(8-26)为微分方程式(8-25)的特征方程，特征方程 $r^2+pr+q=0$ 的根称为微分方程式(8-25)的特征根.

特征方程 $r^2+pr+q=0$ 的根（特征根）有三种情形，下面对特征根的三种情形分别讨论.

1. 特征方程 $r^2+pr+q=0$ 有两个不相等的实根.

特征方程 $r^2+pr+q=0$，当 $p^2-4q>0$ 时，有两个不相等的实根，设为 r_1,r_2 $(r_1\neq r_2)$，此时微分方程式(8-25)有解 $y_1=e^{r_1x}$ 和 $y_2=e^{r_2x}$.

由于 $\dfrac{y_1}{y_2}=e^{(r_1-r_2)x}\neq$ 常数，所以，y_1,y_2 是方程式(8-25)的两个线性无关的解，则微分方程式(8-25)的通解为

$$y=c_1e^{r_1x}+c_2e^{r_2x} \quad （其中 c_1,c_2 是任意常数）.$$

例 8.17　求方程 $y''-3y'-10y=0$ 的通解.

解　特征方程为

$$r^2-3r-10=0，即 (r-5)(r+2)=0,$$

得特征根：

$$r_1=-2,\ r_2=5,$$

所以，微分方程的通解为

$$y=c_1e^{-2x}+c_2e^{5x} \quad （其中 c_1,c_2 是任意常数）.$$

2. 特征方程 $r^2+pr+q=0$ 有两个相等的实根（重根）.

特征方程 $r^2+pr+q=0$，当 $p^2-4q=0$ 时，有两个相等的实根，并有 $r_1=r_2=-\dfrac{p}{2}$.

此时,微分方程式(8-25)只能得到一个特解 $y_1=e^{r_1x}$,要求出方程式(8-25)的通解,还需要找出一个与 $y_1=e^{r_1x}$ 线性无关的另一个特解(即满足$\frac{y_2}{y_1}\neq$常数)y_2.

由于要找的 y_2 满足$\frac{y_2}{y_1}\neq$常数(既然不等于常数,就等于一个函数,可设为 $u(x)$),因此有$\frac{y_2}{y_1}=u(x)$,$y_2=u(x)y_1=u(x)e^{r_1x}$是方程式(8-25)的另一个特解,求得

$$y_2'=u'(x)e^{r_1x}+r_1u(x)e^{r_1x}=[u'(x)+r_1u(x)]e^{r_1x},$$

$$\begin{aligned}y_2''&=[u'(x)+r_1u(x)]'e^{r_1x}+r_1[u'(x)+r_1u(x)]e^{r_1x}\\&=[u''(x)+2r_1u'(x)+r_1^2u(x)]e^{r_1x}.\end{aligned}$$

将 $y_2=u(x)e^{r_1x}$,y_2',y_2'' 代入微分方程式(8-25),得

$$[u''(x)+2r_1u'(x)+r_1^2u(x)]e^{r_1x}+p[u'(x)+r_1u(x)]e^{r_1x}+qu(x)e^{r_1x}=0,$$

整理得

$$u''(x)+(2r_1+p)u'(x)+(r_1^2+pr_1+q)u(x)=0. \tag{8-27}$$

因为 r_1 是特征方程 $r^2+pr+q=0$ 的重根,所以有 $r_1^2+pr_1+q=0$.

又由于 r_1 是特征方程 $r^2+pr+q=0$ 的重根,所以有 $r_1=-\frac{p}{2}$,即 $2r_1+p=0$.

于是式(8-27)就是 $u''(x)=0$.

这里表明,找到一个满足 $u''(x)=0$ 的条件的 $u(x)$即可求到一个 y_2,显然,只要取 $u(x)=x$,所得 $y_2=u(x)e^{r_1x}=xe^{r_1x}$就是方程式(8-25)的与 $y_1=e^{r_1x}$线性无关的另一个特解.

因此,当特征根 $r_1=r_2$ 时,微分方程式(8-25)的通解为

$$y=c_1e^{r_1x}+c_2xe^{r_1x}=(c_1+c_2x)e^{r_1x}\text{(其中 }c_1,c_2\text{ 是任意常数)}.$$

例 8.18 求方程$\frac{d^2y}{dx^2}-4\frac{dy}{dx}+4y=0$ 的通解.

解 因特征方程为

$$r^2-4r+4=0,\text{即}(r-2)^2=0,$$

得特征根为

$$r_1=r_2=r=2.$$

所以,方程的通解为

$$y=(c_1+c_2x)e^{2x}\text{(其中 }c_1,c_2\text{ 是任意常数)}.$$

3. 特征方程 $r^2+pr+q=0$ 是一对共轭的复数根.

特征方程 $r^2+pr+q=0$,当 $p^2-rq<0$ 时,有一对共轭的复数根,设为

$$r_1=\alpha+\beta i,r_2=\alpha-\beta i,$$

这时,微分方程式(8-25)有两个复数特解 $\bar{y}_1=e^{(\alpha+\beta i)x}$和$\bar{y}_2=e^{(\alpha-\beta i)x}$.

虽然$\frac{\bar{y}_1}{\bar{y}_2}\neq$常数,但在实数范围内讨论和使用时不方便,为了便于在实数范围内解决问题,需要在实数范围内找到方程式(8-25)的两个线性无关的特解.

由欧拉公式

$$e^{i\theta}=\cos\theta+i\sin\theta$$

可得

$$\bar{y}_1=e^{\alpha x}\cdot\beta^{i\beta x}=e^{\alpha x}(\cos\beta x+i\sin\beta x),$$
$$\bar{y}_2=e^{\alpha x}\cdot e^{-i\beta x}=e^{\alpha x}(\cos\beta x-i\sin\beta x).$$

于是，就有

$$\frac{1}{2}\bar{y}_1+\frac{1}{2}\bar{y}_2=e^{\alpha x}\cos\beta x,\text{令 } y_1=e^{\alpha x}\cos\beta x,$$
$$\frac{1}{2i}\bar{y}_1-\frac{1}{2i}\bar{y}_2=e^{\alpha x}\sin\beta x,\text{令 } y_2=e^{\alpha x}\sin\beta x.$$

由定理 8.1 可知，$y_1=e^{\alpha x}\cos\beta x$ 及 $y_2=e^{\alpha x}\sin\beta x$ 均为方程式(8-25)的解，且它们的比不等于常数，即 y_1,y_2 是方程式(8-25)的两个线性无关的解，因此，方程式(8-25)的通解就为

$$y=e^{\alpha x}(c_1\cos\beta x+c_2\sin\beta x)\quad(\text{其中 } c_1,c_2 \text{ 是任意常数}).$$

例 8.19　求方程 $y''-4y'+13y=0$ 的通解.

解　因特征方程为

$$r^2-4r+13=0,$$

可得它的根是一对共轭的复数根：

$$r_{1,2}=2\pm 3i.$$

所以，方程的通解为

$$y=e^{2x}(c_1\cos 3x+c_2\sin 3x)\quad(\text{其中 } c_1,c_2 \text{ 是任意常数}).$$

综上所述，求二阶常系数齐次线性微分方程 $y''+py'+qy=0$ 的通解，步骤可归纳如下：

(1) 写出对应的特征方程：$r^2+pr+q=0$；

(2) 求出特征根 r_1 和 r_2；

(3) 根据 r_1 和 r_2 的三种不同情形，按表 8-1 写出对应的通解.

表 8-1

特征方程 $r^2+pr+q=0$ 的两个根 r_1 和 r_2	微分方程 $y''+py'+qy=0$ 的通解
两个不相等的实根　$r_1\neq r_2$	$y=c_1e^{r_1x}+c_2e^{r_2x}$
两个相等的实根　$r_1=r_2$	$y=c_1e^{r_1x}+c_2xe^{r_1x}=(c_1+c_2x)e^{r_1x}$
一对共轭的复数根　$r_{1,2}=\alpha\pm\beta i$	$y=e^{\alpha x}(c_1\cos\beta x+c_2\sin\beta x)$

习题 8-5

习题 8-5 答案

1. 单项选择题

(1) 下列函数中，是方程 $y''+y=0$ 的特解的是(　　).

A. $y=e^x$　　B. $y=\sin x$　　C. $y=\sin 2x$　　D. $y=e^x+e^{-x}$

(2) 函数 $y=\cos x$ 是方程(　　)的解.

A. $y''+y=0$　　B. $y''+2y=0$

C. $y'+y=0$　　D. $y''+y=\cos x$

(3) 方程 $\frac{d^2y}{dx^2}+\left(\frac{dy}{dx}\right)^2+xy=5$ 是(　　).

A. 线性方程　　B. 齐次方程　　C. 常系数方程　　D. 二阶方程

(4) 方程 $y''-3y'-4y=0$ 通解为 $y=$(　　).

A. $c_1\mathrm{e}^{x}+c_2\mathrm{e}^{-4x}$　　B. $c_1\mathrm{e}^{-x}+c_2\mathrm{e}^{4x}$

C. $c_1\mathrm{e}^{x}+c_2\mathrm{e}^{4x}$　　D. $c_1\mathrm{e}^{-x}+c_2\mathrm{e}^{-4x}$

2. 求下列微分方程的通解:

(1) $4y''+4y'+y=0$;　　(2) $y''-5y'=0$;

(3) $y''-10y'-11y=0$;　　(4) $y''+y=0$;

(5) $y''+2y'+5y=0$;　　(6) $\frac{\mathrm{d}^2 s}{\mathrm{d}t^2}+\omega^2 s=0$.

3. 求下列微分方程满足所给初始条件的特解:

(1) $y''-3y'-4y=0$,　　$y(0)=0$, $y'(0)=-5$;

(2) $y''+4y'+29y=0$,　　$y\big|_{x=0}=0$, $y'\big|_{x=0}=15$;

(3) $y''-4y'+3y=0$,　　$y\big|_{x=0}=6$, $y'\big|_{x=0}=10$;

(4) $y''-12y'+36y=0$,　　$y\big|_{x=0}=1$, $y'\big|_{x=0}=0$.

8.6　二阶常系数非齐次线性微分方程

在 8.4 节中,我们讨论了二阶非齐次线性微分方程解的结构,由定理 8.3 可知,求二阶常系数非齐次线性微分方程 $y''+py'+qy=f(x)$ 的通解,就只要求出它的一个特解 y^* 及其对应的齐次线性微分方程 $y''+py'+qy=0$ 的通解 $\bar{y}$ 即可.

在 8.5 节,我们已经解决了方程 $y''+py'+qy=0$ 通解 $\bar{y}$ 的求解问题,因此要求解方程 $y''+py'+qy=f(x)$,只要再求出该方程的一个特解 y^* 即可.

事实上,方程 $y''+py'+qy=f(x)$ 的解,与方程右端的 $f(x)$ 关系非常密切,$f(x)$ 的类型不同就有不同形式的特解.下面仅讨论 $f(x)$ 为一些特殊类型函数时的方程的求解方法.

8.6.1　$f(x)=\mathrm{e}^{\lambda x}P_n(x)$ 型

设方程式(8-24)的右边 $f(x)=\mathrm{e}^{\lambda x}P_n(x)$,其中,$\lambda$ 是常数,$P_n(x)$ 是个已知的 x 的 n 次多项式

$$P_n(x)=a_0x^n+a_1x^{n-1}+\cdots+a_{n-1}x+a_n,$$

这时,方程式(8-24)变为

视频 104

$$y''+py'+qy=\mathrm{e}^{\lambda x}P_n(x). \tag{8-28}$$

由于方程式(8-28)右端是一个 n 次多项式与指数函数的乘积,而多项式与指数函数相乘求导数仍是多项式与指数函数的乘积(求导数之后函数的类型不会改变),由此可见,方程式(8-28)具有多项式与指数函数相乘这样类型的特解.

可设方程式(8-28)的一个特解为

$$y^* = Q_m(x)e^{\lambda x},$$

其中，$Q_m(x)$是个系数待定的 m 次多项式. 则

$$(y^*)' = Q'_m(x)e^{\lambda x} + \lambda Q_m(x)e^{\lambda x},$$

$$(y^*)'' = Q''_m(x)e^{\lambda}x + 2\lambda Q'_m(x)e^{\lambda x} + \lambda^2 Q_m(x)e^{\lambda x}.$$

将 y^*、$(y^*)'$、$(y^*)''$代入方程式(8-28)中，并整理得

$$Q''_m(x) + (2\lambda + p)Q'_m(x) + (\lambda^2 + p\lambda + q)Q_m(x) = P_n(x). \tag{8-29}$$

比较 λ 的值与方程式(8-28)的特征根 r 的关系，它们有以下三种情况.

(1) λ 不是特征根的值. 即 $\lambda \neq r$，此时有 $\lambda^2 + p\lambda + q \neq 0$，故方程式(8-29)左边的最高次幂项就是 $Q_m(x)$的最高次幂，为 m 次多项式，要使式(8-29)恒等，左边必须是个与右边 $P_n(x)$有相同次幂的多项式，即为一个 n 次多项式，所以应 $m=n$. 因此可设方程式(8-28)的一个特解为

$$y^* = Q_n(x)e^{\lambda x},$$

其中，$Q_n(x) = b_0x^n + b_1x^{n-1} + \cdots + b_{n-1}x + b_n$　($b_0, b_1, \cdots, b_{n-1}, b_n$ 是待定系数).

求出$(y^*)'$，$(y^*)''$，并将它们和 y^* 一起代入方程式(8-28)中，根据多项式相等的条件，比较等式两边 x 的同次幂的系数，即可求出 $b_0, b_1, \cdots, b_{n-1}, b_n$，从而得出方程式(8-28)的一个特解 y^*.

(2) λ 是方程式(8-28)单特征根的值. 即特征方程 $r^2 + pr + q = 0$ 有两个不相等的实根，且 λ 等于其中的一个值(即 $\lambda = r_1$ 或 $\lambda = r_2(r_1 \neq r_2)$)，则有

$$\lambda^2 + p\lambda + q = 0.$$

而 $2\lambda + p \neq 0$，这时，式(8-29)变成为

$$Q''_m(x) + (2\lambda + p)Q'_m(x) = P_n(x).$$

左边的最高次幂项就是 $Q'_m(x)$的最高次幂，要使等式恒等，$Q'_m(x)$必须与右边 $P_n(x)$有相同次幂，所以 $Q'_m(x)$必须是一个 n 次多项式，因此可设方程式(8-28)的一个特解为

$$y^* = xQ_n(x)e^{\lambda x}.$$

求出$(y^*)'$，$(y^*)''$，并将它们代入方程式(8-28)中，经过化简整理后，使用类似(1)中的方法求出 $Q_n(x)$中的待定系数，即可求得特解 y^*.

(3) λ 是方程式(8-28)重特征根的值. 即特征方程 $r^2 + pr + q = 0$ 的根是重根($r_1 = r_2$)，且 λ 等于特征根的值(即 $\lambda = r_1 = r_2$)，则有 $\lambda^2 + p\lambda + q = 0$ 且 $2\lambda + p = 0$，此时，方程式(8-28)成为

$$Q''_m(x) = P_n(x).$$

要使等式成立，$Q''_m(x)$必须与 $P_n(x)$有相同次幂，所以 $Q''_m(x)$必须是一个 n 次多项式，因此可设方程式(8-28)的一个特解为

$$y^* = x^2Q_n(x)e^{\lambda x}.$$

求出$(y^*)'$，$(y^*)''$并将它们代入方程式(8-28)中，经过化简整理后，使用类似前面的方法求出 $Q_n(x)$中的待定系数，即可求得特解 y^*.

综上所述，在求解二阶常系数线性微分方程 $y'' + py' + qy = e^{\lambda x}P_n(x)$的解时，可设一个特解为

$$y^* = x^kQ_n(x)e^{\lambda x},$$

其中，$Q_n(x)$与 $P_n(x)$都是 n 次多项式，k 按以下三种情况取值：

$$k=\begin{cases}0,\lambda \text{ 不是特征方程的根};\\1,\lambda \text{ 是特征方程的单根};\\2,\lambda \text{ 是特征方程的重根}.\end{cases}$$

特别地,在方程 $y''+py'+qy=e^{\lambda x}P_n(x)$ 中:

当 $\lambda=0$ 时,$f(x)=e^{\lambda x}P_n(x)$ 成为 $f(x)=P_n(x)$,此时可设特解为

$$y^*=x^kQ_n(x),$$

其中,$Q_n(x)$ 与 $P_n(x)$ 同是 n 次多项式,k 的取值仍按前面所述.

当 $P_n(x)$ 为常数 A 时,$f(x)=e^{\lambda x}P_n(x)$ 成为 $f(x)=Ae^{\lambda x}$,此时可设特解为

$$y^*=Bx^ke^{\lambda x},$$

其中,k 的取值仍按前面所述.

例 8.20 求方程 $9y''+6y'+y=7e^{2x}$ 的一个特解.

解 由特征方程

$$9r^2+6r+1=0,$$

可得特征根为 $r_1=r_2=-\dfrac{1}{3}$.

在方程的右边,有 e^{2x},可见这里的 $\lambda=2\neq r$,即 λ 不是特征根,所以可设方程的特解为

$$y^*=Be^{2x},$$

则

$$(y^*)'=2Be^{2x},(y^*)''=4Be^{2x}.$$

将 $(y^*)'=2Be^{2x}$,$(y^*)''=4Be^{2x}$ 及 $y^*=Be^{2x}$ 代入原方程,得

$$49B=7,$$

可解得 $B=\dfrac{1}{7}$,即可得原方程的一个特解为

$$y^*=\frac{1}{7}e^{2x}.$$

例 8.21 求方程 $y''-3y'+2y=xe^{2x}$ 的通解.

解 由特征方程

$$r^2-3r+2=0,$$

得特征根为 $r_1=1,r_2=2$.

故原方程对应的齐次方程的通解为

$$\bar{y}=c_1e^x+c_2e^{2x}.$$

因为在原微分方程中的 $f(x)=xe^{2x}$,$\lambda=2=r_2$,是特征根之一;$P_n(x)=x$,故可设特解为

$$y^*=x(b_0x+b_1)e^{2x}=(b_0x^2+b_1x)e^{2x},$$

$$(y^*)'=(2b_0x+b_1)e^{2x}+2(b_0x^2+b_1x)e^{2x}=[2b_0x^2+(2b_1+2b_0)x+b_1]e^{2x},$$

$$(y^*)''=[4b_0x+(2b_1+2b_0)]e^{2x}+2[2b_0x^2+(2b_1+2b_0)x+b_1]e^{2x}.$$

$$=[4b_0x^2+(8b_0+4b_1)x+(2b_0+4b_1)]e^{2x}.$$

将 $(y^*)'$、$(y^*)''$ 及 y^* 代入原方程,化简整理后约去 e^{2x},得

$$2b_0x+(2b_0+b_1)=x.$$

由多项式相等的条件，比较两边同次幂的系数，得

$$\begin{cases}2b_0=1,\\2b_0+b_1=0,\end{cases}$$

可解得 $b_0=\dfrac{1}{2}$，$b_1=-1$，故原方程的一个特解为

$$y^*=x\left(\frac{1}{2}x-1\right)e^{2x}.$$

所以，原方程的通解为

$$y=\bar{y}+y^*=c_1e^x+c_2e^{2x}+x\left(\frac{1}{2}x-1\right)e^{2x}.$$

例 8.22 求方程 $y''+4y=\dfrac{1}{2}x$ 满足 $y\Big|_{x=0}=0$，$y'\Big|_{x=0}=0$ 的解.

解 由特征方程

$$r^2+4=0,$$

得特征根为 $r_{1,2}=\pm 2i$.

故原方程对应的齐次方程的通解为

$$\bar{y}=c_1\cos 2x+c_2\sin 2x.$$

因为在原微分方程中的 $f(x)=\dfrac{1}{2}x$，可见 $\lambda=0$ 不是特征根，故可设特解为

$$y^*=ax+b,$$

可得 $(y^*)'=a$，$(y^*)''=0$.

将 $(y^*)'$、$(y^*)''$ 及 y^* 代入原方程，得

$$4(ax+b)=\frac{1}{2}x.$$

由待定系数法得

$$\begin{cases}4a=\dfrac{1}{2},\\4b=0,\end{cases}$$

解得 $a=\dfrac{1}{8}$，$b=0$.

所以 $y^*=\dfrac{1}{8}x$.

故原方程的通解为

$$y=\bar{y}+y^*=c_1\cos 2x+c_2\sin 2x+\frac{1}{8}x.$$

由 $y\Big|_{x=0}=0$，得 $c_1=0$；又由 $y'\Big|_{x=0}=0$，得 $c_2=-\dfrac{1}{16}$.

故原方程满足 $y\Big|_{x=0}=0$，$y'\Big|_{x=0}=0$ 的特解为

$$y=-\frac{1}{16}\sin 2x+\frac{1}{8}x.$$

视频 105

8.6.2 $f(x)=A\cos\omega x+B\sin\omega x$ 型

设方程式(8-24)的右边 $f(x)=A\cos\omega x+B\sin\omega x$，其中，$A,B,\omega$ 为实数. 这时，方程式(8-24)成为

$$y''+py'+qy=A\cos\omega x+B\sin\omega x. \tag{8-30}$$

由于三角函数具有一阶导数、二阶导数仍还是三角函数的特点，因此，方程式(8-30)的特解中，具有三角函数形式的特解.

可以证明，方程式(8-30)具有如下形式的特解：

$$y^*=x^k(a\cos\omega x+b\sin\omega x),$$

其中，a,b 为待定常数，k 是整数，具体取值按以下方法确定：

$$k=\begin{cases}0, & \omega \mathrm{i} \text{ 不是特征根 } r(\text{即 } \omega \mathrm{i}\neq r);\\ 1, & \omega \mathrm{i} \text{ 是特征根 } r(\text{即 } \omega \mathrm{i}=r_1 \text{ 或 } \omega \mathrm{i}=r_2).\end{cases}$$

例 8.23 求微分方程 $y''+3y'+2y=20\cos 2x$ 的通解.

解 因特征方程

$$r^2+3r+2=0, \text{即} (r_1+2)(r_2+1)=0$$

的根为 $r_1=-1$，$r_2=-2$，所以，原方程对应的齐次线性微分方程的通解为

$$\bar{y}=c_1\mathrm{e}^{-x}+c_2\mathrm{e}^{-2x}.$$

因为在原微分方程中的 $f(x)=20\cos 2x$，故 $\omega \mathrm{i}=2\mathrm{i}$ 不是特征方程的根，因此可设特解为

$$y^*=a\cos 2x+b\sin 2x,$$

有 $(y^*)'=-2a\sin 2x+2b\cos 2x$，$(y^*)''=-4a\cos 2x-4b\sin 2x$.

将 $(y^*)'$、$(y^*)''$ 及 y^* 代入原方程，并整理得

$$(-2a+6b)\cos 2x+(-2b-6a)\sin 2x=20\cos 2x.$$

比较两边同类项系数，得

$$\begin{cases}-2a+6b=20,\\ -2b-6a=0,\end{cases}$$

可求得 $a=-1,b=3$.

于是所求特解为 $y^*=-\cos 2x+3\sin 2x$.

故原方程的通解为 $y=\bar{y}+y^*=c_1\mathrm{e}^{-x}+c_2\mathrm{e}^{-2x}-\cos 2x+3\sin 3x$.

例 8.24 求微分方程 $y''+y=4\sin x$ 的通解.

解 因特征方程

$$r^2+1=0$$

的根为 $r_1=-\mathrm{i}$，$r_2=\mathrm{i}$，所以原方程对应的齐次线性微分方程的通解为

$$\bar{y}=c_1\cos x+c_2\sin x.$$

因为在原微分方程的右边，$f(x)=4\sin x$，是属于

$$f(x)=A\cos\omega x+B\sin\omega x$$

类型，其中，$\omega=1, A=0, B=4$，且 $\omega\mathrm{i}=\mathrm{i}$ 是特征方程的根，故可设特解为

$$y^*=x(a\cos x+b\sin x),$$

所以得 $(y^*)'=(a\cos x+b\sin x)+x(-a\sin x+b\cos x)$，

$$\begin{aligned}(y^*)''&=(-a\sin x+b\cos x)+(-a\sin x+b\cos x)+x(-a\cos x-b\sin x)\\&=-2a\sin x+2b\cos x-x(a\cos x+b\sin x).\end{aligned}$$

将 $(y^*)'$、$(y^*)''$ 及 y^* 代入原方程，并整理得

$$-2a\sin x+2b\cos x=4\sin x.$$

比较两边同类项的系数，有

$$\begin{cases}-2a=4,\\ b=0,\end{cases}$$

解得 $a=-2, b=0$.

因此，所求特解为

$$y^*=-2x\cos x.$$

故原方程的通解为

$$y=\bar{y}+y^*=c_1\cos x+c_2\sin x-2x\sin x.$$

习题 8-6 答案

习题 8-6

1. 单项选择题

(1) 求 $y''+2y'=x^2+1$ 的特解时，可令 $y^*=$(　　).

A. ax^2+bx+c　　B. ax^2+b

C. $x(ax^2+b)$　　D. $x(ax^2+bx+c)$

(2) 求 $y''+y'=\sin x$ 的特解时，可令 $y^*=$(　　).

A. $a\cos x+b\sin x$　　B. $ax\cos x$

C. $ax\sin x$　　D. $x(a\cos x+b\sin x)$

(3) 下列函数中，是方程 $y''-2y'-3y=\sin x$ 解的是(　　).

A. $y=\cos x$　　B. $y=\cos x-2\sin x$

C. $y=-2\sin x$　　D. $y=\frac{1}{10}(\cos x-2\sin x)$

(4) 求方程 $y''-4y'+4y=\cos 2x$ 的特解时，可令 $y^*=$(　　).

A. $a\cos 2x+b\sin 2x$　　B. $x(a\cos 2x+b\sin 2x)$

C. $a\cos x+b\sin x$　　D. $x(a\cos x+b\sin x)$

2. 求下列微分方程的通解：

(1) $y''-2y'-3y=3x+1$；　　(2) $y''-2y'+y=\frac{1}{2}\mathrm{e}^x$；

(3) $y''-y=x^2$；　　(4) $y''+4y=2\cos 2x+4\sin 2x$；

(5) $y''+3y'+2y=3x\mathrm{e}^{-x}$；　　(6) $y''+3y'=\cos x-\sin x$；

(7) $y''-4y'+4y=\mathrm{e}^{-2x}$；　　(8) $y''-2y'+5y=\cos 2x$.

3. 求下列微分方程满足所给初始条件的特解：

(1) $y''-3y'+2y=5$，　　$y\Big|_{x=0}=1$，$y'\Big|_{x=0}=2$；

(2) $y''+y=\sin x$，　　$y\Big|_{x=\frac{\pi}{2}}=1$，$y'\Big|_{x=\frac{\pi}{2}}=0$；

(3) $y''+y'=2x^2-3$，　　$y\Big|_{x=0}=0$，$y'\Big|_{x=0}=-1$；

(4) $y''-y=4xe^x$，　　$y\Big|_{x=0}=0$，$y'\Big|_{x=0}=1$.

8.7 微分方程应用举例

前面讨论了几种微分方程的求解方法，本节将通过举例介绍微分方程的一些简单的应用和利用微分方程解决实际问题的一般步骤.

视频 106

8.7.1 一阶微分方程的应用举例

例 8.25 一曲线通过点(2,3)，在该曲线上任意一点 $P(x,y)$ 处的法线与 x 轴交点为 Q，且线段 PQ 恰被 y 轴平分，求曲线的方程.

解 如图 8-2 所示，设所求曲线的方程为 $y=f(x)$，则它在点 $P(x,y)$ 处的法线方程为

$$Y-y=-\frac{1}{y'}(X-x),$$

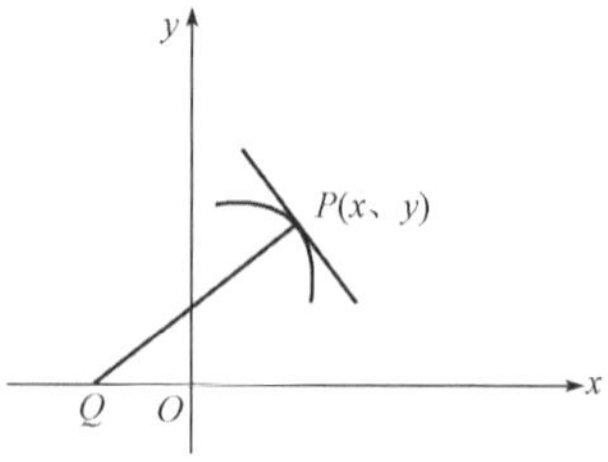

图 8-2

令 $Y=0$，得法线与 x 轴交点 Q 的横坐标为

$$X=yy'+x.$$

由题中的线段 PQ 恰被 y 平分的条件，得

$$\frac{x+X}{2}=\frac{x+(yy'+x)}{2}=0,$$

因此可得曲线 $y=f(x)$ 满足微分方程

$$yy'+2x=0.$$

又由于曲线过点(2,3)，得初值条件

$$y\Big|_{x=2}=3,$$

将方程 $yy'+2x=0$ 分离变量，得

$$y\mathrm{d}y=-2x\mathrm{d}x,$$

两边积分，可得

$$\frac{y^2}{2}=-x^2+c\text{，即通解为 } y^2+2x^2=c.$$

将初值条件 $y\Big|_{x=2}=3$ 代入上式，确定 $c=17$，则所求曲线的方程就为

$$y^2+2x^2=17.$$

例 8.26 加热后的物体在空气中冷却的速率与每一瞬时的物体温度与空气温度之差成正比，试确定物体温度 T 与时间 t 的函数关系.

解 设物体温度 T 与时间 t 的函数关系为 $T=T(t)$，空气的温度为 T_0，则物体冷却的速率就是温度 T 对时间 t 的变化率 $\frac{dT}{dt}$. 由题意知，$T=T(t)$ 满足方程

$$\frac{dT}{dt}=-k(T-T_0),$$

其中，$k>0$ 为比例常数(由于当 $T>T_0$ 时，物体温度下降，即有 $\frac{dT}{dt}<0$，故上式右边取负号)，分离变量得

$$\frac{dT}{T-T_0}=-k\,dt,$$

积分可得

$$\ln(T-T_0)=-kt+\ln c\text{，即 } T=ce^{-kt}+T_0.$$

例 8.27 如图 8-3 所示的电路中，电动势 E、自感 L 与电阻 R 及都是常数，若开始时($t=0$)回路电流为 i_0，求任一时刻 t 的电流 $i(t)$.

解 设回路中，t 时刻的电流为 $i(t)$，由电学定律可知，回路中的电源电动势，等于回路中各元件产生的电压降，所以有

$$E=U_R+U_L=Ri+L\frac{di}{dt},$$

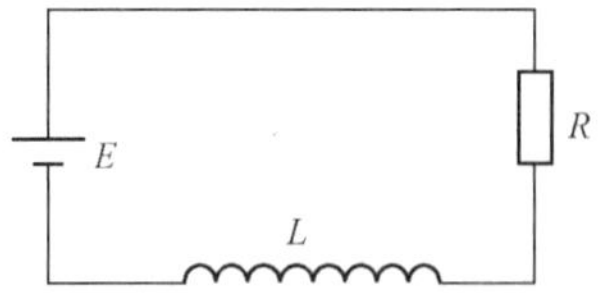

图 8-3

即
$$\frac{di}{dt}+\frac{R}{L}i=\frac{E}{L}.$$

由于开始时($t=0$)回路电流为 i_0，故初值条件为

$$i\Big|_{t=0}=i_0.$$

由于方程 $\frac{di}{dt}+\frac{R}{L}i=\frac{E}{L}$ 是一阶非齐次线性微分方程，由一阶非齐次线性微分方程通解公式，得

$$\begin{aligned}i(t)&=e^{-\int\frac{R}{L}dt}\left(c+\int\frac{E}{L}e^{\int\frac{R}{L}dt}dt\right)=e^{-\frac{R}{L}t}\left(c+\frac{E}{R}e^{\frac{R}{L}t}\right)\\&=ce^{-\frac{R}{L}t}+\frac{E}{R}.\end{aligned}$$

将初值条件 $i\Big|_{t=0}=0$. 代入通解，得 $c=i_0-\frac{E}{R}$，则所求电流为

$$i(t)=\frac{E}{R}+\left(i_0-\frac{E}{R}\right)e^{-\frac{R}{L}t}$$

8.7.2 二阶微分方程的应用举例

例 8.28 火车沿水平直线轨道运动,设火车质量为 M,机车牵引力为 F,阻力为 a_0+b_0v,其中 a_0,b_0 为常数,v 为火车的速度.若已知火车的初速度与初始位移都是零,试求火车的运动方程.

解 设火车的运动方程为 $s=s(t)$,由导数的物理意义知

$$\text{速度 } v=\frac{\mathrm{d}s}{\mathrm{d}t},\text{加速度 } a=\frac{\mathrm{d}^2s}{\mathrm{d}t^2},$$

由题意有

$$F_{\text{合}}=F-(a_0+b_0v)=F-a_0-b_0\frac{\mathrm{d}s}{\mathrm{d}t}.$$

由牛顿第二定理知

$$F_{\text{合}}=M_a=M\frac{\mathrm{d}^2s}{\mathrm{d}t^2},$$

所以,得微分方程

$$M\frac{\mathrm{d}^2s}{\mathrm{d}t^2}=F-a_0-b_0\frac{\mathrm{d}s}{\mathrm{d}t},\text{即}\frac{\mathrm{d}^2s}{\mathrm{d}t^2}+\frac{b_0}{M}\frac{\mathrm{d}s}{\mathrm{d}t}=\frac{F-a_0}{M}.$$

由题意知,初值条件为

$$s\Big|_{t=0}=0,\ s'\Big|_{t=0}=v\Big|_{t=0}=0,$$

由特征方程 $r^2+\frac{b_0}{M}r=0$,

得特征根为

$$r_1=0,\quad r_2=-\frac{b_0}{M}.$$

因微分方程 $\frac{\mathrm{d}^2s}{\mathrm{d}t^2}+\frac{b_0}{M}\frac{\mathrm{d}s}{\mathrm{d}t}=\frac{F-a_0}{M}$ 的右边为 $\frac{F-a_0}{M}$,是个常数,故可设方程的特解 $s^*=At$.

将 $s^*=At$ 代入方程 $\frac{\mathrm{d}^2s}{\mathrm{d}t^2}+\frac{b_0}{M}\frac{\mathrm{d}s}{\mathrm{d}t}=\frac{F-a_0}{M}$,得

$$\frac{b_0}{M}A=\frac{F-a_0}{M},\text{解得}\quad A=\frac{F-a_0}{b_0}.$$

所以,方程 $\frac{\mathrm{d}^2s}{\mathrm{d}t^2}+\frac{b_0}{M}\frac{\mathrm{d}s}{\mathrm{d}t}=\frac{F-a_0}{M}$ 的通解为

$$s=c_1+c_2\mathrm{e}^{-\frac{b_0}{M}t}+\frac{F-a_0}{b_0}t.$$

由初值条件得

$$\begin{cases} c_1+c_2=0, \\ -c_2\dfrac{b_0}{M}+\dfrac{F-a_0}{b_0}=0, \end{cases}$$

所以 $c_2=\dfrac{M}{b_0^2}(F-a_0)$，$c_1=-\dfrac{M}{b_0^2}(F-a_0)$.

故火车的运动方程为

$$s=\frac{F-a_0}{b_0}\cdot\left(t+\frac{M}{b_0}\mathrm{e}^{-\frac{b_0}{M}t}-\frac{M}{b_0}\right).$$

例 8.29 设有一弹簧，它的上端固定，下端挂一个质量为 m 的物体，平衡位置为 O 点(图 8-4)，若将物体向下拉一段距离 x_0 后放开，让它自由上下振动，试求物体运动的微分方程(假设物体运动时没有阻力).

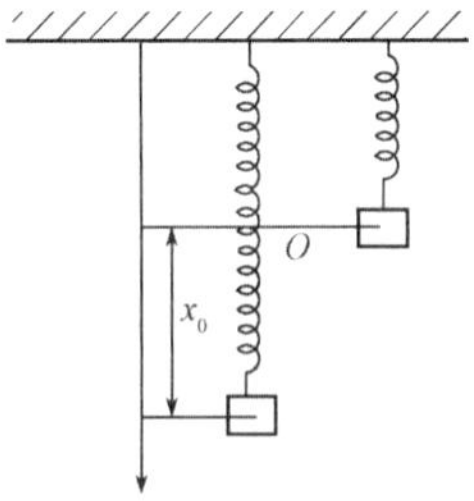

图 8-4

解 设在 t 时刻，物体离开平衡位置 $x(t)$，由胡克定律知，物体受弹簧作用的力为

$$F=-cx(t),$$

其中 c 为弹性系数，负号表示物体力的方向与位移相反.

由牛顿第二定律 $F=ma$，可得

$$m\frac{\mathrm{d}^2x}{\mathrm{d}t^2}=-cx,$$

即物体运动的微分方程为

$$\frac{\mathrm{d}^2x}{\mathrm{d}t^2}+\frac{c}{m}x=0.$$

初值条件为

$$x\Big|_{t=0}=x_0,\quad x'\Big|_{t=0}=0.$$

例 8.30 试求由微分方程 $y''-y=0$ 所确定的一条积分曲线 $y=y(x)$，使它在点(0,1)处与直线 $y+3x=1$ 相切.

解 由题意知，所求积分曲线 $y=y(x)$ 满足二阶常系数齐次微分方程 $y''-y=0$，初值条件为 $y(0)=1$，$y'(0)=-3$.

由特征方程 $r^2-1=0$，得特征根为

$$r_1=-1,\quad r_2=1,$$

故方程 $y''-y=0$ 的通解为

$$y=c_1\mathrm{e}^{-x}-c_2\mathrm{e}^{x}.$$

将初值条件 $y(0)=1$，$y'(0)=-3$ 代入通解，得

$$\begin{cases} c_1+c_2=1, \\ -c_1+c_2=3, \end{cases}$$

解得 $c_1=-1$，$c_2=2$，故所求积分曲线的方程为

$$y=-\mathrm{e}^{-x}+2\mathrm{e}^{x}.$$

通过上述例题的讨论可以看到，我们在建立微分方程并用其解决实际问题时，可按如下步骤进行：

(1) 根据题设条件，利用已知的公式、定理或定律，建立相应的微分方程，确定初值条件；

(2) 分辨所建立的微分方程的类型，运用相应解法求出其通解；

(3) 利用初值条件，确定通解中的任意常数，求得满足初值条件的特解；

(4) 根据实际问题的需要，利用所求得的特解来解释问题的实际意义或求得题设所需的其他结果.

在以上的四个步骤中重点是列出方程和求解方程，解决实际问题的关键是建立微分方程.

习题 8-7

习题 8-7 答案

1. 设一曲线过点(3,4)，且在该曲线上任意点处的切线在 y 轴上的截距恰等于原点到该点的距离，求该曲线的方程.

2. 设降落伞从跳伞塔下落后，所受空气阻力与速度成正比，并设降落伞离开跳伞塔时($t=0$)速度为零，求降落伞下落速度与时间的函数关系.

3. 设曲线 l 通过点(1,1)，且在曲线上任意一点处的切线与纵轴的截距等于该切点的横坐标，求曲线方程.

4. 质量为 m 的潜水艇在水下垂直下沉时，所遇阻力与它下沉的速度 v 成正比(比例系数为 k)：今有一整个沉没在水中的潜水艇，由静止状态开始下沉，已知它的重力与水的浮力的合力大小为常数 E，试求该潜艇下沉的速度 v 随时间 t 变化的规律.

5. 设质量为 m 的物体在冲击力的作用下得到初速度 v_0 在一水面上滑行，作用于物体的摩擦力为 $-km$(k 为常数)，求该物体的运动方程，并问物体能滑多远.

6. 长为 6m 的链条自高为 6m 的桌上无摩擦地滑动，假定在运动开始时，链条自桌上垂下部分已有 1m 长，试问需要经过多长时间链条才全部滑过桌子？

7. 求满足 $y''+4y'+4y=0$ 的曲线 $y=y(x)$ 的方程，使该曲线与直线 $y-x=2$ 在点 $M(2,4)$ 处相切.

8. 已知函数 $y=f(x)$ 所确定的曲线与 x 轴相切于坐标原点，且满足 $f(x)=2+\sin x-f''(x)$，试求 $f(x)$ 的表达式.

学习指导

一、学习重点与要求

1. 学习重点与要求

(1) 了解微分方程的解、通解、初始条件和特解等概念；

(2) 掌握可分离变量的微分方程及一阶线性微分方程的解法；

(3) 会用降阶法求下列三种形式的高阶方程：

① $y^{(n)}=f(x)$， ② $y''=f(x,y')$， ③ $y''=f(y,y')$；

(4) 了解二阶线性微分方程解的结构，掌握二阶常系数齐次线性微分方程的解法；

(5) 会求形如 $f(x)=P_n(x)e^{\lambda x}$ 及 $f(x)=A\cos\omega x+B\sin\omega x$ 的二阶常系数非齐次线性微分方程的特解与

通解；

(6) 能通过建立微分方程数学模型，解决一些简单的实际问题.

2. 学习疑难解答

(1) 怎样的方程叫做微分方程？常微分方程有什么特点？

答：含有未知函数的微分(或导数)的方程称为微分方程；微分方程的未知量是一个变量(即未知函数)，这一点与中学所遇到的代数方程和三角方程是不同的，这些方程的未知量往往是一个数值. 如果微分方程的未知函数是一元函数(即方程中所含的是一元函数的微分或导数)，则这种方程就称为常微分方程，否则就是偏微分方程.

(2) 如何理解微分方程的阶数与通解的关系？何为相互独立的任意常数？

答：在微分方程中所含未知函数的最高阶导数的阶数称为微分方程的阶数，而微分方程的通解中所含的相互独立的任意常数的个数与微分方程的阶数是相等的.

相互独立的任意常数指的是不能进行合并的任意常数.

(3) 求解一阶微分方程的基本工具是什么？本章中采用了哪些具体的求解方法？

答：由于导数运算与不定积分运算是互逆的两种运算，所以在求解一阶微分方程时，我们总是利用不定积分的运算工具求解未知函数. 在本课程的学习中我们采用的具体方法有以下两种.

① 分离变量法：对形如$\frac{\mathrm{d}y}{\mathrm{d}x}=f_1(x)\cdot f_2(y)$的一阶微分方程(可分离变量方程)，首先通过分离变量得到

$$\frac{\mathrm{d}y}{f_2(y)}=f_1(x)\mathrm{d}x,$$

然后再通过两边同时积分求出方程的通解 $y=F(x,c)$.

② 公式法：对于一阶线性微分方程 $y'+P(x)y=Q(x)$，可以用通解公式

$$y=\mathrm{e}^{-\int P(x)\mathrm{d}x}\left(\int Q(x)\mathrm{e}^{\int P(x)\mathrm{d}x}\mathrm{d}x+c\right)$$

来求解未知函数(即求出方程的通解).

(4) 对于二阶(或二阶以上的)微分方程，常用的降阶手段有哪些？

答：①直接积分的方法降阶. 形如 $y^{(n)}=f(x)$形式的高阶方程，可采用直接积分的方法来降阶，方程的两边每同时积分一次，微分方程的阶就降一次，直至求出未知函数.

② 直接通过变量代换降阶. 形如 $y''=f(x,y')$(缺少 y 项)形式的方程，可通过令 $y'=p$ 实施变量代换，使原方程化为一阶方程，$p'=f(x,p)$，实现降阶的目的.

③ 通过变量转变代换降阶. 形如 $y''=f(y,y')$(缺少 x 项)形式的方程，可通过令 $y'=p$，得 $y''=\frac{\mathrm{d}p}{\mathrm{d}x}=\frac{\mathrm{d}p}{\mathrm{d}y}\cdot\frac{\mathrm{d}y}{\mathrm{d}x}=p\frac{\mathrm{d}p}{\mathrm{d}y}$，再实施变量代换，就使原方程化为一阶微分方程，$p\frac{\mathrm{d}p}{\mathrm{d}y}=f(y,p)$从而实现降阶的目的.

(5) 线性微分方程具有怎样的特点？本课程介绍了哪些线性微分方程？

答：线性微分方程是常微分方程中一种常见的微分方程，它的一般形式如

$y'+P(x)y=f(x)$ 一阶线性微分方程，

$y''+P_1(x)y'+P_2(x)y=f(x)$ 二阶线性微分方程，

$\vdots$

$y^{(n)}+P_1(x)y^{(n-1)}+\cdots+P_n(x)y=f(x)$ n 阶线性微分方程.

其中，$P_1(x),P_2(x),\cdots,P_n(x)$称为系数函数，$f(x)$称为自由项. 当系数函数均为常数时，方程称为常系数线性微分方程；自由项 $f(x)=0$ 时，方程称为齐次线性微分方程. 本课程所介绍的线性方程有以下几种.

① 一阶非齐次线性微分方程：$y'+P(x)y=Q(x)$，

其通解为 $y=\mathrm{e}^{-\int P(x)\mathrm{d}x}\left(\int Q(x)\mathrm{e}^{\int P(x)\mathrm{d}x}\mathrm{d}x+c\right)$.

② 二阶常系数齐次线性微分方程：$y''+py'+qy=0$(p、q 均为常数).

其求解步骤为：先求解特征方程 $r^2+pr+q=0$.

a. 特征根有两个不等的实根，设为 r_1,r_2 且 $r_1\neq r_2$，通解为 $y=c_1e^{r_1x}+c_2e^{r_2x}$.

b. 特征根有两个相等的实根，设为 r_1,r_2 且 $r_1=r_2$，通解为 $y=(c_1+c_2x)e^{r_1x}$.

c. 特征根为一对共轭的复数根，设为 $r_1=\alpha+\beta i$、$r_2=\alpha-\beta i$，通解为

$$y=(c_1\cos\beta x+c_2\sin\beta x)e^{\alpha x}.$$

③ 二阶常系数非齐次线性微分方程：$y''+py'+qy=f(x)$[p,q 均为常数，$f(x)$ 为自由项]，其通解为

$$y=Y(x)+y^*,$$

其中，$Y(x)$ 是原方程所对应的齐次线性微分方程 $y''+py'+qy=0$ 的通解，而 y^* 则是原方程的一个特解.

复习题八

复习题八答案

1. 选择题

(1) 微分方程 $xy(dx-dy)=y^2dx+x^2dy$ 是(　　).

A. 可分离变量的方程　　B. 一阶线性微分方程

C. 二阶微分方程　　D. 以上都不正确

(2) 微分方程 $x^2ydx-dy=x^2dx+ydy$ 是(　　).

A. 可分离变量的方程　　B. 一阶线性微分方程

C. 二阶微分方程　　D. 以上都不正确

(3) 以下函数是微分方程 $y''=x^2$ 的解的是(　　).

A. $y=\dfrac{1}{x}$　　B. $y=\dfrac{x^3}{3}+c$　　C. $y=\dfrac{x^4}{6}$　　D. $y=\dfrac{x^4}{12}$

(4) 微分方程 $(x+y)dx+xdy=0$ 的通解是(　　).

A. $y=\dfrac{2c-x^2}{2x}$　　B. $y=\dfrac{x}{2}+c$

C. $y=-\dfrac{x}{2}+c$　　D. $y=\dfrac{2c+x^2}{2x}$

(5) 微分方程 $y''+5y'+4y=0$ 的通解是(　　).

A. $y=c_1e^{-4x}$　　B. $y=c_1e^{x}+c_2e^{4x}$

C. $y=e^{-x}+e^{-4x}$　　D. $y=c_1e^{-x}+c_2e^{-4x}$

2. 求下列微分方程的通解：

(1) $x\dfrac{dy}{dx}+y=xy\dfrac{dy}{dx}$；　　(2) $\dfrac{dy}{dx}=\dfrac{2(\ln x-y)}{x}$；

(3) $y'+y\tan x=\sin 2x$；　　(4) $2x\sin y dx+(x^2+3)\cos y dy=0$；

(5) $\dfrac{dy}{dx}+y=e^{-x}$；　　(6) $x^2y''+xy'=1$；

(7) $y''+y'-2y=0$；　　(8) $y''+3y=2\sin x$；

(9) $y''+5y'+4y=3-2x$；　　(10) $y''-4y'+4y=2e^{2x}$.

3. 求下列微分方程满足所给初值条件的特解：

(1) $dy-(3x-2y)dx=0$，　$y\big|_{x=0}=0$；

(2) $y'+\dfrac{2}{x}y=\dfrac{x-1}{x^2}$，　$y\big|_{x=1}=0$；

(3) $y''=e^{2x}$，　$y\big|_{x=1}=0$，$y'\big|_{x=1}=0$；

(4) $4y''+4y'+y=0$, $\quad y\Big|_{x=0}=2$, $y'\Big|_{x=0}=0$.

4. 一条曲线过点(2,3),且曲线上任意点$M(x,y)$处切线斜率为$\dfrac{-y}{x+y}$,求此曲线的方程.

5. 一冰块沿斜面下滑,斜面与水平面成30°角,高为5m若不计摩擦,并在开始时,冰块以初速度$v_0=0$从顶点处起滑,求冰块从顶点滑到斜面底部所需的时间.

6. 方程$y''+4y=\sin x$的一条积分曲线过点(0,1),且该点与直线$y=1$相切,求该曲线的方程.

【人文数学】

数学家欧拉简介

欧拉(L. Euler,1707—1783年)是瑞士数学家.生于瑞士的巴塞尔(Basel),卒于彼得堡(Petepbypt).父亲保罗·欧拉是位牧师,喜欢数学,所以欧拉从小就受到这方面的熏陶.但父亲却执意让他攻读神学,以便将来接他的班.幸运的是,欧拉并没有走父亲为他安排的路.父亲曾在巴塞尔大学上过学,与当时著名数学家约翰·伯努利(Johann Bernoulli,1667—1748)及雅各布·伯努利(Jacob Bernoulli,1654—1705年)有几分情谊.由于这种关系,欧拉结识了约翰的两个儿子:擅长数学的尼古拉(Nicolaus Bernoulli,1695—1726)及丹尼尔(Daniel Bernoulli,1700—1782年)兄弟二人,(这二人后来都成为数学家).他俩经常给小欧拉讲生动的数学故事和有趣的数学知识.这些都使欧拉受益匪浅.1720年,由约翰保举,才13岁的欧拉成了巴塞尔大学的学生,而且约翰精心培育着聪明伶俐的欧拉.当约翰发现课堂上的知识已满足不了欧拉的求知欲望时,就决定每周六下午单独给他辅导、答题和授课.约翰的心血没有白费,在他的严格训练下,欧拉终于成长起来.他17岁的时候,成为巴塞尔有史以来的第一个年轻的硕士,并成为约翰的助手.在约翰的指导下,欧拉从一开始就选择通过解决实际问题进行数学研究的道路.1726年,19岁的欧拉由于撰写了《论桅杆配置的船舶问题》而荣获巴黎科学院的资助.这标志着欧拉的羽翼已丰满,从此可以展翅飞翔.

欧拉的成长与他这段历史是分不开的.当然,欧拉的成才还有另一个重要的因素,就是他那惊人的记忆力!他能背诵前一百个质数的前十次幂,能背诵罗马诗人维吉尔(Virgil)的史诗*Aeneil*,能背诵全部的数学公式.直至晚年,他还能复述年轻时的笔记的全部内容.高等数学的计算他可以用心算来完成.

尽管他的天赋很高,但如果没有约翰的教育,结果也很难想象.由于约翰·伯努利以其丰富的阅历和对数学发展状况的深刻的了解,能给欧拉以重要的指点,使欧拉一开始就学习那些虽然难学却十分必要的书,少走了不少弯路.这段历史对欧拉的影响极大,以至于欧拉成为大科学家之后,仍不忘记培育新人,这主要体现在编写教科书和直接培养有才华的数学工作者,其中包括后来成为大数学家的拉格朗日(J. L. Lagrange,1736—1813).

欧拉本人虽不是教师,但他对教学的影响超过任何人.他身为世界上第一流的学者、教授,肩负着解决高深课题的重担,但却能无视"名流"的非议,热心于数学的普及工作.他编写的《无穷小分析引论》、《微分法》和《积分法》产生了深远的影响.有的学者认为,自从1784年以后,初等微积分和高等微积分教科书基本上都抄袭欧拉的书,或者抄袭那些抄袭欧拉的书.

欧拉在这方面与其他数学家如高斯(C. F. Gauss,1777—1855)、牛顿(I. Newton,1643—1727)等都不同,他们所写的书一是数量少,二是艰涩难明,别人很难读懂.而欧拉的文字则轻松易懂,堪称这方面的典范.他从来不压缩字句,总是津津有味地把他那丰富的思想和广泛的兴趣写得有声有色.他用德、俄、英文发表过大量的通俗文章,还编写过大量中小学教科书.他编写的初等代数和算术的教科书考虑细致,叙述有条有理.他用许多新的思想的叙述方法,使得这些书既严密又易于理解.欧拉最先把对数定义为乘方的逆运算,并且最先发现了对数是无穷多值的.他证明了任一非零实数R有无穷多个对数.欧拉使三角学成为一门系统的科学，他首先用比值来给出三角函数的定义，而在他以前，一直是以线段的长作为定义的．欧拉的定义使三角学跳出只研究三角表这个圈子．欧拉对整个三角学作了分析性的研究．在这以前，每个公式仅从图中推出，大部分以叙述表达．欧拉却从最初几个公式解析地推导出了全部三角公式，还获得了许多新的公式．欧拉用 a,b,c 表示三角形的三条边，用 A,B,C 表示各边所对的角，从而使叙述大大地简化．

在普及教育和科研中，欧拉意识到符号的简化和规则化既有助于学生的学习，又有助于数学的发展，所以，欧拉创立了许多新的符号．

如用 sin，cos 等表示三角函数，用 e 表示自然对数的底，用 $f(x)$ 表示函数，用 $\sum$ 表示求和，用 i 表示虚数等．圆周率 π 虽然不是欧拉首创，却是经过欧拉的倡导才得以广泛流行．而且，欧拉还把 e，π，i 统一在一个令人叫绝的关系式 $e^{\pi i}+1=0$ 中．

欧拉不但重视教育，而且重视人才．当时，法国的拉格朗日只有 19 岁，而欧拉已 48 岁．拉格朗日与欧拉通信讨论“等周问题”，欧拉也在研究这个问题．后来拉格朗日获得成果，欧拉就压下自己的论文，让拉格朗日首先发表，使他一举成名．

作为这样一位科学巨人，在生活中，他并不是一个呆板的人．他性情温和，性格开朗，也喜欢交际．欧拉结过两次婚，有 13 个孩子．他热爱家庭的生活，常常和孩子们一起做科学游戏，讲故事．欧拉旺盛的精力和钻研精神一直坚持到生命的最后一刻．1783 年 9 月 18 日下午，欧拉一边和小孙女逗着玩，一边思考着计算天王星的轨迹，突然，他从椅子上滑下来，嘴里轻声说：“我死了．”一位科学巨匠就这样停止了生命．历史上，能跟欧拉相比的人的确不多，也有的历史学家把欧拉和阿基米德、牛顿、高斯列为有史以来贡献最大的四位数学家，依据是他们都有一个共同点，就是在创建纯粹理论的同时，还应用这些数学工具去解决大量天文、物理和力学等方面的实际问题，他们的工作是跨学科的，他们不断地从实践中吸取丰富的营养，但又不满足于具体问题的解决，而是把宇宙看作是一个有机的整体，力图揭示它的奥秘和内在规律．

由于欧拉出色的工作，后世的著名数学家都极度推崇欧拉．大数学家拉普拉斯(P. S. M. de Laplace，1749—1827)曾说过：“读读欧拉，这是我们一切人的老师．”被誉为数学王子的高斯也曾说过：“对于欧拉工作的研究，将仍旧是对于数学的不同范围的最好的学校，并且没有别的可以替代它．”

第 9 章

线性代数初步

章序 线性代数能将一个复杂的实际问题归结为一个线性问题，因而在科学技术、工程、计算机科学和经济活动分析中有着广泛的应用. 本章将介绍线性代数的基本知识，包括行列式及运算、矩阵及运算、矩阵的初等变换及线性方程组的解的分析.

9.1 行列式

9.1.1 行列式的概念

1. 二阶行列式

行列式的概念是从求解线性方程组的问题中引出的.

视频 107

引例 用消元法解二元线性方程组

$$\begin{cases} a_{11}x_1+a_{12}x_2=b_1, \\ a_{21}x_1+a_{22}x_2=b_2 \end{cases} \tag{9-1}$$

时，可得

$$(a_{11}a_{22}-a_{12}a_{21})x_1=b_1a_{22}-a_{12}b_2,$$
$$(a_{11}a_{22}-a_{12}a_{21})x_2=a_{11}b_2-a_{21}b_1.$$

当 $a_{11}a_{22}-a_{12}a_{22}\neq 0$ 时，方程组式(9-1)的解为

$$x_1=\frac{b_1a_{22}-a_{12}b_2}{a_{11}a_{22}-a_{12}a_{21}},\ x_2=\frac{b_2a_{11}-a_{21}b_1}{a_{11}a_{22}-a_{12}a_{21}}.$$

以上就得到了二元线性方程组式(9-1)的一个求解公式. 为了便于记忆和解决问题时方便应用，我们把以上的分母用记号

$$\begin{vmatrix} a_{11} & a_{12} \\ a_{21} & a_{22} \end{vmatrix}$$

来表示，于是就有

$$\begin{vmatrix} a_{11} & a_{12} \\ a_{21} & a_{22} \end{vmatrix}=a_{11}a_{22}-a_{12}a_{21}. \tag{9-2}$$

上式左边符号被称为二阶行列式，其中，横排称为行列式的行，纵排称为行列式的列；$a_{ij}(i,j=1,2)$称为行列式的元素，第一个下标 i 表示元素位于行列式的第 i 行；第二个下标 j 表示元素位于行列式的第 j 列；a_{ij}是位于行列式第 i 行第 j 列相交处的元素. 上式右端的 $a_{11}a_{22}-a_{12}a_{21}$ 称为行列式的展开式；称左上角到右下角的对角线为行列式的主对角线，称右上角到左下角的对角线为行列式的次对角线. 因此二阶行列式是主对角线上元素的乘积与次对角线上的元素乘积的差.

根据二阶行列式的概念，若分别记

$$D=\begin{vmatrix} a_{11} & a_{12} \\ a_{21} & a_{22} \end{vmatrix}, \quad D_1=\begin{vmatrix} b_1 & a_{12} \\ b_2 & a_{22} \end{vmatrix}, \quad D_2=\begin{vmatrix} a_{11} & b_1 \\ a_{21} & b_2 \end{vmatrix},$$

则当 $D\neq 0$ 时，线性方程组式(9-1)的解，可表示为

$$x_1=\frac{D_1}{D}, \quad x_2=\frac{D_2}{D}.$$

很明显，D 是方程组式(9-1)中未知量 x_1,x_2 的系数按原来的位置顺序构成，因此称此行列式为方程组式(9-1)的系数行列式，D_1 是用常数 b_1,b_2 替换 D 中第一列所得，D_2 是用常数 b_1,b_2 替换 D 中第二列所得.

例 9.1 用行列式求解线性方程组

$$\begin{cases} 3x+4y=2, \\ 4x+5y=3. \end{cases}$$

解 因为

$$D=\begin{vmatrix} 3 & 4 \\ 4 & 5 \end{vmatrix}=3\times 5-4\times 4=-1\neq 0,$$

$$D_1=\begin{vmatrix} 2 & 4 \\ 3 & 5 \end{vmatrix}=2\times 5-4\times 3=-2,$$

$$D_2=\begin{vmatrix} 3 & 2 \\ 4 & 3 \end{vmatrix}=3\times 3-4\times 2=1,$$

所以，方程组的解为

$$x=\frac{D_1}{D}=\frac{-2}{-1}=2, \quad y=\frac{D_2}{D}=\frac{1}{-1}=-1.$$

2. 三阶行列式

类似于求二元线性方程组的求解方法，用消元法，可得三元线性方程组

$$\begin{cases} a_{11}x_1+a_{12}x_2+a_{13}x_3=b_1, \\ a_{21}x_1+a_{22}x_2+a_{23}x_3=b_2, \\ a_{31}x_1+a_{32}x_2+a_{33}x_3=b_3 \end{cases} \tag{9-3}$$

的解为

$$x_1=\frac{b_1a_{22}a_{33}+b_2a_{32}a_{13}+b_3a_{12}a_{23}-b_3a_{22}a_{13}-b_2a_{12}a_{33}-b_1a_{32}a_{23}}{a_{11}a_{22}a_{33}+a_{21}a_{32}a_{13}+a_{31}a_{23}a_{12}-a_{31}a_{22}a_{13}-a_{21}a_{12}a_{33}-a_{11}a_{32}a_{23}},$$

$$x_2=\frac{b_1a_{23}a_{31}+b_2a_{11}a_{33}+b_3a_{21}a_{13}-b_3a_{23}a_{11}-b_2a_{13}a_{31}-b_1a_{21}a_{33}}{a_{11}a_{22}a_{33}+a_{21}a_{32}a_{23}+a_{31}a_{12}a_{23}-a_{31}a_{22}a_{13}-a_{21}a_{12}a_{33}-a_{11}a_{32}a_{23}},$$

$$x_3=\frac{b_1a_{21}a_{32}+b_2a_{12}a_{31}+b_3a_{11}a_{22}-b_3a_{13}a_{21}-b_2a_{32}a_{11}-b_1a_{22}a_{31}}{a_{11}a_{22}a_{33}+a_{21}a_{32}a_{13}+a_{31}a_{23}a_{12}-a_{31}a_{22}a_{13}-a_{21}a_{12}a_{33}-a_{11}a_{22}a_{23}}.$$

以上式子中的分母不等于 0.

用上面式子来求解方程组式(9-3)的解，显然烦琐，也难于记忆. 为此，用类似于求解方程组式(9-1)的方法，把上述式子中的分母记为

$$D=\begin{vmatrix} a_{11} & a_{12} & a_{13} \\ a_{21} & a_{22} & a_{23} \\ a_{31} & a_{32} & a_{33} \end{vmatrix},$$

则有

$$D=\begin{vmatrix} a_{11} & a_{12} & a_{13} \\ a_{21} & a_{22} & a_{23} \\ a_{31} & a_{32} & a_{33} \end{vmatrix}$$

$$=a_{11}a_{22}a_{33}+a_{12}a_{23}a_{31}+a_{13}a_{21}a_{32}-a_{11}a_{23}a_{32}-a_{12}a_{21}a_{33}-a_{13}a_{22}a_{31}. \quad (9\text{-}4)$$

上式的左端称为三阶行列式，右端称为三阶行列式的展开式；三阶行列式有三行三列共 9 个元素；其展开式是六项的代数和，每一项都是行列式中位于不同行与不同列的三个元素的乘积. 为便于记忆，右端的展开式可按如下法则展开计算：

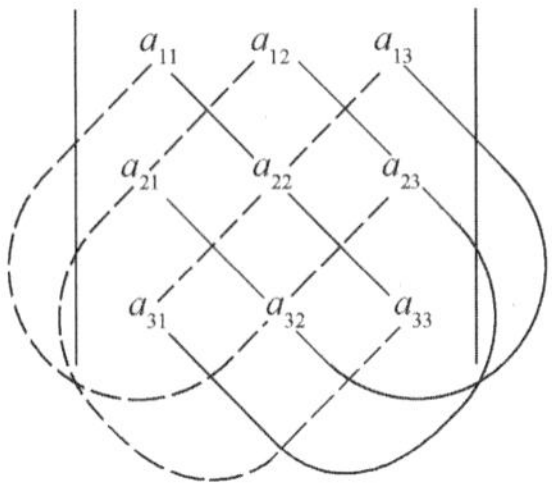

此法则被称为对角线展开法.

注意：用此法则展开时，图中三条实线上的三个元素的乘积取正号，三条虚线上的三个元素的乘积取负号.

例 9.2 计算下列行列式：

(1) $\begin{vmatrix} 1 & -2 & 3 \\ 2 & 3 & 1 \\ 3 & 1 & -2 \end{vmatrix}$； (2) $\begin{vmatrix} a & x & y \\ 0 & b & y \\ 0 & 0 & c \end{vmatrix}$.

解 (1) 由对角线法则，得

$$\begin{vmatrix} 1 & -2 & 3 \\ 2 & 3 & 1 \\ 3 & 1 & -2 \end{vmatrix}=1\times3\times(-2)+(-2)\times1\times3+3\times2\times1-1\times1\times1-(-2)\times2\times(-2)-3\times3\times3$$

$$=-42.$$

(2) $\begin{vmatrix} a & x & y \\ 0 & b & y \\ 0 & 0 & c \end{vmatrix} = a\times b\times c+0+0-0-0-0=abc.$

由三阶行列式，若记

$$D_1=\begin{vmatrix} b_1 & a_{12} & a_{13} \\ b_2 & a_{22} & a_{23} \\ b_3 & a_{32} & a_{33} \end{vmatrix},\quad D_2=\begin{vmatrix} a_{11} & b_1 & a_{13} \\ a_{21} & b_2 & a_{23} \\ a_{31} & b_3 & a_{33} \end{vmatrix},\quad D_3=\begin{vmatrix} a_{11} & a_{12} & b_1 \\ a_{21} & a_{22} & b_2 \\ a_{31} & a_{32} & b_3 \end{vmatrix},$$

则方程组式(9-3)的解可表示为

$$x_1=\frac{D_1}{D},\quad x_2=\frac{D_2}{D},\quad x_3=\frac{D_3}{D}.$$

例 9.3 用行列式解线性方程组

$$\begin{cases} x+y+z=0, \\ 2x-y+z=6, \\ 4x+5y-z=1. \end{cases}$$

解 因为

$$\begin{aligned} D=\begin{vmatrix} 1 & 1 & 1 \\ 2 & -1 & 1 \\ 4 & 5 & -1 \end{vmatrix} &=1\times(-1)\times(-1)+1\times1\times4+1\times2\times5-1\times1\times5 \\ &\quad -1\times2\times(-1)-1\times(-1)\times4 \\ &=16. \end{aligned}$$

同理可得

$$D_1=\begin{vmatrix} 0 & 1 & 1 \\ 6 & -1 & 1 \\ 1 & 5 & -1 \end{vmatrix}=38,\quad D_2=\begin{vmatrix} 1 & 0 & 1 \\ 2 & 6 & 1 \\ 4 & 1 & -1 \end{vmatrix}=-29,$$

$$D_3=\begin{vmatrix} 1 & 1 & 0 \\ 2 & -1 & 6 \\ 4 & 5 & 1 \end{vmatrix}=-9,$$

所以，该方程组的解为

$$x=\frac{D_1}{D}=\frac{38}{16}=\frac{19}{8},\quad y=\frac{D_2}{D}=-\frac{29}{16},\quad z=\frac{D_3}{D}=-\frac{9}{16}.$$

3. *n* 阶行列式

前面的二阶行列式是将 2×2 个元素排成两行两列，三阶行列式是将 3×3 个元素排成三行三列，且三阶行列式与二阶行列式有如下关系：

$$D=\begin{vmatrix} a_{11} & a_{12} & a_{13} \\ a_{21} & a_{22} & a_{23} \\ a_{31} & a_{32} & a_{33} \end{vmatrix}$$

$$=a_{11}a_{22}a_{33}+a_{12}a_{23}a_{31}+a_{13}a_{21}a_{32}-a_{11}a_{23}a_{32}-a_{12}a_{21}a_{33}-a_{13}a_{22}a_{31}$$

$$=a_{11}\begin{vmatrix} a_{22} & a_{23} \\ a_{32} & a_{33} \end{vmatrix}-a_{12}\begin{vmatrix} a_{21} & a_{23} \\ a_{31} & a_{33} \end{vmatrix}+a_{13}\begin{vmatrix} a_{21} & a_{22} \\ a_{31} & a_{32} \end{vmatrix}.$$

若将上式中的三个二阶行列式记为 M_{11}, M_{12}, M_{13}，而 A_{11}, A_{12}, A_{13} 各表示 $M_{11}, -M_{12}, M_{13}$，则有

$$D=a_{11}M_{11}-a_{12}M_{12}+a_{13}M_{13}=a_{11}A_{11}+a_{12}A_{12}+a_{13}A_{13}.$$

我们称 M_{ij} 为元素 a_{ij} 的余子式，称 $A_{ij}=(-1)^{i+j}M_{ij}$ 为元素 a_{ij} 的代数余子式($i,j=1,2,3$).

一般而言，我们由以下递推方法得 n 阶行列式定义为：

将 $n\times n$ 个数排成 n 行 n 列，并且有等式

$$\begin{vmatrix} a_{11} & a_{12} & \cdots & a_{1n} \\ a_{21} & a_{22} & \cdots & a_{2n} \\ \vdots & \vdots & & \vdots \\ a_{n1} & a_{n2} & \cdots & a_{nn} \end{vmatrix}=a_{11}\begin{vmatrix} a_{22} & a_{23} & \cdots & a_{2n} \\ a_{32} & a_{33} & \cdots & a_{3n} \\ \vdots & \vdots & & \vdots \\ a_{n2} & a_{n3} & \cdots & a_{nn} \end{vmatrix}-a_{12}\begin{vmatrix} a_{21} & a_{23} & \cdots & a_{2n} \\ a_{31} & a_{33} & \cdots & a_{3n} \\ \vdots & \vdots & & \vdots \\ a_{n1} & a_{n3} & \cdots & a_{nn} \end{vmatrix}+\cdots+$$

$$(-1)^{1+j}a_{1j}\begin{vmatrix} a_{21} & \cdots & a_{2j-1} & a_{2j+1} & \cdots & a_{2n} \\ a_{31} & \cdots & a_{3j-1} & a_{3j+1} & \cdots & a_{3n} \\ \vdots & & \vdots & \vdots & & \vdots \\ a_{n1} & \cdots & a_{nj-1} & a_{nj-1} & \cdots & a_{nn} \end{vmatrix}+\cdots+(-1)^{1+n}a_{1n}\begin{vmatrix} a_{21} & a_{22} & \cdots & a_{2n-1} \\ a_{31} & a_{32} & \cdots & a_{3n-1} \\ \vdots & \vdots & & \vdots \\ a_{n1} & a_{n2} & \cdots & a_{nn-1} \end{vmatrix},$$

则称上式等号左边的为 n 阶行列式，等号右边称为此行列式按第一行展开的展开式. 行列式通常用大写的英文字母表示(如 D,A 等). 从左上角到右下角的元素 $a_{11}, a_{22}, \cdots, a_{nn}$ 称为主对角线上的元素，这条对角线称为行列式的主对角线；从右上角到左下角的元素 $a_{1n}, a_{2n-1}, \cdots, a_{n1}$ 称为次对角线上的元素，该对角线称为行列式的次对角线.

在 n 阶行列式中，把元素 a_{ij} 所在的第 i 行和第 j 列划去后，余下的元素按原次序组成的 $n-1$阶行列式，称为元素 a_{ij} 的余子式，记作 M_{ij}. 若记 $A_{ij}=(-1)^{i+j}M_{ij}$，则称 A_{ij} 为元素 a_{ij} 的代数余子式. 这时，n 阶行列式的定义可简述为：n 阶行列式等于它的第一行各元素与其对应的代数余子式乘积之和，即

$$D=\begin{vmatrix} a_{11} & a_{12} & \cdots & a_{1n} \\ a_{21} & a_{22} & \cdots & a_{2n} \\ \vdots & \vdots & & \vdots \\ a_{n1} & a_{n2} & \cdots & a_{nn} \end{vmatrix}=a_{11}A_{11}+a_{12}A_{12}+\cdots+a_{1n}A_{1n},$$

上式简称为将行列式 D 按第一行展开.

由此可见，高阶行列式的计算可转化为低阶行列式进行计算.

例 9.4 计算三阶行列式

$$D=\begin{vmatrix} 1 & 0 & 1 \\ 2 & 3 & -1 \\ -1 & 2 & 2 \end{vmatrix}.$$

解 将行列式 D 按第一行展开的方法计算

$$D=1\times\begin{vmatrix} 3 & -1 \\ 2 & 2 \end{vmatrix}+1\times(-1)^{1+3}\begin{vmatrix} 2 & 3 \\ -1 & 2 \end{vmatrix}$$

$$=6+2+4+3=15.$$

9.1.2 行列式的性质和计算

行列式可以根据定义计算，但这样计算往往是很麻烦的，特别是阶数较高时，用定义计算很难进行下去，而使用行列式的性质，可以简化行列式的计算. 因此需要讨论行列式的性质.

视频 108

为研究行列式的性质，先引入转置行列式的概念.

把行列式 D 的行与列互换后得到的新行列式，称为行列式 D 的转置行列式，记为 D' 或 D^{T}，即：如果

$$D=\begin{vmatrix} a_{11} & a_{12} & \cdots & a_{1n} \\ a_{21} & a_{22} & \cdots & a_{2n} \\ \vdots & \vdots & & \vdots \\ a_{n1} & a_{n2} & \cdots & a_{nn} \end{vmatrix},$$

则

$$D'=\begin{vmatrix} a_{11} & a_{21} & \cdots & a_{n1} \\ a_{12} & a_{22} & \cdots & a_{n2} \\ \vdots & \vdots & & \vdots \\ a_{1n} & a_{2n} & \cdots & a_{nn} \end{vmatrix}.$$

行列式具有如下性质.

性质 1 行列式与它的转置行列式相等.

性质 2 交换行列式的任意两行(或两列)，行列式仅改变符号.

易验证

$$\begin{vmatrix} a_{11} & a_{12} & a_{13} \\ a_{21} & a_{22} & a_{23} \\ a_{31} & a_{32} & a_{33} \end{vmatrix}=-\begin{vmatrix} a_{31} & a_{32} & a_{33} \\ a_{21} & a_{22} & a_{23} \\ a_{11} & a_{12} & a_{13} \end{vmatrix}.$$

推论 如果行列式有两行(或两列)的对应元素相同，则此行列式的值为零.

性质 3 把行列式的某一行(或列)中的所有元素都乘以同一个数 k，等于以数 k 乘以此行列式. 如

$$\begin{vmatrix} a_{11} & a_{12} & a_{13} \\ ka_{21} & ka_{22} & ka_{23} \\ a_{31} & a_{32} & a_{33} \end{vmatrix}=k\times\begin{vmatrix} a_{11} & a_{12} & a_{13} \\ a_{21} & a_{22} & a_{23} \\ a_{31} & a_{32} & a_{33} \end{vmatrix}.$$

推论 1　如果行列式中某一行(列)的所有元素有公因子,则公因子可以提到行列式的外面.

推论 2　如果行列式中某一行(列)的所有元素为零,则此行列式的值等于零.

推论 3　如果行列式中某两行(列)的元素对应成比例,则此行列式的值等于零. 如

$$\begin{vmatrix} 1 & 2 & 3 \\ 2 & 4 & 6 \\ 0 & 12 & 4 \end{vmatrix} = 2 \times \begin{vmatrix} 1 & 2 & 3 \\ 1 & 2 & 3 \\ 0 & 12 & 4 \end{vmatrix} = 0.$$

性质 4　如果行列式中某一行(列)的各元素都是两项的和,则这个行列式等于两个行列式的和. 即

$$\begin{vmatrix} a_{11} & a_{12} & \cdots & (a_{1j}+b_{1j}) & \cdots & a_{1n} \\ a_{21} & a_{22} & \cdots & (a_{2j}+b_{2j}) & \cdots & a_{2n} \\ \vdots & \vdots & & \vdots & & \vdots \\ a_{n1} & a_{n2} & \cdots & (a_{nj}+b_{nj}) & \cdots & a_{nn} \end{vmatrix} = \begin{vmatrix} a_{11} & a_{12} & \cdots & a_{1j} & \cdots & a_{1n} \\ a_{21} & a_{22} & \cdots & a_{2j} & \cdots & a_{2n} \\ \vdots & & & \vdots & & \vdots \\ a_{n1} & a_{n2} & \cdots & a_{nj} & \cdots & a_{nn} \end{vmatrix} + \begin{vmatrix} a_{11} & a_{12} & \cdots & b_{1j} & \cdots & a_{1n} \\ a_{21} & a_{22} & \cdots & b_{2j} & \cdots & a_{2n} \\ \vdots & & & \vdots & & \vdots \\ a_{n1} & a_{n2} & \cdots & b_{nj} & \cdots & a_{nn} \end{vmatrix}.$$

性质 5　把行列式中的某一行(列)的各元素乘以同一个数,加到另一行(列)对应的元素上去,行列式的值不变. 即

$$\begin{vmatrix} a_{11} & \cdots & a_{1i} & \cdots & a_{1j} & \cdots & a_{1n} \\ a_{21} & \cdots & a_{2i} & \cdots & a_{2j} & \cdots & a_{2n} \\ \vdots & & \vdots & & \vdots & & \vdots \\ a_{n1} & \cdots & a_{ni} & \cdots & a_{nj} & \cdots & a_{nn} \end{vmatrix} = \begin{vmatrix} a_{11} & \cdots & (a_{1i}+ka_{1j}) & \cdots & a_{1j} & \cdots & a_{1n} \\ a_{21} & \cdots & (a_{2i}+ka_{2j}) & \cdots & a_{2j} & \cdots & a_{2n} \\ \vdots & & \vdots & & \vdots & & \vdots \\ a_{n1} & \cdots & (a_{ni}+ka_{nj}) & \cdots & a_{nj} & \cdots & a_{nn} \end{vmatrix}.$$

性质 6　行列式等于它的任意一行(列)的各元素与对应的代数余子式乘积之和. 即

$$D = a_{i1}A_{i1} + a_{i2}A_{i2} + \cdots + a_{in}A_{in} \quad (i=1,2,\cdots,n),$$

$$D = a_{1j}A_{1j} + a_{2j}A_{2j} + \cdots + a_{nj}A_{nj} \quad (j=1,2,\cdots,n).$$

而行列式的一行(列)元素分别与另一行(列)对应位置的元素的代数余子式之乘积的和等于零,即

$$a_{i1}A_{j1} + a_{i2}A_{j2} + \cdots + a_{in}A_{jn} = 0 \quad (i \neq j) \quad (i=1,2,\cdots,n, j=1,2,\cdots,n),$$

$$a_{1i}A_{1j} + a_{2i}A_{2j} + \cdots + a_{ni}A_{nj} = 0 \quad (i \neq j) \quad (i=1,2,\cdots,n,\ j=1,2,\cdots,n).$$

为了计算中叙述方便,约定以下记号:

(1)“$r_i \leftrightarrow r_j$”(“$c_i \leftrightarrow c_j$”)表示互换第 i,j 两行(列);

(2)“$r_i \times k$”(“$c_i \times k$”)表示行列式的第 i 行(列)乘以数 k;

(3) “$r_i + kr_j$”(“$c_i + kc_j$”)表示将行列式的第 j 行(列)乘以数 k 加到第 i 行(列).

例 9.5 计算行列式

$$D=\begin{vmatrix}1 & -1 & 1 & -2\\ 2 & 0 & -1 & 4\\ 3 & 2 & 1 & 0\\ -1 & 2 & -1 & 2\end{vmatrix}.$$

解

$$D=\begin{vmatrix}1 & -1 & 1 & -2\\ 2 & 0 & -1 & 4\\ 3 & 2 & 1 & 0\\ -1 & 2 & -1 & 2\end{vmatrix}\xlongequal[r_4+r_1]{\substack{r_2-2r_1\\ r_3-3r_1}}\begin{vmatrix}1 & -1 & 1 & -2\\ 0 & 2 & -3 & 8\\ 0 & 5 & -2 & 6\\ 0 & 1 & 0 & 0\end{vmatrix}$$

$$=1\times\begin{vmatrix}2 & -3 & 8\\ 5 & -2 & 6\\ 1 & 0 & 0\end{vmatrix}=1\times\begin{vmatrix}-3 & 8\\ -2 & 6\end{vmatrix}$$

$$=(-3)\times 6-(-2)\times 8=-2.$$

上例表明，在计算行列式时，可利用行列式的性质，先将行列式的某行(列)化为除一个元素不为零，其他元素全为零；再按该行(列)展开，使之变化为低一阶的行列式. 如此下去，直到化成二阶行列式，即可求出行列式的值.

9.1.3 克拉默法则

由二阶行列式和三阶行列式的引入看出，行列式可以用来求解二元与三元线性方程组. 由此可知，可用 n 阶行列式来求解 n 元线性方程组.

定理 9.1 (克拉默法则)设由 n 个 n 元线性方程构成的 n 元线性方程组为

$$\begin{cases}a_{11}x_1+a_{12}x_2+\cdots+a_{1n}x_n=b_1,\\ a_{21}x_1+a_{22}x_2+\cdots+a_{2n}x_n=b_2,\\ \cdots\\ a_{n1}x_1+a_{n2}x_2+\cdots+a_{nn}x_n=b_n,\end{cases}\tag{9-5}$$

若其系数行列式

$$D=\begin{vmatrix}a_{11} & a_{12} & \cdots & a_{1n}\\ a_{21} & a_{22} & \cdots & a_{2n}\\ \vdots & \vdots & & \vdots\\ a_{n1} & a_{n2} & \cdots & a_{nn}\end{vmatrix}\neq 0，且\ D_j=\begin{vmatrix}a_{11} & \cdots & a_{1j-1} & b_1 & a_{1j+1} & \cdots & a_{1n}\\ a_{21} & \cdots & a_{2j-1} & b_2 & a_{2j+1} & \cdots & a_{2n}\\ \vdots & & \vdots & \vdots & \vdots & & \vdots\\ a_{n1} & \cdots & a_{nj-1} & b_n & a_{nj+1} & \cdots & a_{nn}\end{vmatrix}$$

$(j=1,2,\cdots,n)$，则方程组式(9-5)有唯一解：

$$x_1=\frac{D_1}{D},\quad x_2=\frac{D_2}{D},\quad \cdots,\quad x_n=\frac{D_n}{D}.$$

例 9.6　用克拉默法则解方程组

$$\begin{cases}2x_1+x_2-x_3+x_4=1,\\ x_1+x_2+x_3=5,\\ x_1+2x_2-x_3+x_4=2,\\ x_1+3x_2+x_3+4x_4=5.\end{cases}$$

解　因为

$$D=\begin{vmatrix}2&1&-1&1\\1&1&1&0\\1&2&-1&1\\1&3&1&4\end{vmatrix}\xlongequal[c_3-c_1]{c_2-c_1}\begin{vmatrix}2&-1&-3&1\\1&0&0&0\\1&1&-2&1\\1&2&0&4\end{vmatrix}=-\begin{vmatrix}-1&-3&1\\1&-2&1\\2&0&4\end{vmatrix}$$

$$\xlongequal{c_3-2c_1}-\begin{vmatrix}-1&-3&3\\1&-2&-1\\2&0&0\end{vmatrix}=-2\begin{vmatrix}-3&3\\-2&-1\end{vmatrix}=-18\neq0,$$

$$D_1=\begin{vmatrix}1&1&-1&1\\5&1&1&0\\2&2&-1&1\\5&3&1&4\end{vmatrix}=-18,\qquad D_2=\begin{vmatrix}2&1&-1&1\\1&5&1&0\\1&2&-1&1\\1&5&1&4\end{vmatrix}=-36,$$

$$D_3=\begin{vmatrix}2&1&1&1\\1&1&5&0\\1&2&2&1\\1&3&5&4\end{vmatrix}=-36,\qquad D_4=\begin{vmatrix}2&1&-1&1\\1&1&1&5\\1&2&-1&2\\1&3&1&5\end{vmatrix}=18,$$

所以　$x_1=\dfrac{D_1}{D}=1,\quad x_2=\dfrac{D_2}{D}=2,\quad x_3=\dfrac{D_3}{D}=2,\quad x_4=\dfrac{D_4}{D}=-1.$

注意：

(1) 用克拉默法则解线性方程组有两个前提条件：一是未知数的个数等于方程的个数；二是系数行列式 D 不等于零.

(2) 若未知数的个数、方程的个数较多时，即使它们的个数相同，也难以使用克拉默法则来求解方程组.

由克拉默法则，可推得如下结论：

推论 1　若线性方程组式(9-5)的系数行列式 $D\neq0$，则方程组一定有解，且解是唯一的.

推论 2　若线性方程组式(9-5)无解或有两组以上(包括两组)不同的解，则方程组的系数行列式 D 必等于零.

特别的，若线性方程组式(9-5)中的常数项 $b_1,b_2,\cdots,b_n$，全部为零，则方程组为

$$\begin{cases}a_{11}x_1+a_{12}x_2+\cdots+a_{1n}x_n=0,\\ a_{21}x_1+a_{22}x_2+\cdots+a_{2n}x_n=0,\\ \qquad\vdots\\ a_{n1}x_1+a_{n2}x_2+\cdots+a_{nn}x_n=0,\end{cases}\tag{9-6}$$

称方程组式(9-6)为齐次线性方程组. 为对应齐次线性方程组的称谓,则称方程组式(9-5)为非齐次线性方程组.

显然,$x_1=x_2=\cdots=x_n=0$ 一定是方程组式(9-6)的解,我们称这个解为方程组式(9-6)的零解.

对于一组不全为零的数,若是方程组式(9-6)的解,则这样的解为方程组式(9-6)的非零解.

再根据克拉默法则,可推得如下结论:

推论 3 若齐次线性方程组式(9-6)的系数行列式 $D\neq 0$,则方程组只有零解.

推论 4 若齐次线性方程组式(9-6)有非零解,则方程组的系数行列式 D 必等于零.

以上推论说明:系数行列式 $D=0$ 是齐次线性方程组式(9-6)有非零解的必要条件,是否为充分条件? 将在后面的内容中进行讨论.

例 9.7 k 为何值时,齐次线性方程组

$$\begin{cases} kx+y+z=0, \\ x+ky+z=0, \\ x+y+kz=0 \end{cases}$$

有非零解?

解 因为方程组的系数行列式

$$\begin{vmatrix} k & 1 & 1 \\ 1 & k & 1 \\ 1 & 1 & k \end{vmatrix}=(k+2)(k-1)^2,$$

由推论 4 知,要使方程组有非零解,方程组的系数行列式 D 必须等于零,即 $D=0$.

即得到 $$(k+2)(k-1)^2=0,$$

于是解得 $$k=-2 \text{ 或 } k=1.$$

习题 9-1

习题 9-1 答案

1. 计算下列行列式:

(1) $\begin{vmatrix} \sin\varphi & -\cos\varphi \\ \cos\varphi & \sin\varphi \end{vmatrix}$;

(2) $\begin{vmatrix} 1 & 2 & 3 \\ 5 & 4 & 2 \\ 1 & -2 & 1 \end{vmatrix}$;

(3) $\begin{vmatrix} 3 & 2 & -6 \\ -4 & 3 & 5 \\ -2 & 3 & 1 \end{vmatrix}$;

(4) $\begin{vmatrix} 0 & 1 & 0 \\ 1 & 1+x & 1 \\ 1 & 1 & 1+x \end{vmatrix}$;

(5) $\begin{vmatrix} -ab & ac & ae \\ bd & -cd & de \\ bf & cf & -ef \end{vmatrix}$;

(6) $\begin{vmatrix} 1+a_1 & 1 & 1 \\ 1 & 1+a_2 & 1 \\ 1 & 1 & 1+a_3 \end{vmatrix}$;

(7) $\begin{vmatrix} 1 & 1 & 1 \\ a+1 & b+1 & c+1 \\ a^2+1 & b^2+1 & c^2+1 \end{vmatrix}$；　　(8) $\begin{vmatrix} 3 & 1 & -1 & 2 \\ -5 & 1 & 3 & -4 \\ 2 & 0 & 1 & -1 \\ 1 & -5 & 3 & -3 \end{vmatrix}$.

2. 用克拉默法则解下列线性方程组：

(1) $\begin{cases} x_1+3x_2+2x_3=0, \\ 2x_1-x_2+3x_3=0, \\ 3x_1-2x_2-x_3=0; \end{cases}$　　(2) $\begin{cases} x_1+2x_2-x_3+3x_4=2, \\ 2x_1+x_2-3x_3-2x_4=1, \\ 3x_2-x_3+x_4=6, \\ x_1-x_2+x_3+4x_4=-4; \end{cases}$

(3) $\begin{cases} x_1-3x_2+x_3=-2, \\ 2x_1+x_2-x_3=6, \\ x_1+2x_2+2x_3=2; \end{cases}$　　(4) $\begin{cases} x_1-x_2+x_3=2, \\ x_1+x_2=1, \\ x_1+x_2+x_3=8. \end{cases}$

3. 解关于 λ 的方程

$$\begin{vmatrix} 0 & 0 & \lambda+1 \\ \lambda & \lambda-2 & 0 \\ \lambda+2 & \lambda-1 & 0 \end{vmatrix}=0.$$

4. 当 λ 为何值时，下列的齐次线性方程组有非零解？

(1) $\begin{cases} \lambda x_1-2x_2=0, \\ \lambda x_1+(\lambda-3)x_2=0; \end{cases}$　　(2) $\begin{cases} 2x+\lambda y+z=0, \\ (\lambda-1)x-y+2z=0, \\ 4x+y+4z=0. \end{cases}$

9.2　矩阵的定义及运算

通过上一节的讨论知道，只有当线性方程组的个数与未知数的个数相等，且系数行列式不等于零时，才能用克拉默法则求出线性方程组的解. 对于方程个数与未知数个数较多时，即使能用克拉默法则求出方程组的解，也是非常烦琐的. 对于一般的线性方程组解的讨论，需要用矩阵这一重要的数学工具.

视频 109

9.2.1　矩阵的定义

在科学技术、经济领域中，常常用到一些矩形数据表，例如某商场三个分场的两种商品一天的营业额(万元)见表 9-1.

表 9-1　　单位:万元

	第一分场	第二分场	第三分场
彩电	8	6	5
冰箱	4	2	3

常用矩形数据表简明表示

$$\begin{pmatrix}8 & 6 & 5\\4 & 2 & 3\end{pmatrix}.$$

又如线性方程组式(9-5)中的各未知数的系数按在方程的位置次序不变可排成一个矩形数表

$$\begin{pmatrix}a_{11} & a_{12} & \cdots & a_{1n}\\a_{21} & a_{22} & \cdots & a_{2n}\\\vdots & \vdots & & \vdots\\a_{m1} & a_{m2} & \cdots & a_{mn}\end{pmatrix}.$$

这样的矩形数表,在数学上就称为矩阵.

定义 9.1 由 $m\times n$ 个数 $a_{ij}(i=1,2,\cdots,m;j=1,2,\cdots,n)$排成 m 行 n 列的数表

$$\begin{pmatrix}a_{11} & a_{12} & \cdots & a_{1n}\\a_{21} & a_{22} & \cdots & a_{2n}\\\vdots & \vdots & & \vdots\\a_{m1} & a_{m2} & \cdots & a_{mn}\end{pmatrix}$$

被称为 m 行 n 列的矩阵,简称为 $m\times n$ 的矩阵.这里的 $m\times n$ 个数叫做矩阵的元素,a_{ij} 叫做矩阵的第 i 行第 j 列的元素,i 称为 a_{ij} 的行标,j 称为 a_{ij},的列标.

矩阵通常可用大写字母 $\boldsymbol{A},\boldsymbol{B},\boldsymbol{C},\cdots$或用$(a_{ij}),(b_{ij}),\cdots$等方法表示.有时,为了标明矩阵的行数 m 和列数 n,常记作$(\boldsymbol{A})_{m\times n}$或$(a_{ij})_{m\times n}$.

① 当 $m=n$ 时,称矩阵为 n 阶方阵.对于方阵,左上角至右下角的对角线为矩阵的主对角线;左下角至右上角的对角线为矩阵的次对角线.

② 只有一行(即 $m=1$)的矩阵$(a_{11}\quad a_{12}\quad\cdots\quad a_{1n})$叫做行矩阵.

③ 只有一列(即 $n=1$)的矩阵

$$\begin{pmatrix}b_1\\b_2\\\vdots\\b_m\end{pmatrix}$$

叫做列矩阵.

④ 元素都是零的矩阵叫做零矩阵,记作 $\boldsymbol{O}$.

⑤ 主对角线以外的元素都是零的方阵

$$\begin{pmatrix}a_{11} & 0 & \cdots & 0\\0 & a_{22} & \cdots & 0\\\vdots & \vdots & & \vdots\\0 & 0 & \cdots & a_{nn}\end{pmatrix}$$

叫做对角方阵.

⑥ 主对角线上的元素都是 1,其他元素都是零的 n 阶方阵,叫做单位矩阵,记作 $\boldsymbol{E}_n$,在阶

数不至于混淆时,可简记为 $\boldsymbol{E}$,即

$$\boldsymbol{E}=\begin{pmatrix}1&0&\cdots&0\\0&1&\cdots&0\\\vdots&\vdots&&\vdots\\0&0&\cdots&1\end{pmatrix}.$$

⑦ 主对角线左下方的元素都是零的方阵

$$\begin{pmatrix}a_{11}&a_{12}&\cdots&a_{1n}\\0&a_{22}&\cdots&a_{2n}\\\vdots&\vdots&&\vdots\\0&0&\cdots&a_{nn}\end{pmatrix}$$

叫做上三角矩阵.

⑧ 主对角线右上方的元素都是零的方阵

$$\begin{pmatrix}a_{11}&0&\cdots&0\\a_{21}&a_{22}&\cdots&0\\\vdots&\vdots&&\vdots\\a_{n1}&a_{n2}&\cdots&a_{nn}\end{pmatrix}$$

叫做下三角矩阵.

⑨ 设 $\boldsymbol{A}=(a_{ij})_{m\times n}$,$\boldsymbol{B}=(b_{ij})_{m\times n}$都是 m 行 n 列的矩阵.若它们对应的元素相等,即

$$a_{ij}=b_{ij}\quad(i=1,2,\cdots,m;\ j=1,2,\cdots,n),$$

则称这两个矩阵相等,记作 $\boldsymbol{A}=\boldsymbol{B}$.

⑩ 把 $m\times n$ 矩阵 $\boldsymbol{A}$ 的行列互换(即把所有的行换成相应的列)所得到的 $n\times m$ 矩阵,称为矩阵 $\boldsymbol{A}$ 的转置矩阵,记作 $\boldsymbol{A}^{\mathrm{T}}$,或者 $\boldsymbol{A}'$.

例 9.8　设

$$\boldsymbol{A}=\begin{pmatrix}x&2&-4\\0&5&y\end{pmatrix},\quad \boldsymbol{B}=\begin{pmatrix}-2&2&z\\0&5&1\end{pmatrix},$$

已知 $\boldsymbol{A}=\boldsymbol{B}$,求 x,y,z.

解　因为 $A=B$,根据矩阵相等,则可得

$$x=-2,\quad y=1,\quad z=-4.$$

注意:n 阶方阵和 n 阶行列式是两个不同的概念,n 阶行列式是一个数值,而 n 阶方阵不是一个数,而是 n^2 个数排成的一个数表.

9.2.2　矩阵的运算

矩阵是线性代数的基本运算对象之一,下面讨论矩阵的基本运算.

1. 矩阵的加法

引例　若某制造商在两个工厂 F_1,F_2 同时生产三种产品 H_1,H_2,H_3,上半年产量用矩阵表示(单位:件)为

$$\begin{array}{c} \quad\quad H_1 \quad\quad H_2 \quad\quad H_3 \\ \boldsymbol{A}=\begin{pmatrix} 3000 & 2500 & 2000 \\ 1000 & 1100 & 1000 \end{pmatrix}\begin{matrix} F_1 \\ F_2 \end{matrix}, \end{array}$$

下半年产量用矩阵表示为

$$\boldsymbol{B}=\begin{pmatrix} 3100 & 2500 & 2800 \\ 1000 & 1200 & 1300 \end{pmatrix},$$

则该制造商全年各工厂各产品的总产量可以用下面的矩阵表示：

$$\boldsymbol{C}=\begin{pmatrix} 3000+3100 & 2500+2600 & 2000+2800 \\ 1000+1000 & 1100+1200 & 1000+1300 \end{pmatrix}=\begin{pmatrix} 6100 & 5100 & 4800 \\ 2000 & 2300 & 2300 \end{pmatrix}.$$

也就是矩阵 $\boldsymbol{A}$ 与矩阵 $\boldsymbol{B}$ 的对应元素相加，就得到 $\boldsymbol{C}$，这样的运算就称为矩阵的加法.

定义 9.2 两个 $m\times n$ 矩阵 $\mathbf{A}=(a_{ij})_{m\times n}$，$\mathbf{B}=(b_{ij})m\times n$ 的对应元素相加得到的 $m\times n$ 矩阵

$$\boldsymbol{C}=\begin{pmatrix} a_{11}+b_{11} & a_{12}+b_{12} & \cdots & a_{1n}+b_{1n} \\ a_{21}+b_{21} & a_{22}+b_{22} & \cdots & a_{2n}+b_{2n} \\ \vdots & \vdots & & \vdots \\ a_{m1}+b_{m1} & a_{m2}+b_{m2} & \cdots & a_{mn}+b_{mn} \end{pmatrix}$$

称为矩阵 $\boldsymbol{A}$ 与 $\boldsymbol{B}$ 的和，记作 $\boldsymbol{C}=\boldsymbol{A}+\boldsymbol{B}$.

类似矩阵的和的定义，可以定义矩阵的减法，只需将加法中对应元素相加改为相减即可.

注意：由定义可知，两个矩阵只有在行数与列数对应相同时才能相加减.

2. 矩阵的数乘

在前面引例中，若制造商各工厂生产各种产品的总量第二年、第三年分别与第一年完全一样，则三年各工厂生产各产品的总量可以用下述矩阵表示：

$$\boldsymbol{D}=\begin{bmatrix} 6100\times 3 & 5100\times 3 & 4800\times 3 \\ 2000\times 3 & 2300\times 3 & 2300\times 3 \end{bmatrix}.$$

上面的矩阵 $\boldsymbol{D}$ 就是把矩阵 $\boldsymbol{C}$ 的每一个元素都乘以同一个数而得到一个矩阵，这样的运算就是数与矩阵的乘法.

定义 9.3 设矩阵 $\mathbf{A}=(a_{ij})_{m\times n}$，$k\in\mathbf{R}$ 为常数，则矩阵 $\mathbf{B}=(ka_{ij})_{m\times n}$ 称为数 k 与矩阵 $\mathbf{A}$ 的数乘，简称数乘矩阵，记作 $k\mathbf{A}$，即 $k\mathbf{A}=(ka_{ij})_{m\times n}$.

例 9.9 设

$$\boldsymbol{A}=\begin{pmatrix} 3 & 1 & 0 \\ -1 & 2 & 1 \\ 4 & 4 & 2 \end{pmatrix},\quad \boldsymbol{B}=\begin{pmatrix} 1 & 0 & 2 \\ -1 & 1 & 1 \\ 2 & 1 & 1 \end{pmatrix},$$

且 $3\boldsymbol{A}-2\boldsymbol{X}=\boldsymbol{B}$，求矩阵 $\boldsymbol{X}$.

解 由于 $\boldsymbol{A}$、$\boldsymbol{B}$ 都是三阶方阵，所以，$\boldsymbol{X}$ 也是三阶方阵，可设为

$$X=\begin{pmatrix} x_{11} & x_{12} & x_{13} \\ x_{21} & x_{22} & x_{23} \\ x_{31} & x_{32} & x_{33} \end{pmatrix},$$

则

$$3\begin{pmatrix} 3 & 1 & 0 \\ -1 & 2 & 1 \\ 4 & 4 & 2 \end{pmatrix}-2\begin{pmatrix} x_{11} & x_{12} & x_{13} \\ x_{21} & x_{22} & x_{23} \\ x_{31} & x_{32} & x_{33} \end{pmatrix}=\begin{pmatrix} 1 & 0 & 2 \\ -1 & 1 & 1 \\ 2 & 1 & 1 \end{pmatrix},$$

即

$$\begin{pmatrix} 9-2x_{11} & 3-2x_{12} & -2x_{13} \\ -3-2x_{21} & 6-2x_{22} & 3-2x_{23} \\ 12-2x_{31} & 12-2x_{32} & 6-2x_{33} \end{pmatrix}=\begin{pmatrix} 1 & 0 & 2 \\ -1 & 1 & 1 \\ 2 & 1 & 1 \end{pmatrix}.$$

由相等矩阵的对应元素相等的性质，可得

$$X=\begin{pmatrix} 4 & \frac{3}{2} & -1 \\ -1 & \frac{5}{2} & 1 \\ 5 & \frac{11}{2} & \frac{5}{2} \end{pmatrix}.$$

3. 矩阵与矩阵相乘

为理解矩阵的乘法，并能在实践中得到应用，先分析下列实例.

若用矩阵 $\boldsymbol{A}$ 表示某商场的三个分场两类商品的营业额，用矩阵 $\boldsymbol{B}$ 表示两种商品的国税率、地税率，即设

视频 110

$$\begin{matrix} & \text{家电} & \text{服装} & \\ \boldsymbol{A}= & \left(\begin{matrix} a_{11} \\ a_{21} \\ a_{31} \end{matrix}\right. & \left.\begin{matrix} a_{12} \\ a_{22} \\ a_{32} \end{matrix}\right) & \begin{matrix} \text{商场一}, \\ \text{商场二}, \\ \text{商场三}, \end{matrix} \end{matrix} \qquad \begin{matrix} & \text{国税率} & \text{地税率} & \\ \boldsymbol{B}= & \left(\begin{matrix} b_{11} \\ b_{21} \end{matrix}\right. & \left.\begin{matrix} b_{12} \\ b_{22} \end{matrix}\right) & \begin{matrix} \text{家电}, \\ \text{服装}, \end{matrix} \end{matrix}$$

则各分场应向国家财政和地方财政上交税额，可用如下矩阵表示：

$$\boldsymbol{C}=\begin{pmatrix} a_{11}b_{11}+a_{12}b_{21} & a_{11}b_{12}+a_{12}b_{22} \\ a_{21}b_{11}+a_{22}b_{21} & a_{21}b_{12}+a_{22}b_{22} \\ a_{31}b_{11}+a_{32}b_{21} & a_{31}b_{12}+a_{32}b_{22} \end{pmatrix}.$$
$$\qquad\qquad\text{国税} \qquad\qquad\qquad \text{地税}$$

对于上面的矩阵 $\boldsymbol{C}$，可以看出，它的任意一元素 c_{ij} 是矩阵 $\boldsymbol{A}$ 的第 i 行的元素与矩阵 $\boldsymbol{B}$ 的第 j 列对应元素的乘积之和，即 $c_{ij}=a_{i1}b_{1j}+a_{i2}b_{2j}(i=1,2,j=1,2)$. 这里的矩阵 $\boldsymbol{C}$ 就称为是矩阵 $\boldsymbol{A}$ 与矩阵 $\boldsymbol{B}$ 的乘积.

由此可得矩阵相乘的定义：

定义 9.4　设矩阵 $\boldsymbol{A}=(a_{ij})_{m\times l}$ 的列数与矩阵 $\boldsymbol{B}=(b_{ij})_{l\times n}$ 的行数相同，则由元素

$$c_{ij}=a_{i1}b_{1j}+a_{i2}b_{2j}+\cdots+a_{il}b_{lj}(i=1,2,\cdots,m;j=1,2,\cdots,n)$$

构成的 m 行 n 列矩阵

$$\boldsymbol{C}=(c_{ij})_{m\times n}=(a_{i1}b_{1j}+a_{i2}b_{2j}+\cdots+a_{il}b_{lj})_{m\times n}$$

称为矩阵 $\boldsymbol{A}$ 与矩阵 $\boldsymbol{B}$ 的乘积,记为 $\boldsymbol{C}=\boldsymbol{AB}$.

上述定义表明:

(1) 乘积矩阵 $\boldsymbol{C}$ 的第 i 行第 j 列的元素 c_{ij},为左边矩阵 $\boldsymbol{A}$ 的第 i 行元素与右边矩阵 $\boldsymbol{B}$ 的第 j 列的对应元素乘积之和,如下所示:

$$i\text{行}\begin{bmatrix}\cdots & \cdots & \cdots\\ a_{i1} & \cdots & a_{il}\\ \cdots & \cdots & \cdots\end{bmatrix}_{m\times l}\underset{j\text{列}}{\begin{bmatrix}\cdots & b_{1j} & \cdots\\ \cdots & \cdots & \cdots\\ \cdots & b_{lj} & \cdots\end{bmatrix}_{l\times n}}=\underset{j\text{列}}{\begin{bmatrix} & \vdots & \\ \cdots & c_{ij} & \cdots\\ & \vdots & \end{bmatrix}_{m\times n}}i\text{行}.$$

(2) 只有当左边的矩阵 $\boldsymbol{A}$ 的列数与右边的矩阵 $\boldsymbol{B}$ 的行数相等时,两矩阵才能相乘.

例 9.10 设

$$\boldsymbol{A}=\begin{pmatrix}1 & 1\\ -1 & -1\end{pmatrix},\quad \boldsymbol{B}=\begin{pmatrix}1 & -1\\ -1 & 1\end{pmatrix},\quad \boldsymbol{C}=\begin{pmatrix}2 & -3\\ -2 & 3\end{pmatrix},$$

求 $\boldsymbol{AB},\boldsymbol{BA},\boldsymbol{AC}$.

解

$$\boldsymbol{AB}=\begin{pmatrix}1 & 1\\ -1 & -1\end{pmatrix}\begin{pmatrix}1 & -1\\ -1 & 1\end{pmatrix}=\begin{pmatrix}0 & 0\\ 0 & 0\end{pmatrix},$$

$$\boldsymbol{BA}=\begin{pmatrix}1 & -1\\ -1 & 1\end{pmatrix}\begin{pmatrix}1 & 1\\ -1 & -1\end{pmatrix}=\begin{pmatrix}2 & 2\\ -2 & -2\end{pmatrix},$$

$$\boldsymbol{AC}=\begin{pmatrix}1 & 1\\ -1 & -1\end{pmatrix}\begin{pmatrix}2 & -3\\ -2 & 3\end{pmatrix}=\begin{pmatrix}0 & 0\\ 0 & 0\end{pmatrix}.$$

由上例不难看出,一般地:

① $\boldsymbol{AB}\neq\boldsymbol{BA}$,即矩阵乘法不满足交换律;

② $\boldsymbol{A}\neq\boldsymbol{O},\boldsymbol{B}\neq\boldsymbol{O}$,尽管有 $\boldsymbol{AB}=\boldsymbol{O}$,也不能由 $\boldsymbol{AB}=\boldsymbol{O}$ 得出 $\boldsymbol{A}=\boldsymbol{O}$ 或 $\boldsymbol{B}=\boldsymbol{O}$;

③ $\boldsymbol{AB}=\boldsymbol{AC},\boldsymbol{A}\neq\boldsymbol{O}$ 但 $\boldsymbol{B}\neq\boldsymbol{C}$,说明矩阵乘法不满足消除律.

容易验证,矩阵乘法满足以下运算律.

① 结合律:$(\boldsymbol{AB})\boldsymbol{C}=\boldsymbol{A}(\boldsymbol{BC})$.

② 分配律:$(\boldsymbol{A}+\boldsymbol{B})\boldsymbol{C}=\boldsymbol{AC}+\boldsymbol{BC}$, $\boldsymbol{C}(\boldsymbol{A}+\boldsymbol{B})=\boldsymbol{CA}+\boldsymbol{CB}$.

③ $k(\boldsymbol{AB})=(k\boldsymbol{A})B=A(k\boldsymbol{B})$,其中 k 为常数.

例 9.11 已知

$$\boldsymbol{A}=\begin{bmatrix}a_{11} & a_{12} & a_{13}\\ a_{21} & a_{22} & a_{23}\end{bmatrix},$$

求 $\boldsymbol{AE}_3$ 和 $\boldsymbol{E}_2\boldsymbol{A}$.

解

$$\boldsymbol{AE}_3=\begin{bmatrix}a_{11} & a_{12} & a_{13}\\ a_{21} & a_{22} & a_{23}\end{bmatrix}\begin{bmatrix}1 & 0 & 0\\ 0 & 1 & 0\\ 0 & 0 & 1\end{bmatrix}=\begin{bmatrix}a_{11} & a_{12} & a_{13}\\ a_{21} & a_{22} & a_{23}\end{bmatrix}=\boldsymbol{A},$$

$$E_2A=\begin{pmatrix}1 & 0\\0 & 1\end{pmatrix}\begin{pmatrix}a_{11} & a_{12} & a_{13}\\a_{21} & a_{22} & a_{23}\end{pmatrix}=\begin{pmatrix}a_{11} & a_{12} & a_{13}\\a_{21} & a_{22} & a_{23}\end{pmatrix}=A.$$

由此例看出：在矩阵乘法中，单位矩阵所起的作用与普通代数中数 1 的作用类似. 一般有 $A_{m\times n}E_n=A_{m\times n}$，　$E_mA_{m\times n}=A_{m\times n}$，可简记为：$AE=EA=A$.

由矩阵的乘积可以定义方阵的幂.

设 A 是 n 阶方阵，k 为正整数，则

$$A^k=\underbrace{AA\cdots A}_{k\text{个}}$$

称为方阵 A 的 k 次幂.

由矩阵乘法的结合律，可得方阵的幂满足：

(1) $A^mA^k=A^{m+k}$，　　(2) $(A^m)^k=A^{mk}$　(m、k 为正整数).

但由于矩阵乘法不满足交换律，因此，一般情况下

$$(AB)^k\neq A^kB^k.$$

4. 矩阵的转置

定义 9.5　矩阵的转置运算指的是求 $m\times n$ 的矩阵 A 的转置矩阵 A^T(或者 A')的运算

例 9.12　求矩阵

$$A=\begin{pmatrix}3 & 11 & 0\\-7 & 6 & 2\end{pmatrix}$$

的转置矩阵 A^T.

解　根据转置矩阵定义，可得

$$A^T=\begin{pmatrix}3 & -7\\11 & 6\\0 & 2\end{pmatrix}.$$

容易验证，矩阵的转置满足以下运算规律：

(1) $(A^T)^T=A$；　　(2) $(A+B)^T=A^T+B^T$；

(3) $(kA)^T=kA^T$；　　(4) $(AB)^T=B^TA^T$.

例 9.13　已知

$$A=\begin{pmatrix}2 & 0 & -1\\1 & 3 & 2\end{pmatrix},\quad B=\begin{pmatrix}1 & 7 & -1\\4 & 2 & 3\\2 & 0 & 1\end{pmatrix},$$

验证 $(AB)^T=B^TA^T$.

解　因为

$$AB=\begin{pmatrix}2 & 0 & -1\\1 & 3 & 2\end{pmatrix}\begin{pmatrix}1 & 7 & -1\\4 & 2 & 3\\2 & 0 & 1\end{pmatrix}=\begin{pmatrix}0 & 14 & -3\\17 & 13 & 10\end{pmatrix},$$

所以

$$(\boldsymbol{AB})^{\mathrm{T}}=\begin{pmatrix}0 & 17\\14 & 13\\-3 & 10\end{pmatrix},$$

$$\boldsymbol{B}^{\mathrm{T}}\boldsymbol{A}^{\mathrm{T}}=\begin{pmatrix}1 & 4 & 2\\7 & 2 & 0\\-1 & 3 & 1\end{pmatrix}\begin{pmatrix}2 & 1\\0 & 3\\-1 & 2\end{pmatrix}=\begin{pmatrix}0 & 17\\14 & 13\\-3 & 10\end{pmatrix},$$

即

$$(\boldsymbol{AB})^{\mathrm{T}}=\boldsymbol{B}^{\mathrm{T}}\boldsymbol{A}^{\mathrm{T}}.$$

5. n 阶方阵的行列式

定义 9.6 把方阵 $\boldsymbol{A}$ 的元素按其原来的次序排列的行列式，称为方阵 $\boldsymbol{A}$ 的行列式，记作 $\det\boldsymbol{A}$（或 $|\boldsymbol{A}|$）.

例 9.14 设

$$\boldsymbol{A}=\begin{pmatrix}1 & 2\\0 & 3\end{pmatrix},\quad \boldsymbol{B}=\begin{pmatrix}-1 & 0\\3 & 5\end{pmatrix},$$

求 $\boldsymbol{A}+\boldsymbol{B}$，$3\boldsymbol{A}$，$\boldsymbol{AB}$ 及 $\det\boldsymbol{A}$，$\det\boldsymbol{B}$，$\det(\boldsymbol{A}+\boldsymbol{B})$，$\det 3\boldsymbol{A}$，$\det\boldsymbol{AB}$.

解 由矩阵的运算知

$$\boldsymbol{A}+\boldsymbol{B}=\begin{pmatrix}0 & 2\\3 & 8\end{pmatrix},\ 3A=\begin{pmatrix}3 & 6\\0 & 9\end{pmatrix},\quad \boldsymbol{AB}=\begin{pmatrix}5 & 10\\9 & 15\end{pmatrix},$$

$$\det\boldsymbol{A}=\begin{vmatrix}1 & 2\\0 & 3\end{vmatrix}=3,\quad \det\boldsymbol{B}=\begin{vmatrix}-1 & 0\\3 & 5\end{vmatrix}=-5,\det(A+B)=\begin{pmatrix}0 & 2\\3 & 8\end{pmatrix}=-6,$$

$$\det 3\boldsymbol{A}=\begin{vmatrix}3 & 6\\0 & 9\end{vmatrix}=27=3^2\det\boldsymbol{A},\quad \det\boldsymbol{AB}=\begin{vmatrix}5 & 10\\9 & 15\end{vmatrix}=-15=\det\boldsymbol{A}\det\boldsymbol{B}.$$

从上例可知：

(1) 方阵与行列式是两个不同的概念. n 阶方阵是 $n\times n$ 个数排成 n 行 n 列的一个数表，矩阵中的各元素没有任何运算关系，而行列式是一个数值.

(2) 矩阵的加法与行列式不同. 矩阵的加法是对应元素相加，行列式则是两个数相加. 一般地，$\det(\boldsymbol{A}+\boldsymbol{B})\neq\det\boldsymbol{A}+\det\boldsymbol{B}$.

(3) “数与矩阵相乘”和“数与行列式相乘”也是不同的概念. 数与矩阵的乘法是用数乘矩阵的每一个元素，而数与行列式相乘只是用数乘行列式的某一行（或列）的各元素.

(4) 方阵的行列式满足以下运算规律.

① $\det(\boldsymbol{A}^{\mathrm{T}})=\det\boldsymbol{A}$；

② $\det(k\boldsymbol{A})=k^n\det\boldsymbol{A}$；

③ $\det(\boldsymbol{AB})=\det(\boldsymbol{BA})=\det\boldsymbol{A}\det\boldsymbol{B}$.

习题 9-2 答案

习题 9-2

1. 设矩阵

$$A=\begin{pmatrix}1&1&-1\\0&2&2\\1&-1&0\end{pmatrix},\quad B=\begin{pmatrix}1&2&-3\\0&1&2\\0&0&1\end{pmatrix},$$

求 $\boldsymbol{A}+\boldsymbol{B}$，$\boldsymbol{A}-\boldsymbol{B}$，$3\boldsymbol{A}+2\boldsymbol{B}$，$\boldsymbol{A}^2-\boldsymbol{B}$，$\boldsymbol{A}+\boldsymbol{B}^2$.

2. 已知矩阵

$$A=\begin{pmatrix}1&2\\3&0\end{pmatrix},\quad B=\begin{pmatrix}1&1\\0&1\end{pmatrix},$$

且满足 $3\boldsymbol{X}+2\boldsymbol{A}=\boldsymbol{B}$，求未知矩阵 $\boldsymbol{X}$.

3. 设矩阵

$$A=\begin{pmatrix}6&1&2\\a&5&c\\b&3&4\end{pmatrix},$$

且 $\boldsymbol{A}^{\mathrm{T}}=\boldsymbol{A}$，求 a,b,c.

4. 设矩阵

$$A=\begin{pmatrix}4&-1\\0&2\\-3&2\end{pmatrix},\quad B=\begin{pmatrix}2&1\\3&4\end{pmatrix},$$

求 $(\boldsymbol{AB})^{\mathrm{T}}$ 和 $\boldsymbol{B}^{\mathrm{T}}\boldsymbol{A}^{\mathrm{T}}$.

5. 计算：

(1) $\det\begin{pmatrix}1&1&-1\\0&2&2\\1&-1&0\end{pmatrix}\begin{pmatrix}1&2&-3\\0&1&2\\0&0&1\end{pmatrix}$；　(2) $\begin{pmatrix}\frac{1}{2}&-\frac{1}{2}\\-\frac{1}{2}&\frac{1}{2}\end{pmatrix}^2$.

6. 现有某种物资(单位：t)，从三个产地运往四个销售地，两次调运方案分别用矩阵 $\boldsymbol{A}$ 与矩阵 $\boldsymbol{B}$ 表示：

$$A=\begin{pmatrix}30&25&17&0\\20&0&14&23\\0&20&20&30\end{pmatrix},\quad B=\begin{pmatrix}10&15&13&30\\0&40&16&17\\5&0&10&0\end{pmatrix}.$$

那么，两次从各产地运往各销售地的物资的总调运量是多少(用矩阵表示)？

9.3 逆矩阵

在 9.2 节，若已知矩阵 $\boldsymbol{A}$ 和 $\boldsymbol{B}$ 且满足相乘条件时，用矩阵乘法，可以求出矩阵 $\boldsymbol{C}$，使 $\boldsymbol{AB}=\boldsymbol{C}$；现在，若已知矩阵 $\boldsymbol{A}$ 和 $\boldsymbol{C}$，是否能求出矩阵 $\boldsymbol{B}$，使 $\boldsymbol{AB}=\boldsymbol{C}$？

要解决此问题，要先讨论一个较简单的问题：对一个方阵 $\boldsymbol{A}$，能否求出一个同阶方阵 $\boldsymbol{B}$，使 $\boldsymbol{AB}=\boldsymbol{E}$？

显然，并不是所有的方阵 $\boldsymbol{A}$ 都存在同阶方阵 $\boldsymbol{B}$，使 $\boldsymbol{AB}=\boldsymbol{E}$.

9.3.1 逆矩阵的定义与性质

1. 逆矩阵的概念

视频 111

为解决上面提及的问题，先引入如下的定义：

定义 9.7 设 $\boldsymbol{A}$ 为 n 阶方阵，若存在一个 n 阶方阵 $\boldsymbol{B}$，使

$$\boldsymbol{AB}=\boldsymbol{BA}=\boldsymbol{E},$$

则称方阵 $\boldsymbol{A}$ 是可逆的（简称 $\boldsymbol{A}$ 可逆），并称方阵 $\boldsymbol{B}$ 为 $\boldsymbol{A}$ 的逆矩阵（简称为 $\boldsymbol{A}$ 的逆阵或 $\boldsymbol{A}$ 的逆），记作 $\boldsymbol{A}^{-1}$. 即若 $\boldsymbol{AB}=\boldsymbol{BA}=\boldsymbol{E}$，则 $\boldsymbol{B}=\boldsymbol{A}^{-1}$.

例 9.15 设有如下方阵 $\boldsymbol{A}$ 和 $\boldsymbol{B}$，验证方阵 $\boldsymbol{A}$ 是可逆的，且方阵 $\boldsymbol{B}$ 是 $\boldsymbol{A}$ 的逆矩阵.

$$\boldsymbol{A}=\begin{pmatrix}1 & 2\\ 2 & 3\end{pmatrix},\quad \boldsymbol{B}=\begin{pmatrix}-3 & 2\\ 2 & -1\end{pmatrix}.$$

解 因为

$$\boldsymbol{AB}=\begin{pmatrix}1 & 2\\ 2 & 3\end{pmatrix}\begin{pmatrix}-3 & 2\\ 2 & -1\end{pmatrix}=\begin{pmatrix}1 & 0\\ 0 & 1\end{pmatrix},$$

$$\boldsymbol{BA}=\begin{pmatrix}-3 & 2\\ 2 & -1\end{pmatrix}\begin{pmatrix}1 & 2\\ 2 & 3\end{pmatrix}=\begin{pmatrix}1 & 0\\ 0 & 1\end{pmatrix},$$

即有

$$\boldsymbol{AB}=\boldsymbol{BA}=\boldsymbol{E}.$$

故由定义 9.7 得：方阵 $\boldsymbol{A}$ 是可逆的，而 $\boldsymbol{B}$ 是 $\boldsymbol{A}$ 的逆矩阵.

2. 可逆矩阵的性质

定理 9.2 设方阵 $\boldsymbol{A}$ 是可逆的，则 $\boldsymbol{A}$ 的逆矩阵是唯一的.

证明 设 $\boldsymbol{A}$ 有两个逆矩阵 $\boldsymbol{B}$ 和 $\boldsymbol{C}$，则

$$\boldsymbol{B}=\boldsymbol{BE}=\boldsymbol{B}(\boldsymbol{AC})=(\boldsymbol{BA})\boldsymbol{C}=\boldsymbol{EC}=\boldsymbol{C},$$

所以，$\boldsymbol{A}$ 的逆矩阵是唯一的.

定理 9.3 如果方阵 $\boldsymbol{A}$ 可逆，则 $\det\boldsymbol{A}\neq 0$.

证明 因为 $\boldsymbol{A}$ 可逆，即有 $\boldsymbol{A}^{-1}$，使 $\boldsymbol{AA}^{-1}=\boldsymbol{E}$，

于是就有

$$\det(\boldsymbol{AA}^{-1})=\det\boldsymbol{E},$$

得

$$\det\boldsymbol{A}\cdot\det\boldsymbol{A}^{-1}=\det\boldsymbol{E}=1,$$

所以 $\det\boldsymbol{A}\neq 0$.

3. 方阵的逆矩阵满足的运算规律

(1) 若方阵 $\boldsymbol{A}$ 可逆，则 $\boldsymbol{A}^{-1}$ 也可逆，且 $(\boldsymbol{A}^{-1})^{-1}=\boldsymbol{A}$.

证明　因为 $\boldsymbol{A}$ 可逆，所以存在 $\boldsymbol{A}^{-1}$，使

$$\boldsymbol{A}^{-1}\boldsymbol{A}=\boldsymbol{A}\boldsymbol{A}^{-1}=\boldsymbol{E},$$

所以 $\boldsymbol{A}$ 就是 $\boldsymbol{A}^{-1}$ 的逆矩阵，即 $(\boldsymbol{A}^{-1})^{-1}=\boldsymbol{A}$.

(2) 若方阵 $\boldsymbol{A}$ 可逆，数 $k\neq 0$，则 $k\boldsymbol{A}$ 也可逆，且 $(k\boldsymbol{A})^{-1}=\frac{1}{k}\boldsymbol{A}^{-1}$.

证明　因为

$$(k\boldsymbol{A})\left(\frac{1}{k}\boldsymbol{A}^{-1}\right)=\left(k\cdot\frac{1}{k}\right)(\boldsymbol{A}\boldsymbol{A}^{-1})=\boldsymbol{E},$$

同时有

$$\left(\frac{1}{k}\boldsymbol{A}^{-1}\right)(k\boldsymbol{A})=\left(k\cdot\frac{1}{k}\right)(\boldsymbol{A}\boldsymbol{A}^{-1})=\boldsymbol{E},$$

所以

$$(k\boldsymbol{A})^{-1}=\frac{1}{k}\boldsymbol{A}^{-1}.$$

(3) 若 $\boldsymbol{A},\boldsymbol{B}$ 为同阶可逆方阵，则 $\boldsymbol{AB}$ 也可逆，且 $(\boldsymbol{AB})^{-1}=\boldsymbol{B}^{-1}\boldsymbol{A}^{-1}$.

证明　因为

$$(\boldsymbol{AB})(\boldsymbol{B}^{-1}\boldsymbol{A}^{-1})=\boldsymbol{A}(\boldsymbol{B}\boldsymbol{B}^{-1})\boldsymbol{A}^{-1}=\boldsymbol{AEA}^{-1}=\boldsymbol{A}\boldsymbol{A}^{-1}=\boldsymbol{E},$$

同理有

$$(\boldsymbol{B}^{-1}\boldsymbol{A}^{-1})(\boldsymbol{AB})=\boldsymbol{B}^{-1}(\boldsymbol{A}^{-1}\boldsymbol{A})\boldsymbol{B}=\boldsymbol{B}^{-1}\boldsymbol{EB}=\boldsymbol{B}^{-1}\boldsymbol{B}=\boldsymbol{E},$$

所以

$$(\boldsymbol{AB})^{-1}=\boldsymbol{B}^{-1}\boldsymbol{A}^{-1}.$$

(4) 若方阵 $\boldsymbol{A}$ 可逆，则 $\boldsymbol{A}^{\mathrm{T}}$ 也可逆，且 $(\boldsymbol{A}^{\mathrm{T}})^{-1}=(\boldsymbol{A}^{-1})^{\mathrm{T}}$.

证明　因为

$$(\boldsymbol{A}^{\mathrm{T}})(\boldsymbol{A}^{-1})^{\mathrm{T}}=(\boldsymbol{A}^{-1}\boldsymbol{A})^{\mathrm{T}}=\boldsymbol{E}^{\mathrm{T}}=\boldsymbol{E},$$

所以有

$$(\boldsymbol{A}^{\mathrm{T}})^{-1}=(\boldsymbol{A}^{-1})^{\mathrm{T}}.$$

9.3.2　伴随矩阵与逆矩阵的求法

通过前面的对逆矩阵概念与性质的讨论，对于矩阵 $\boldsymbol{A}$，只要 $\boldsymbol{A}$ 是一个可逆的方阵，则一定存在一个矩阵 $\boldsymbol{B}=\boldsymbol{A}^{-1}$，使 $\boldsymbol{AB}=\boldsymbol{E}$.

由此可知，求上面问题中所述的矩阵 $\boldsymbol{B}$，就是求 $\boldsymbol{A}^{-1}$，那怎么求出 $\boldsymbol{A}^{-1}$ 呢？

首先，分析一个实例.

例 9.16　验证矩阵 $\boldsymbol{B}=-\frac{1}{2}\begin{pmatrix}4 & -2\\ -3 & 1\end{pmatrix}$ 是矩阵 $\boldsymbol{A}=\begin{pmatrix}1 & 2\\ 3 & 4\end{pmatrix}$ 的逆矩阵.

证明　因为　$\boldsymbol{B}=-\frac{1}{2}\begin{pmatrix}4 & -2\\ -3 & 1\end{pmatrix}=\begin{pmatrix}-2 & 1\\ \frac{3}{2} & -\frac{1}{2}\end{pmatrix}$,

则有

$$\boldsymbol{AB}=\begin{pmatrix}1 & 2\\ 3 & 4\end{pmatrix}\begin{pmatrix}-2 & 1\\ \frac{3}{2} & -\frac{1}{2}\end{pmatrix}=\begin{pmatrix}1 & 0\\ 0 & 1\end{pmatrix},$$

$$BA=\begin{pmatrix}-2 & 1\\ \frac{3}{2} & -\frac{1}{2}\end{pmatrix}\begin{pmatrix}1 & 2\\ 3 & 4\end{pmatrix}=\begin{pmatrix}1 & 0\\ 0 & 1\end{pmatrix}.$$

由逆矩阵定义,得

$$B=A^{-1}.$$

由于
$$\det A=\begin{vmatrix}1 & 2\\ 3 & 4\end{vmatrix}=-2,$$

若记 $A^*=\begin{pmatrix}A_{11} & A_{21}\\ A_{12} & A_{22}\end{pmatrix}$(这里的矩阵 A^* 称为矩阵 A 的伴随矩阵),则不难看出上例中的矩阵 B 具有如下特征结构:

$$\frac{1}{\det A}\begin{pmatrix}A_{11} & A_{21}\\ A_{12} & A_{22}\end{pmatrix},$$

即 $B=A^{-1}=\frac{1}{\det A}A^*$.

对于分析矩阵是否可逆以及求逆矩阵,上面的例题说明了什么?对于这个问题,由下面的定义与定理来回答.

定义 9.8 由 n 阶方阵

$$A=\begin{pmatrix}a_{11} & a_{12} & \cdots & a_{1n}\\ a_{21} & a_{22} & \cdots & a_{2n}\\ \vdots & \vdots & & \vdots\\ a_{n1} & a_{n2} & \cdots & a_{nn}\end{pmatrix}$$

的行列式 $\det A$ 中的元素 a_{ij} 的代数余子式 A_{ij} 所构成的方阵

$$\begin{pmatrix}A_{11} & A_{21} & \cdots & A_{n1}\\ A_{12} & A_{22} & \cdots & A_{n2}\\ \vdots & \vdots & & \vdots\\ A_{1n} & A_{2n} & \cdots & A_{nn}\end{pmatrix}$$

称为矩阵 A 的伴随矩阵,记为 A^*.

定理 9.4 设 A 为方阵,若 $\det A\neq 0$,则 A 可逆,且 $A^{-1}=\frac{1}{\det A}A^*$

证明 由行列式按行展开的性质及推论可知:

$$\begin{pmatrix}a_{11} & a_{12} & \cdots & a_{1n}\\ a_{21} & a_{22} & \cdots & a_{2n}\\ \vdots & \vdots & & \vdots\\ a_{n1} & a_{n2} & \cdots & a_{nn}\end{pmatrix}\begin{pmatrix}A_{11} & A_{21} & \cdots & A_{n1}\\ A_{12} & A_{22} & \cdots & A_{n2}\\ \vdots & \vdots & & \vdots\\ A_{1n} & A_{2n} & \cdots & A_{nn}\end{pmatrix}=\begin{pmatrix}\det A & 0 & \cdots & 0\\ 0 & \det A & \cdots & 0\\ \vdots & \vdots & & \vdots\\ 0 & 0 & \cdots & \det A\end{pmatrix}=(\det A)E.$$

因 $\det A\neq 0$,所以有
$$A\left(\frac{1}{\det A}A^*\right)=E,$$

同理有
$$\left(\frac{1}{\det A}A^*\right)A=E,$$

所以就有
$$A^{-1}=\frac{1}{\det A}A^{*}.$$

综合定理 9.3 和定理 9.4 可得：

①方阵 A 可逆的充分必要条件是 $\det A\neq 0$；

② 这两个定理为分析矩阵是否可逆以及怎样求逆矩阵指明了方向.

例 9.17　已知方阵
$$A=\begin{pmatrix}2&1&1\\3&1&2\\1&-1&0\end{pmatrix},$$
判定 A 是否为可逆矩阵，若是可逆矩阵，求其逆矩阵 A^{-1}.

解　因为
$$\det A=\begin{vmatrix}2&1&1\\3&1&2\\1&-1&0\end{vmatrix}=2\neq 0,$$
所以 A 可逆.

又因为
$$A_{11}=\begin{vmatrix}1&2\\-1&0\end{vmatrix}=2,\quad A_{21}=-\begin{vmatrix}1&1\\-1&0\end{vmatrix}=-1,\quad A_{31}=\begin{vmatrix}1&1\\1&2\end{vmatrix}=1,$$
$$A_{12}=-\begin{vmatrix}3&2\\1&0\end{vmatrix}=2,\quad A_{22}=\begin{vmatrix}2&1\\1&0\end{vmatrix}=-1,\quad A_{32}=-\begin{vmatrix}2&1\\3&2\end{vmatrix}=-1,$$
$$A_{13}=\begin{vmatrix}3&1\\1&-1\end{vmatrix}=-4,\quad A_{23}=-\begin{vmatrix}2&1\\1&-1\end{vmatrix}=3,\quad A_{33}=\begin{vmatrix}2&1\\3&1\end{vmatrix}=-1,$$
所以伴随矩阵
$$A^{*}=\begin{pmatrix}2&-1&1\\2&-1&-1\\-4&3&-1\end{pmatrix}.$$

故 A 的逆矩阵为
$$A^{-1}=\frac{1}{\det A}A^{*}=\frac{1}{2}\begin{pmatrix}2&-1&1\\2&-1&-1\\-4&3&-1\end{pmatrix}$$
$$=\begin{pmatrix}1&-\frac{1}{2}&\frac{1}{2}\\1&-\frac{1}{2}&-\frac{1}{2}\\-2&\frac{3}{2}&-\frac{1}{2}\end{pmatrix}.$$

由定理 9.4 及上例可知：求可逆矩阵 A 的逆矩阵 A^{-1} 时，只要求出 $\det A$ 及伴随矩阵 A^{*}，再根据定理 9.4 即可.

9.3.3 用逆矩阵求解矩阵方程及求线性方程组的解

有了逆矩阵，对本节开始时所提出的"若已知矩阵 $\boldsymbol{A}$ 和 $\boldsymbol{C}$，是否能求得矩阵 $\boldsymbol{B}$，使 $\boldsymbol{AB}=\boldsymbol{C}$?"的问题就可以回答了：只要 $\boldsymbol{A}$ 是可逆方阵且矩阵 $\boldsymbol{C}$ 的行数与方阵 $\boldsymbol{A}$ 的阶数相等，就一定存在一个矩阵 $\boldsymbol{B}$，使 $\boldsymbol{AB}=\boldsymbol{C}$.

事实上，若 $\boldsymbol{A}$ 是可逆方阵，则 $\boldsymbol{A}^{-1}$ 存在，就有 $\boldsymbol{A}^{-1}(\boldsymbol{AB})=\boldsymbol{A}^{-1}\boldsymbol{C}$，即有 $\boldsymbol{B}=\boldsymbol{A}^{-1}\boldsymbol{C}$.

这是一个由已知矩阵 $\boldsymbol{A}$ 和 $\boldsymbol{C}$，求未知矩阵 $\boldsymbol{B}$ 的问题. 对于这样的含有未知矩阵的等式，我们称其为矩阵方程. 而求未知矩阵的过程，叫做求解矩阵方程.

显然，可用逆矩阵来求解矩阵方程，由下面例题可理解求解矩阵方程的方法.

例 9.18 求解矩阵方程

$$\begin{pmatrix}1 & 3\\5 & 2\end{pmatrix}\boldsymbol{X}=\begin{pmatrix}0 & 1\\1 & 0\end{pmatrix}.$$

解 记 $\boldsymbol{A}=\begin{pmatrix}1 & 3\\5 & 2\end{pmatrix}$, $\boldsymbol{C}=\begin{pmatrix}0 & 1\\1 & 0\end{pmatrix}$，则方程可表示为 $\boldsymbol{AX}=\boldsymbol{C}$.

由于
$$\det\boldsymbol{A}=\begin{vmatrix}1 & 3\\5 & 2\end{vmatrix}=-13,$$

所以矩阵 $\boldsymbol{A}$ 可逆，且
$$\boldsymbol{A}^*=\begin{pmatrix}2 & -3\\-5 & 1\end{pmatrix}.$$

于是
$$\boldsymbol{A}^{-1}=\frac{1}{\det\boldsymbol{A}}\boldsymbol{A}^*=\frac{1}{-13}\begin{pmatrix}2 & -3\\-5 & 1\end{pmatrix},$$

所以
$$\boldsymbol{B}=\boldsymbol{A}^{-1}\boldsymbol{C}=\frac{1}{-13}\begin{pmatrix}-3 & 2\\1 & -5\end{pmatrix}\begin{pmatrix}0 & 1\\1 & 0\end{pmatrix}=\frac{1}{-13}\begin{pmatrix}-3 & 2\\1 & -5\end{pmatrix}.$$

还可以用逆矩阵的方法来讨论 n 元线性方程组的求解问题.

对于 n 元线性方程组式(9-5)，如果记

$$\boldsymbol{A}=\begin{pmatrix}a_{11} & a_{12} & \cdots & a_{1n}\\a_{21} & a_{22} & \cdots & a_{2n}\\\vdots & \vdots & & \vdots\\a_{n1} & a_{n2} & \cdots & a_{nn}\end{pmatrix}\boldsymbol{X}=\begin{pmatrix}x_1\\x_2\\\vdots\\x_n\end{pmatrix},\quad \boldsymbol{B}=\begin{pmatrix}b_1\\b_2\\\vdots\\b_n\end{pmatrix},$$

则方程组式(9-5)就可写成矩阵方程

$$\boldsymbol{AX}=\boldsymbol{B}.$$

由此可见，只要矩阵 $\boldsymbol{A}$ 是可逆矩阵，则可用逆矩阵来解线性方程组

例 9.19 用逆矩阵求解下列线性方程组：

$$\begin{cases}x_1+2x_2-x_3=1,\\2x_1-x_2+x_3=0,\\x_1-x_2+x_3=2.\end{cases}$$

解 设

$$\boldsymbol{A}=\begin{pmatrix}1 & 2 & -1\\2 & -1 & 1\\1 & -1 & 1\end{pmatrix},\quad \boldsymbol{X}=\begin{pmatrix}x_1\\x_2\\x_3\end{pmatrix},\quad \boldsymbol{B}=\begin{pmatrix}1\\0\\2\end{pmatrix},$$

方程组写成
$$\boldsymbol{AX}=\boldsymbol{B}.$$

由于 $\det\boldsymbol{A}=\begin{vmatrix}1 & 2 & -1\\ 2 & -1 & 1\\ 1 & -1 & 1\end{vmatrix}=-1\neq 0$，故 $\boldsymbol{A}^{-1}$ 存在，由定理 9.4，可求得

$$\boldsymbol{A}^{-1}=\frac{1}{\det\boldsymbol{A}}\boldsymbol{A}^{*}=-\begin{pmatrix}0 & -1 & 1\\ -1 & 2 & -3\\ -1 & 3 & -5\end{pmatrix},$$

所以可得　$$\boldsymbol{X}=\boldsymbol{A}^{-1}\boldsymbol{B}=-\begin{pmatrix}0 & -1 & 1\\ -1 & 2 & -3\\ -1 & 3 & -5\end{pmatrix}\begin{pmatrix}1\\ 0\\ 2\end{pmatrix}=\begin{pmatrix}-2\\ 7\\ 11\end{pmatrix},$$

所以，方程组的解为

$$\begin{cases}x_1=-2,\\ x_2=7,\\ x_3=11.\end{cases}$$

注意：由例题可以看出，并不是所有的线性方程组都可以使用逆矩阵来求解，只有系数矩阵是可逆矩阵的线性方程组，才可使用逆矩阵来求解.

习题 9-3

习题 9-3 答案

1. 设矩阵

$$\boldsymbol{A}=\begin{pmatrix}0 & 1 & 1\\ 1 & 1 & 2\\ 2 & -1 & 0\end{pmatrix},\quad \boldsymbol{B}=\begin{pmatrix}2 & -1 & 1\\ 4 & -2 & 1\\ -3 & 2 & -1\end{pmatrix}.$$

(1) 求 $\boldsymbol{AB}$，$\boldsymbol{BA}$.

(2) 矩阵 $\boldsymbol{A}$ 可逆吗？$\boldsymbol{A}$ 与 $\boldsymbol{B}$ 是什么关系？

2. 设 n 阶方阵 $\boldsymbol{A}$ 满足：$\boldsymbol{A}^2-\boldsymbol{A}-2\boldsymbol{E}=\boldsymbol{O}$，证明 $\boldsymbol{A}$、$\boldsymbol{A}+2\boldsymbol{E}$ 都可逆，并求它们的逆矩阵.

3. 求下列矩阵的逆矩阵

(1) $\begin{pmatrix}1 & 2 & 3\\ 2 & 2 & 1\\ 3 & 4 & 3\end{pmatrix}$；　(2) $\begin{pmatrix}2 & 1 & -1\\ 2 & 1 & 0\\ 1 & -1 & -1\end{pmatrix}$；　(3) $\begin{pmatrix}2 & 2 & 3\\ 1 & -1 & 0\\ -1 & 2 & 1\end{pmatrix}$.

9.4　矩阵的初等变换与矩阵的秩

9.4.1　矩阵的初等变换

先通过一个例子来理解矩阵的初等变换的含义.

视频 112

引例　用消元法解如下线性方程组：

$$\begin{cases}2x_1+3x_2-x_3=-3,\\ x_1-x_2+2x_3=1,\\ 3x_1+2x_2-5x_3=4.\end{cases}$$

为了对比方程求解的过程中，方程组与方程组的系数以及常数项所构成的矩阵（这种矩阵我们称其为方程组的增广矩阵，而只有系数构成的矩阵又称为方程组的系数矩阵）的变化情况，我们把方程组在求解中的变化与对应的增广矩阵的变化分别列在表 9-2 的左、右两栏中.

表 9-2

方程的变化过程	增广矩阵的变化过程
$\begin{cases} 2x_1+3x_2-x_3=-3, & (1) \\ x_1-x_2+2x_3=1, & (2) \\ 3x_1+2x_2-5x_3=4 & (3) \end{cases}$	$\begin{pmatrix} 2 & 3 & -1 & -3 \\ 1 & -1 & 2 & 1 \\ 3 & 2 & -5 & 4 \end{pmatrix}$
互换方程(1)、方程(2) $\begin{cases} x_1-x_2+2x_3=1, & (1) \\ 2x_1+3x_2-x_3=-3, & (2) \\ 3x_1+2x_2-5x_3=4 & (3) \end{cases}$	$r_1 \leftrightarrow r_2$ $\begin{pmatrix} 1 & -1 & 2 & 1 \\ 2 & 3 & -1 & -3 \\ 3 & 2 & -5 & 4 \end{pmatrix}$
方程(2)$-2\times$方程(1)，方程(3)$-3\times$方程(1) $\begin{cases} x_1-x_2+2x_3=1, & (1) \\ 5x_2-5x_3=-5, & (2) \\ 5x_2-11x_3=1 & (3) \end{cases}$	r_1-2r_2, r_3-3r_1 $\begin{pmatrix} 1 & -1 & 2 & 1 \\ 0 & 5 & -5 & -5 \\ 0 & 5 & -11 & 1 \end{pmatrix}$
$\frac{1}{5}\times$方程(2) $\begin{cases} x_1-x_2+2x_3=1, & (1) \\ x_2-x_3=-1, & (2) \\ 5x_2-11x_3=1 & (3) \end{cases}$	$\frac{1}{5}\times r_2$ $\begin{pmatrix} 1 & -1 & 2 & 1 \\ 0 & 1 & -1 & -1 \\ 0 & 5 & -11 & 1 \end{pmatrix}$
方程(3)$-5\times$方程(2) $\begin{cases} x_1-x_2+2x_3=1, & (1) \\ x_2-x_3=-1, & (2) \\ -6x_3=6 & (3) \end{cases}$	r_3-5r_2 $\begin{pmatrix} 1 & -1 & 2 & 1 \\ 0 & 1 & -1 & -1 \\ 0 & 0 & -6 & 6 \end{pmatrix}$
$-\frac{1}{6}\times$方程(3) $\begin{cases} x_1-x_2+2x_3=1, & (1) \\ x_2-x_3=-1, & (2) \\ x_3=-1 & (3) \end{cases}$	$-\frac{1}{6}\times r_3$ $\begin{pmatrix} 1 & -1 & 2 & 1 \\ 0 & 1 & -1 & -1 \\ 0 & 0 & 1 & -1 \end{pmatrix}$
方程(2)$+$方程(3)，方程(1)$-2\times$方程(3) $\begin{cases} x_1-x_2=3, & (1) \\ x_2=-2, & (2) \\ x_3=-1 & (3) \end{cases}$	$r_2+r_3, r_1-2\times r_3$ $\begin{pmatrix} 1 & -1 & 0 & 3 \\ 0 & 1 & 0 & -2 \\ 0 & 0 & 1 & -1 \end{pmatrix}$
方程(1)$+$方程(2) $\begin{cases} x_1=1, & (1) \\ x_2=-2, & (2) \\ x_3=-1 & (3) \end{cases}$	r_1+r_2 $\begin{pmatrix} 1 & 0 & 0 & 1 \\ 0 & 1 & 0 & -2 \\ 0 & 0 & 1 & -1 \end{pmatrix}$

注：上表中所用的记号“$r_i \leftrightarrow r_j$”表示互换第 i，j 两行；“$r_j \times k$”表示行列式的第 i 行乘以数 k；“r_i+kr_j”表示将行列式的第 j 行乘以数 k 加到第 i 行.

从上面可以看出，用消元法求解线性方程组的过程就是对方程组进行下述三种变换：

(1) 互换方程组中两个方程的位置；

(2) 用一个非零常数乘某个方程；

(3) 用一个非零常数乘某个方程后，加另一个方程.

显然线性方程组经过上述三种变换后所得到的方程组与原方程组是同解的. 方程进行的这样的变换称为方程的初等变换.

从上例可见：当线性方程组在进行上述三种变换（即方程组进行初等变换）时，对应的增广矩阵也进行相应的变换，矩阵的这种变换被称为矩阵的初等变换.

定义 9.9 对矩阵进行的

(1) 互换矩阵的两行（常用“$r_i \leftrightarrow r_j$”表示将第 i 行与第 j 行互换）；

(2) 用一个非零常数乘矩阵中的某一行（常用“$r_i \times k$”表示将矩阵中第 i 行乘以数 k）；

(3) 用一个非零常数乘某行后，加到另一行（常用“$r_i + kr_j$”表示将矩阵的第 j 行乘以数 k 加到第 i 行）. 这种变换，称为矩阵的初等行变换.

与之类似，把上述定义中的“行”换为“列”，即得到矩阵的初等列变换的定义（其记号把 r 换成 c）.

矩阵的初等行变换与初等列变换，统称为矩阵的初等变换.

如果矩阵 $\boldsymbol{A}$ 经过有限次初等变换后，变成矩阵 $\boldsymbol{B}$，则称矩阵 $\boldsymbol{A}$ 与矩阵 $\boldsymbol{B}$ 等价，记作 $\boldsymbol{A} \to \boldsymbol{B}$.

显然，如果矩阵 $\boldsymbol{A}$ 与矩阵 $\boldsymbol{B}$ 等价，则矩阵 $\boldsymbol{B}$ 也与矩阵 $\boldsymbol{A}$ 等价. 因为，如果矩阵 $\boldsymbol{A}$ 经过有限次初等变换后成为矩阵 $\boldsymbol{B}$，则用相反顺序，经过同样多次的适当的初等变换，就能够将矩阵 $\boldsymbol{B}$ 变成矩阵 $\boldsymbol{A}$.

9.4.2 利用初等变换求逆矩阵

若矩阵 $\boldsymbol{A}$ 的阶数较高时，用上节中定理 9.4 来求矩阵 $\boldsymbol{A}$ 的逆矩阵是非常困难的. 还能找到其他的求逆矩阵的方法吗？

从上面的引例可以看出（表 9-2 的右边）：一个可逆方阵 $\boldsymbol{A}$，经过一系列的初等变换总可以变换成同阶单位矩阵 $\boldsymbol{E}$.

可以证明，用同样的初等变换就把单位矩阵 $\boldsymbol{E}$ 变换成 $\boldsymbol{A}^{-1}$，于是得到用初等变换求逆矩阵的方法：

$$(\boldsymbol{A} \vdots \boldsymbol{E}) \xrightarrow{\text{一系列初等行变换}} (\boldsymbol{E} \vdots \boldsymbol{A}^{-1}).$$

例 9.20 用初等变换求方阵

$$\boldsymbol{A} = \begin{pmatrix} 1 & 0 & 1 \\ 2 & 1 & 0 \\ -3 & 2 & 5 \end{pmatrix}$$

的逆矩阵.

解 因为

$$(\boldsymbol{A} \vdots \boldsymbol{E}) = \begin{pmatrix} 1 & 0 & 1 & \vdots & 1 & 0 & 0 \\ 2 & 1 & 0 & \vdots & 0 & 1 & 0 \\ -3 & 2 & 5 & \vdots & 0 & 0 & 1 \end{pmatrix} \xrightarrow{r_2 + r_1 \times (-2),\, r_3 + r_1 \times 3} \begin{pmatrix} 1 & 0 & 1 & \vdots & 1 & 0 & 0 \\ 0 & 1 & -2 & \vdots & -2 & 1 & 0 \\ 0 & 2 & 8 & \vdots & 3 & 0 & 1 \end{pmatrix}$$

$$\xrightarrow{r_3-2r_2}\left(\begin{array}{ccc:ccc}1&0&1&1&0&0\\0&1&-2&-2&1&0\\0&0&12&7&-2&1\end{array}\right)\xrightarrow{\frac{1}{12}\times r_3}\left(\begin{array}{ccc:ccc}1&0&1&1&0&0\\0&1&-2&-2&1&0\\0&0&1&\frac{7}{12}&-\frac{2}{12}&\frac{1}{12}\end{array}\right)$$

$$\xrightarrow{r_2+2r_3,r_1-r_3}\left(\begin{array}{ccc:ccc}1&0&0&\frac{5}{12}&\frac{1}{6}&-\frac{1}{12}\\0&1&0&-\frac{5}{6}&\frac{2}{3}&\frac{1}{6}\\0&0&1&\frac{7}{12}&-\frac{2}{12}&\frac{1}{12}\end{array}\right),$$

所以

$$\boldsymbol{A}^{-1}=\begin{pmatrix}\frac{5}{12}&\frac{1}{6}&-\frac{1}{12}\\-\frac{5}{6}&\frac{2}{3}&\frac{1}{6}\\\frac{7}{12}&-\frac{2}{12}&\frac{1}{12}\end{pmatrix}.$$

一般来说，当矩阵的阶数较高时，用初等变换求逆矩阵比用伴随矩阵求逆矩阵(即用定理9.4)更简单.

注意：使用矩阵的初等变换求逆矩阵，对$(\boldsymbol{A}\vdots\boldsymbol{E})$进行初等变换时，只能对$(\boldsymbol{A}\vdots\boldsymbol{E})$用初等行变换，不能用初等列变换.

从前面的例题(包括用初等变换求逆矩阵的例题)中可以看到，在对矩阵进行初等变换时，常常是将一个矩阵$\boldsymbol{A}$变换成为如下的两种形式之一的矩阵.

定义 9.10 若矩阵$\boldsymbol{B}$满足：

(1) 零行(元素全为零的行)在下方；

(2) 非零行的首非零元素(即该行中的第一个不为零的元素)的列标号随行标号的增加而严格递增.

则称此矩阵$\boldsymbol{B}$为行阶梯形矩阵(在不致混淆时，可以简称为阶梯形矩阵).

定义 9.11 若阶梯形矩阵$\boldsymbol{B}$满足：

(1) 非零行的首非零元素都是1；

(2) 所有首非零元素所在列的其他元素都是零.

则称此阶梯矩阵为行简化阶梯形矩阵.

如

$$\boldsymbol{B}_1=\begin{pmatrix}3&1&0&-2&7\\0&-1&4&6&-3\\0&0&0&0&-5\\0&0&0&0&0\\0&0&0&0&0\end{pmatrix},\quad\boldsymbol{B}_2=\begin{pmatrix}1&5&0&0&-2\\0&0&1&0&2\\0&0&0&1&-7\\0&0&0&0&0\\0&0&0&0&0\end{pmatrix},$$

均为阶梯形矩阵，其中，$\boldsymbol{B}_2$为行简化阶梯形矩阵.

例 9.21 将矩阵

$$A=\begin{pmatrix}0&16&-7&-5&5\\1&-5&2&1&-1\\-1&-11&5&4&-4\\2&6&-3&-3&7\end{pmatrix}$$

变换成为阶梯形矩阵，并求其行简化阶梯形矩阵.

解

$$A=\begin{pmatrix}0&16&-7&-5&5\\1&-5&2&1&-1\\-1&-11&5&4&-4\\2&6&-3&-3&7\end{pmatrix}\xrightarrow{r_1\leftrightarrow r_2}\begin{pmatrix}1&-5&2&1&-1\\0&16&-7&-5&5\\-1&-11&5&4&-4\\2&6&-3&-3&7\end{pmatrix}$$

$$\xrightarrow{r_3+r_1,r_4+r_1\times(-2)}\begin{pmatrix}1&-5&2&1&-1\\0&16&-7&-5&5\\0&-16&7&5&-5\\0&16&-7&-5&9\end{pmatrix}\xrightarrow{r_3+r_2\times 1,\ r_4+r_2\times(-1)}$$

$$\begin{pmatrix}1&-5&2&1&-1\\0&16&-7&-5&5\\0&0&0&0&0\\0&0&0&0&4\end{pmatrix}\xrightarrow{r_3\leftrightarrow r_4}\begin{pmatrix}1&-5&2&1&-1\\0&16&-7&-5&5\\0&0&0&0&4\\0&0&0&0&0\end{pmatrix}.$$

上述过程所得的矩阵

$$\begin{pmatrix}1&-5&2&1&-1\\0&16&-7&-5&5\\0&0&0&0&4\\0&0&0&0&0\end{pmatrix}$$

就是 A 的行阶梯形矩阵. 若将此矩阵继续进行初等变换，显然可以变换成为行简化阶梯形矩阵.

对上面的行阶梯形矩阵继续进行初等行变换：

$$\begin{pmatrix}1&-5&2&1&-1\\0&16&-7&-5&5\\0&0&0&0&4\\0&0&0&0&0\end{pmatrix}\xrightarrow{r_3\times\frac{1}{4},\ r_2\times\frac{1}{16}}\begin{pmatrix}1&-5&2&1&-1\\0&1&-\frac{7}{16}&-\frac{5}{16}&\frac{5}{16}\\0&0&0&0&1\\0&0&0&0&0\end{pmatrix}$$

$$\xrightarrow{r_2+r_3\times\left(-\frac{8}{16}\right),\ r_1+r_3}\begin{pmatrix}1&-5&2&1&0\\0&1&-\frac{7}{16}&-\frac{5}{16}&0\\0&0&0&0&1\\0&0&0&0&0\end{pmatrix}\xrightarrow{r_1+r_2\times 5}\begin{pmatrix}1&0&-\frac{3}{16}&-\frac{9}{16}&0\\0&1&-\frac{7}{16}&-\frac{5}{16}&0\\0&0&0&0&1\\0&0&0&0&0\end{pmatrix}.$$

上面最后所得的矩阵，就是矩阵 $\boldsymbol{A}$ 的行简化阶梯形矩阵.

由例题可见：

(1) 任意一个矩阵 $\boldsymbol{A}$，通过初等行变换均可以变换为行阶梯形矩阵(这个行阶梯形矩阵称为矩阵 $\boldsymbol{A}$ 的行阶梯形矩阵)，并可继续作初等行变换，将该行阶梯形矩阵变化成为行简化阶梯形矩阵(称这个行简化阶梯形矩阵为矩阵 $\boldsymbol{A}$ 的行简化阶梯形矩阵).

(2) 一个矩阵的阶梯形矩阵不是唯一的，但一个矩阵的阶梯形矩阵中所含的非零行的行数是唯一的. 矩阵的这一特征具有重要的作用.

9.4.3 矩阵的秩

1. 矩阵秩的定义

定义 9.12 从矩阵 $\boldsymbol{A}$ 中取 k 行 k 列，将位于这些行、列交叉处的元素，按原来的次序构成 k 阶行列式，该行列式称为矩阵 $\boldsymbol{A}$ 的 k 阶子式.

矩阵 $\boldsymbol{A}$ 的不等于零的子式的最高阶数就称为矩阵 $\boldsymbol{A}$ 的秩，记作 $R(\boldsymbol{A})$.

零矩阵的秩，规定为零.

例 9.22 写出矩阵

$$\boldsymbol{A}=\begin{pmatrix}2 & -3 & 8 & 2\\ 2 & 12 & -2 & 12\\ 1 & 3 & 1 & 4\end{pmatrix}$$

的全部三阶子式，并求该矩阵的秩 $R(\boldsymbol{A})$.

解 矩阵 $\boldsymbol{A}$ 共有四个三阶子式，具体如下：

$$\begin{vmatrix}2 & -3 & 8\\ 2 & 12 & -2\\ 1 & 3 & 1\end{vmatrix},\quad \begin{vmatrix}2 & -3 & 2\\ 2 & 12 & 12\\ 1 & 3 & 4\end{vmatrix},\quad \begin{vmatrix}2 & 8 & 2\\ 2 & -2 & 12\\ 1 & 1 & 4\end{vmatrix},\quad \begin{vmatrix}-3 & 8 & 2\\ 12 & -2 & 12\\ 3 & 1 & 4\end{vmatrix}.$$

由计算可得，以上各行列式的值均为零，所以矩阵 $\boldsymbol{A}$ 的秩比 3 小.

因为可取到矩阵 $\boldsymbol{A}$ 的二阶子式

$$\begin{vmatrix}2 & -3\\ 2 & 12\end{vmatrix}=30\neq 0,$$

由定义得，矩阵 $\boldsymbol{A}$ 的秩 $R(\boldsymbol{A})=2$.

由定义及上例知：

若矩阵 $\boldsymbol{A}$ 的秩 $R(\boldsymbol{A})=r$，就相当于矩阵 $\boldsymbol{A}$ 至少有一个不为零的 r 阶子式，而所有比 r 阶高一阶(即 $r+1$)的子式(如果有的话)全等于零. 由行列式性质知，在行列式中当所有 $r+1$ 阶子式全等于零时，所有高于 $r+1$ 阶的子式也一定全等于零. 因此，要确定矩阵 $\boldsymbol{A}$ 的秩为 $R(\boldsymbol{A})=r$，我们只需要找到矩阵 $\boldsymbol{A}$ 的一个不为零的 r 阶子式(即 $D_r\neq 0$)，并验证矩阵 A 的所有 $r+1$ 阶子式都等于零即可.

2. 用初等变换求矩阵的秩

从上例可以知道，当矩阵的行、列数较大时，按上面的方法求矩阵的秩是很复杂的，是难以求出的. 如何才能求出一个矩阵的秩呢?

根据矩阵的初等变换的特点，我们可以证明如下结论：

定理 9.5　对矩阵 $\boldsymbol{A}$ 进行有限次初等变换成为矩阵 $\boldsymbol{B}$，有 $R(\boldsymbol{A})=R(\boldsymbol{B})$(即初等变换不改变矩阵的秩).

定理 9.6　行阶梯形(或行简化阶梯形)矩阵的秩等于其非零行的行数.

定理 9.7　矩阵 $\boldsymbol{A}$ 与其转置矩阵 $\boldsymbol{A}^{\mathrm{T}}$ 的秩相等，即 $R(\boldsymbol{A})=R(\boldsymbol{A}^{\mathrm{T}})$.

因此，可用初等变换来求矩阵的秩，其步骤如下：先用矩阵的初等行变换将矩阵 $\boldsymbol{A}$ 变换成为行阶梯形(或行简化阶梯形)矩阵 $\boldsymbol{B}$；再由阶梯形(或行简化阶梯形)矩阵 $\boldsymbol{B}$ 中非零的行数得出矩阵 $\boldsymbol{A}$ 的秩.

例 9.23　求矩阵

$$\boldsymbol{A}=\begin{pmatrix}1 & 3 & -1 & -2\\ 2 & -1 & 2 & 3\\ 3 & 2 & 1 & 1\\ 1 & -4 & 3 & 5\end{pmatrix}$$

的秩及其转置矩阵 $\boldsymbol{A}^{\mathrm{T}}$ 的秩.

解　对矩阵 $\boldsymbol{A}$ 进行初等行变换

$$\boldsymbol{A}=\begin{pmatrix}1 & 3 & -1 & -2\\ 2 & -1 & 2 & 3\\ 3 & 2 & 1 & 1\\ 1 & -4 & 3 & 5\end{pmatrix}\xrightarrow[r_4+r_1\times(-1)]{\substack{r_2+r_1\times(-2)\\ r_3+r_1\times(-3)}}\begin{pmatrix}1 & 3 & -1 & 2\\ 0 & -7 & 4 & 7\\ 0 & -7 & 4 & 7\\ 0 & -7 & 4 & 7\end{pmatrix}$$

$$\xrightarrow[r_4+r_2\times(-1)]{r_3+r_2\times(-1)}\begin{pmatrix}1 & 3 & -1 & -2\\ 0 & -7 & 4 & 7\\ 0 & 0 & 0 & 0\\ 0 & 0 & 0 & 0\end{pmatrix}.$$

所以得

$$R(\boldsymbol{A})=2.$$

由行列式的性质及定理 9.7，可得

$$R(\boldsymbol{A}^{\mathrm{T}})=R(\boldsymbol{A})=2.$$

习题 9-4

习题 9-4 答案

1. 将下列矩阵变换成行简化阶梯形矩阵：

(1) $\begin{pmatrix}1 & 2 & -3 & -9\\ 3 & 8 & -12 & -38\\ -2 & -5 & 3 & 10\end{pmatrix}$；　　(2) $\begin{pmatrix}-3 & 0 & 1 & 5\\ 2 & 1 & 4 & 7\\ 1 & 3 & 0 & 6\\ 2 & 0 & -4 & 5\end{pmatrix}$.

2. 求下列矩阵的秩：

(1) $\begin{pmatrix}1 & 3 & 0 & 2\\ -1 & 1 & 2 & -1\\ 3 & 1 & -4 & 4\end{pmatrix}$；　　(2) $\begin{pmatrix}2 & 0 & 5 & 2\\ -2 & 4 & 1 & 0\end{pmatrix}$；

(3) $\begin{pmatrix} 1 & 2 & 0 & 1 \\ 0 & 2 & 0 & 2 \\ -2 & 1 & 1 & -3 \\ 3 & -9 & 1 & -8 \end{pmatrix}$；　　(4) $\begin{pmatrix} 1 & 3 & 1 & -2 & -3 \\ 1 & 4 & 3 & -1 & -4 \\ 2 & 3 & -4 & -7 & -3 \\ 3 & 8 & 1 & -7 & -8 \end{pmatrix}$.

3. 设矩阵

$$\boldsymbol{A}=\begin{pmatrix} 1 & -1 & 1 \\ 1 & 1 & 3 \\ 2 & -3 & 2 \end{pmatrix},$$

求逆阵 $\boldsymbol{A}^{-1}$.

4. 设矩阵为

$$\boldsymbol{A}=\begin{pmatrix} -2 & -1 & 6 \\ 4 & 0 & 5 \\ -6 & -1 & 1 \end{pmatrix},$$

问矩阵 $\boldsymbol{A}$ 是否可逆？若可逆，求其逆矩阵 $\boldsymbol{A}^{-1}$.

5. 设矩阵为

$$\boldsymbol{A}=\begin{pmatrix} 3 & -1 & 2 & 0 \\ 1 & 1 & -4 & 2 \\ 0 & -2 & 3 & 1 \end{pmatrix},$$

求 $R(\boldsymbol{A}),R(\boldsymbol{A}^{\mathrm{T}})$.

6. 求解下列矩阵方程：

(1) $\begin{pmatrix} 1 & 2 \\ 3 & 3 \end{pmatrix}\boldsymbol{X}=\begin{pmatrix} 1 & 2 \\ 2 & 1 \end{pmatrix}$；

(2) $\boldsymbol{X}\begin{pmatrix} 1 & 1 & -2 \\ 0 & 2 & 2 \\ 1 & -1 & 0 \end{pmatrix}=\begin{pmatrix} 1 & -4 & 3 \\ 0 & 0 & -1 \\ 1 & -2 & 0 \end{pmatrix}$.

7. 用逆矩阵求解下列线性方程组：

(1) $\begin{cases} 3x_1+x_2-2x_3=1, \\ x_1-x_2=3, \\ 3x_1+x_2+2x_3=5; \end{cases}$　　(2) $\begin{cases} x_1-x_2-x_3=2, \\ 2x_1-x_2-3x_3=1, \\ 3x_1+2x_2-5x_3=0. \end{cases}$

9.5　求解线性方程组

前面已经学习了用克拉默法则和逆矩阵的方法解决当线性方程组的个数与方程中所含未知数的个数相等、且系数行列式不为零时的线性方程组的求解问题.但是，在很多实际问题中，还有不符合上述条件的问题要求解（即方程的个数与未知数的个数不相等或系数行列式等于零等）.

本节将对一般的线性方程组进行讨论，解决线性方程组解的判定和求解方法的问题.

视频 113

9.5.1 线性方程组解的判定及求解方法

设有线性方程组
$$\begin{cases} a_{11}x_1+a_{12}x_2+\cdots+a_{1n}x_n=b_1, \\ a_{21}x_2+a_{22}x_2+\cdots+a_{2n}x_n=b_2, \\ \quad\vdots \\ a_{m1}x_1+a_{m2}x_2+\cdots+a_{mn}x_n=b_m, \end{cases} \tag{9-7}$$

则它的系数矩阵 $\boldsymbol{A}$ 与增广矩阵 $\bar{\boldsymbol{A}}$ 分别为

$$\boldsymbol{A}=\begin{pmatrix} a_{11} & a_{12} & \cdots & a_{1n} \\ a_{21} & a_{22} & \cdots & a_{2n} \\ \vdots & \vdots & & \vdots \\ a_{m1} & a_{m2} & \cdots & a_{mn} \end{pmatrix},\quad \bar{\boldsymbol{A}}=\begin{pmatrix} a_{11} & a_{12} & \cdots & a_{1n} & b_1 \\ a_{21} & a_{22} & \cdots & a_{2n} & b_2 \\ \vdots & \vdots & & \vdots & \vdots \\ a_{m1} & a_{m2} & \cdots & a_{mn} & b_m \end{pmatrix}.$$

由矩阵的初等行变换知，增广矩阵 $\boldsymbol{A}$ 通过初等行变换能变成一个行阶梯形矩阵，通过进一步变换还可变成行简化阶梯形矩阵；而由消元法可知，这种变换所得行简化阶梯形矩阵所对应的线性方程组与方程组式(9-7)是同解的.

由此可知，求解线性方程组式(9-7)可通过矩阵的初等行变换来进行. 方程是否有解就可由下述定理来判定.

定理 9.8　线性方程组式(9-7)有解的充分必要条件是系数矩阵 $\boldsymbol{A}$ 的秩与增广矩阵 $\bar{\boldsymbol{A}}$ 的秩相等，即 $R(\boldsymbol{A})=R(\bar{\boldsymbol{A}})$，且

(1) 若 $R(\boldsymbol{A})<n$(未知数的个数)时，方程组有无穷多组解；

(2) 若 $R(\boldsymbol{A})=n$ 时，方程组有唯一解；

(3) 当 $R(\boldsymbol{A})\neq R(\bar{\boldsymbol{A}})$时，方程组无解.

例 9.24　判定下列线性方程组是否有解，若有解，求出方程组的解.

(1) $\begin{cases} x_1+3x_2-7x_3=-8, \\ 2x_1+5x_2+4x_3=4, \\ -3x_1-7x_2-2x_3=-3, \\ x_1+4x_2-12x_3=-15; \end{cases}$　　(2) $\begin{cases} 2x_1-x_2+3x_3=1, \\ 4x_1-2x_2+5x_3=4, \\ 2x_1-x_2+4x_3=0. \end{cases}$

解　(1)用矩阵初等行变换将增广矩阵变换成为行简化阶梯形矩阵：

$$\bar{\boldsymbol{A}}=\begin{pmatrix} 1 & 3 & -7 & -8 \\ 2 & 5 & 4 & 4 \\ -3 & -7 & -2 & -3 \\ 1 & 4 & -12 & -15 \end{pmatrix} \xrightarrow[r_4+r_1\times(-1)]{\substack{r_2+r_1\times(-2) \\ r_3+r_1\times 3}} \begin{pmatrix} 1 & 3 & -7 & -8 \\ 0 & -1 & 18 & 20 \\ 0 & 2 & -23 & -27 \\ 0 & 1 & -5 & -7 \end{pmatrix} \xrightarrow[r_4+r_2\times 1]{r_3+r_2\times 2}$$

$$\begin{pmatrix} 1 & 3 & -7 & -8 \\ 0 & -1 & 18 & 20 \\ 0 & 0 & 13 & 13 \\ 0 & 0 & 13 & 13 \end{pmatrix} \xrightarrow[r_3\times\frac{1}{13}]{r_4+r_3\times(-1)} \begin{pmatrix} 1 & 3 & -7 & -8 \\ 0 & -1 & 18 & 20 \\ 0 & 0 & 1 & 1 \\ 0 & 0 & 0 & 0 \end{pmatrix} \xrightarrow[r_1+r_3\times 7]{r_2+r_3\times(-18)}$$

$$\begin{pmatrix}1&3&0&-1\\0&-1&0&2\\0&0&1&1\\0&0&0&0\end{pmatrix}\xrightarrow[r_2\times(-1)]{r_1+r_2\times 3}\begin{pmatrix}1&0&0&5\\0&1&0&-2\\0&0&1&1\\0&0&0&0\end{pmatrix}.$$

由上面的最后一个矩阵知：$R(\mathbf{A})=R(\bar{\mathbf{A}})=3$ 为方程中未知数的个数，因此，方程有唯一一组解. 由最后一个矩阵可得方程组的解为

$$\begin{cases}x_1=5,\\x_2=-2,\\x_3=1.\end{cases}$$

(2) 对方程组的增广矩阵进行初等行变换：

$$\bar{\mathbf{A}}=\begin{pmatrix}2&-1&3&1\\4&-2&5&4\\2&-1&4&0\end{pmatrix}\xrightarrow[r_3+r_1\times(-1)]{r_2+r_1\times(-2)}\begin{pmatrix}2&-1&3&1\\0&0&-1&2\\0&0&1&-1\end{pmatrix}\xrightarrow{r_3+r_2}$$

$$\begin{pmatrix}2&-1&3&1\\0&0&-1&2\\0&0&0&1\end{pmatrix}.$$

从上面最右边的矩阵可得到 $R(\mathbf{A})=2$，而 $R(\bar{\mathbf{A}})=3$，即有 $R(\mathbf{A})\neq R(\bar{\mathbf{A}})$，因此，该方程组无解.

例 9.25 求线性方程组

$$\begin{cases}x_1+x_2-3x_3=1,\\3x_1-x_2-3x_3=4,\\x_1+5x_2-9x_3=0\end{cases}$$

的解.

解 对方程组的增广矩阵进行初等行变换：

$$\bar{\mathbf{A}}=\begin{pmatrix}1&1&-3&1\\3&-1&-3&4\\1&5&-9&0\end{pmatrix}\xrightarrow[r_3+r_1\times(-1)]{r_2+r_1\times(-3)}\begin{pmatrix}1&1&-3&1\\0&-4&6&1\\0&4&-6&-1\end{pmatrix}\xrightarrow{r_3+r_2}$$

$$\begin{pmatrix}1&1&-3&1\\0&-4&6&1\\0&0&0&0\end{pmatrix}\xrightarrow{r_2\times\left(-\frac{1}{4}\right)}\begin{pmatrix}1&1&-3&1\\0&1&-\frac{3}{2}&-\frac{1}{4}\\0&0&0&0\end{pmatrix}\xrightarrow{r_1-r_2}$$

$$\begin{pmatrix}1&0&-\frac{3}{2}&\frac{5}{4}\\0&1&-\frac{3}{2}&-\frac{1}{4}\\0&0&0&0\end{pmatrix}.$$

由上面的最后一个矩阵可得，$R(\mathbf{A})=R(\bar{\mathbf{A}})=2<3$(方程中未知数的个数)，所以，方

程组有无穷解.

由上面的最后一个矩阵，可得如下方程组：

$$\begin{cases} x_1-\dfrac{3}{2}x_3=\dfrac{5}{4}, \\ x_2-\dfrac{3}{2}x_3=-\dfrac{1}{4}, \\ x_3=x_3, \end{cases}$$

因此，可得方程组的解如下：

$$\begin{cases} x_1=\dfrac{5}{4}+\dfrac{3}{2}c, \\ x_2=\dfrac{3}{2}c-\dfrac{1}{4}, \\ x_3=c \end{cases} \quad (\text{其中 } c \text{ 为任意常数}).$$

说明：上例中的 x_3 被称为方程组的自由未知量. 在上例中，还可看到，表示方程组无穷解的式子中，含有任意常数 c，对于这种形式的解，称其为线性方程组的一般解.

上面的例题可看出：求解线性方程组式(9-5)一般可按如下的步骤进行：

第一步：写出方程组的增广矩阵 $\overline{\boldsymbol{A}}$，并通过初等行变换将其变换成行简化阶梯形矩阵 $\boldsymbol{B}$.

第二步：由定理 9.8 判定方程组解的情况. 若无解，则求解结束；若有解，则进行下一步骤.

第三步：由矩阵 $\boldsymbol{B}$ 写出其对应的方程组. 若方程组有唯一解，则写出的就是方程组的解；若有无穷多解，则根据所写出的方程组，写出方程组的一般解.

例 9.26 λ 为何值时，方程组

$$\begin{cases} \lambda x_1+x_2+x_3=1, \\ x_1+\lambda x_2+x_3=\lambda, \\ x_1+x_2+\lambda x_3=\lambda^2 \end{cases}$$

有唯一解？无解？有无穷多个解？

解 方程组系数矩阵 A 的行列式

$$\det\boldsymbol{A}=\begin{vmatrix} \lambda & 1 & 1 \\ 1 & \lambda & 1 \\ 1 & 1 & \lambda \end{vmatrix} \xlongequal[r_2-r_3]{r_1+r_3\times(-\lambda)} \begin{vmatrix} 0 & 1-\lambda & 1-\lambda^2 \\ 0 & \lambda-1 & 1-\lambda \\ 1 & 1 & \lambda \end{vmatrix}=\begin{vmatrix} 1-\lambda & 1-\lambda^2 \\ \lambda-1 & 1-\lambda \end{vmatrix}$$

$$=(1-\lambda)^2\begin{vmatrix} 1 & 1+\lambda \\ -1 & 1 \end{vmatrix}=(1-\lambda)^2(2+\lambda).$$

由克拉默法则知，当 $\det\boldsymbol{A}\neq0$ 时，方程组有唯一解，所以得：

当 $\lambda\neq1$ 或 $\lambda\neq-2$ 时，方程组有唯一解.

因为当 $\lambda=1$ 时，方程组成为

$$\begin{cases} x_1+x_2+x_3=1, \\ x_1+x_2+x_3=1, \\ x_1+x_2+x_3=1, \end{cases}$$

其增广矩阵为

$$\bar{\boldsymbol{A}}=\begin{pmatrix}1&1&1&1\\1&1&1&1\\1&1&1&1\end{pmatrix},$$

可由矩阵的初等变换,变换为

$$\boldsymbol{B}=\begin{pmatrix}1&1&1&1\\0&0&0&0\\0&0&0&0\end{pmatrix},$$

可得 $R(\boldsymbol{A})=R(\bar{\boldsymbol{A}})=1<3$(未知数的个数).

所以,当 $\lambda=1$ 时,方程组有无穷多个解. 由上面的矩阵 B 可得方程组的一般解为

$$\begin{cases}x_1=1-c_1-c_2,\\x_2=c_1,\\x_3=c_2.\end{cases}\qquad (c_1,c_2\text{ 为任意常数})$$

当 $\lambda=-2$ 时,方程组成为

$$\begin{cases}-2x_1+x_2+x_3=1,\\x_1-2x_2+x_3=-2,\\x_1+x_2-2x_3=4,\end{cases}$$

对其增广矩阵进行初等变换

$$\begin{pmatrix}-2&1&1&1\\1&-2&1&-2\\1&1&-2&4\end{pmatrix}\xrightarrow{r_3+r_1}\begin{pmatrix}-2&1&1&1\\1&-2&1&-2\\-1&2&-1&5\end{pmatrix}\xrightarrow{r_3+r_2}\begin{pmatrix}-2&1&1&1\\1&-2&1&-2\\0&0&0&3\end{pmatrix}.$$

从最右边矩阵可以知道,方程组的系数矩阵的秩(为 2)与增广矩阵的秩(为 3)是不相等的,因此可得:当 $\lambda=-2$ 时,方程组无解.

9.5.2 齐次线性方程组解的判定

在方程组式(9-7)中,若等号右边的常数 $b_i=0(i=1,2,\cdots,m)$,方程组变为

$$\begin{cases}a_{11}x_1+a_{12}x_2+\cdots+a_{1n}x_n=0,\\a_{21}x_1+a_{22}x_2+\cdots+a_{2n}x_n=0,\\\qquad\vdots\\a_{m1}x_1+a_{m2}x_2+\cdots+a_{mn}x_n=0\end{cases}\tag{9-8}$$

的形式,我们称此方程组为齐次线性方程组.

显然,方程组式(9-8)一定有解,即至少有一组零解. 由定理 9.8 可得以下定理.

定理 9.9 对于齐次线性方程组式(9-8),恒有 $R(\boldsymbol{A})=R(\bar{\boldsymbol{A}})$;若

(1) $R(\boldsymbol{A})<n$(未知数的个数)时,方程组有非零数解;

(2) $R(\boldsymbol{A})=n$ 时,方程组有唯一解(零解).

例 9.27　判定下列方程组是否有解，若有解，求其解.

$$\begin{cases}x_1+x_2-x_3=0,\\2x_1-x_2+4x_3=0,\\x_1+4x_2-7x_3=0.\end{cases}$$

解　因为系数矩阵

$$\boldsymbol{A}=\begin{pmatrix}1&1&-1\\2&-1&4\\1&4&-7\end{pmatrix}\xrightarrow[r_3+r_1\times(-1)]{r_2+r_1\times(-2)}\begin{pmatrix}1&1&-1\\0&-3&6\\0&3&-6\end{pmatrix}\xrightarrow{r_3+r_2}\begin{pmatrix}1&1&-1\\0&-3&6\\0&0&0\end{pmatrix}$$

$$\xrightarrow{r_2\times\left(-\frac{1}{3}\right)}\begin{pmatrix}1&1&-1\\0&1&-2\\0&0&0\end{pmatrix}\xrightarrow{r_1+r_2\times(-1)}\begin{pmatrix}1&0&1\\0&1&-2\\0&0&0\end{pmatrix},$$

所以可得 $R(\boldsymbol{A})=2<$方程中未知数的个数，由定理 9.9 知，此方程有非零解.

由上述最后一个矩阵知，与原方程组同解的方程组为

$$\begin{cases}x_1+x_3=0,\\x_2-2x_3=0,\end{cases}$$

即

$$x_1=-x_3,\quad x_2=2x_3.$$

令 $x_3=c$，得方程组的一般解为

$$\begin{cases}x_1=-c,\\x_2=2c,\\x_3=c\end{cases}\quad(c\text{ 为常数}).$$

习题 9-5 答案

习题 9-5

1. 写出线性方程组

$$\begin{cases}x_1+2x_2-2x_3-x_4=1,\\2x_1+x_2+2x_3-5x_4=2,\\-x_1+3x_2+7x_3-4x_4=0\end{cases}$$

的增广矩阵和矩阵形式(矩阵方程)$\boldsymbol{AX}=\boldsymbol{B}$.

2. 解下列线性方程组：

(1) $\begin{cases}x_1+2x_2-x_3=2,\\2x_1-x_2+2x_3=10,\\x_1+3x_2=0;\end{cases}$

(2) $\begin{cases}x_1+2x_2-x_3=1,\\2x_1+4x_2+x_3=5,\\x_1+2x_2+2x_3=4;\end{cases}$

(3) $\begin{cases}2x_1+3x_2+x_3=4,\\x_1-2x_2+4x_3=-5,\\3x_1+8x_2-2x_3=13,\\4x_1-x_2+9x_3=-6;\end{cases}$

(4) $\begin{cases}x_1-x_2+2x_3=-1,\\2x_1+x_2+x_3=2,\\5x_1+x_2+4x_3=1.\end{cases}$

3. 试问当 λ 为何值时，方程组

$$\begin{cases}-2x_1+x_2+x_3=1,\\x_1-2x_2+x_3=2\lambda,\\x_1+x_2-2x_3=\lambda^2\end{cases}$$

有解？并求它的一般解.

4. k 为何值时，方程组

$$\begin{cases}kx_1+x_2+x_3=0,\\x_1+kx_2+x_3=0,\\x_1+x_2+kx_3=0\end{cases}$$

只有零解？

学习指导

一、学习重点与要求

1. 了解行列式的含义，熟悉掌握行列式的性质，掌握行列式计算的两种基本方法（三角法与降阶法），能熟练计算二阶、三阶行列式，会用克拉默法则求解线性方程组.

2. 理解矩阵的含义，掌握矩阵的加（减）法运算，了解矩阵与矩阵相乘的条件，会进行矩阵的乘法运算.

3. 了解逆矩阵的含义与性质，会求伴随矩阵及用伴随矩阵求解可逆矩阵的逆矩阵.

4. 了解矩阵的初等变换的含义、了解矩阵的秩的含义；会用矩阵的初等行变换求可逆矩阵的逆矩阵；会用矩阵的初等行变换求矩阵的秩.

5. 了解增广矩阵的含义，理解线性方程组的解的判定条件，能熟练运用矩阵的初等行变换的方法求解线性方程组的解.

二、疑难问题解答

1. 行列式与矩阵的概念有什么区别？它们的运算有何不同？

答：行列式代表的是一个数值，而矩阵表示的是一个由 m 行 n 列数排列成的一个数表. 在行列式中，其行数与列数必须是相等的，而矩阵则没有这样的要求，即一个矩阵，它的行数与列数可以相等，也可以不相等. 由此可知，这二者之间有本质的区别.

行列式的运算是数值的运算，而矩阵的运算是数表的运算，数表运算与数值运算是两种完全不同的运算方式，其运算的特点与性质也是不同的，比如两个非零矩阵的乘积有可能等于零矩阵、矩阵的乘法运算不满足交换律、只有同类型的矩阵才能进行加（减）法运算等，这些特点都与数值运算是不相同的.

2. 怎样判定一个方阵 $\boldsymbol{A}$ 是否为可逆的矩阵？若方阵 $\boldsymbol{A}$ 可逆，怎样求其逆矩阵 $\boldsymbol{A}^{-1}$？

答：判定的方法是，计算方阵 $\boldsymbol{A}$ 的行列式 $\det\boldsymbol{A}$（也常用符号 $|\boldsymbol{A}|$ 表示 $\boldsymbol{A}$ 的行列式）.

若 $\det\boldsymbol{A}\neq 0$，则方阵 $\boldsymbol{A}$ 是可逆的矩阵，否则，方阵 $\boldsymbol{A}$ 就不是可逆的矩阵（注意：不能叫矩阵 $\boldsymbol{A}$ 是不可逆的矩阵）；

若方阵 $\boldsymbol{A}$ 可逆，则求其逆矩阵 $\boldsymbol{A}^{-1}$ 的方法一般有两种.

方法一：利用伴随矩阵 $\boldsymbol{A}^*$ 求逆矩阵 $\boldsymbol{A}^{-1}$，即

$$\boldsymbol{A}^{-1}=\frac{1}{\det\boldsymbol{A}}\boldsymbol{A}^*\quad\left(或\ \boldsymbol{A}^{-1}=\frac{1}{|\boldsymbol{A}|}\boldsymbol{A}^*\right).$$

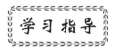

方法二：利用矩阵的初等变换求逆矩阵 $\boldsymbol{A}^{-1}$.

先用 $\boldsymbol{A}$ 和 $\boldsymbol{E}$ 构造辅助矩阵 $(\boldsymbol{A} \vdots \boldsymbol{E})$，然后对矩阵 $(\boldsymbol{A} \vdots \boldsymbol{E})$ 实施一系列的初等行变换，把矩阵 $(\boldsymbol{A} \vdots \boldsymbol{E})$ 中的 $\boldsymbol{A}$ 部分变换成 $\boldsymbol{E}$ 的形式，此时，矩阵 $(\boldsymbol{A} \vdots \boldsymbol{E})$ 中的另一部分 $\boldsymbol{E}$ 所对应形式就成为 $\boldsymbol{A}^{-1}$. 可简单用如下符号描述：

$$(\boldsymbol{A} \vdots \boldsymbol{E}) \xrightarrow{\text{一系列初等行变换}} (\boldsymbol{E} \vdots \boldsymbol{A}^{-1}).$$

对应使用初等行变换的方法，也可用初等列变换，具体过程可用如下符号描述：

$$\begin{pmatrix} \boldsymbol{A} \\ \cdots \\ \boldsymbol{E} \end{pmatrix} \xrightarrow{\text{一系列初等列变换}} \begin{pmatrix} \boldsymbol{E} \\ \cdots \\ \boldsymbol{A}^{-1} \end{pmatrix}$$

需要注意的是，在求高阶方阵的逆矩阵时，一般不宜使用方法一，因为用这种方法时，$\boldsymbol{A}^*$ 计算量太大，计算过程非常麻烦.

3. 矩阵的初等变换有何作用？用矩阵初等变换解决问题的关键点是什么？

答：矩阵的初等变换在解决问题时有着重要的作用，本课程主要介绍了矩阵的初等变换在三个方面的作用：(1) 求可逆矩阵的逆矩阵；(2) 求矩阵的秩；(3) 分析线性方程组的解以及求线性方程组的解.

从用矩阵初等变换解决以上的三个方面问题的过程中，我们看到，都是对矩阵实施一系列初等行变换，把矩阵变换成为其对应的行阶梯形矩阵（或行简化阶梯形矩阵），再由其行阶梯形矩阵（或行简化阶梯形矩阵）来回答相应的结论，由此可知，把矩阵变换成为其对应的行阶梯形矩阵（或行简化阶梯形矩阵）就是用矩阵初等变换来解决问题（如求逆矩阵、求矩阵的秩、求解线性方程组解等）的关键点.

4. 求解线性方程组解有哪些方法？通常使用哪种方法？

答：在本课程中，主要介绍了三种方法.

方法一：使用克拉默法则求解线性方程组的方法（使用条件方程组的系数行列式 $D \neq 0$）；

方法二：利用逆矩阵求解线性方程组的方法（使用条件方程组的系数矩阵 $\boldsymbol{A}$ 是方阵且可逆）；

方法三：利用矩阵的初等变换求解线性方程组的方法.

由于前两种方法使用的条件比较苛刻，均需要在方程组的系数行列式 $D \neq 0$ 的条件下才可使用. 另外，即使满足了前两种方法使用的条件，但如果方程组的系数行列式的阶较高时，使用这两种方法求解时往往会非常麻烦、烦琐，因此在讨论、求解线性方程组时，通常都是使用第三种方法.

利用矩阵的初等变换求解线性方程组时一般由三步来完成：

① 写出方程组的增广矩阵 $\overline{\boldsymbol{A}}$，并通过初等行变换将其变换成行简化阶梯形矩阵 $\boldsymbol{B}$.

② 由定理 9.8 判定方程组解的情况. 若无解，则求解结束；若有解，则进行下一步骤.

③ 由矩阵 $\boldsymbol{B}$ 写出其对应的方程组. 若方程组有唯一解，则写出的就是方程组的解；若方程组有无穷多解，则根据所写出的方程组，写出方程组的一般解.

说明：若只判定有解还是无解，只需将矩阵 $\overline{\boldsymbol{A}}$ 变换成为行阶梯形矩阵即可.

复习题九

复习题九答案

1. 选择题.

(1) 设 $\boldsymbol{A}$ 是一个三阶方阵，λ 是一个实数，则下列各式成立的是（　　）.

A. $\det(\lambda\boldsymbol{A}) = \lambda\det\boldsymbol{A}$　　　　B. $\det(\lambda\boldsymbol{A}) = |\lambda|\det\boldsymbol{A}$

C. $\det(\lambda\boldsymbol{A}) = \lambda^3\det\boldsymbol{A}$　　　　D. $\det(\lambda\boldsymbol{A}) = |\lambda|^3\det\boldsymbol{A}$

(2) 行列式 $\begin{vmatrix} -1 & x & 2 \\ 1 & -1 & 4 \\ 2 & 3 & 5 \end{vmatrix}$ 的展开式中 x 的系数为（　　）.

A. 3　　　B. -1　　　C. -2　　　D. -3

(3) 设 $\boldsymbol{A}$ 是一方阵，且 $\boldsymbol{A}\boldsymbol{A}^{\mathrm{T}} = \boldsymbol{E}$，则（　　）.

A. $\det\boldsymbol{A}=1$　　B. $\det\boldsymbol{A}=-1$

C. $\det\boldsymbol{A}=1$ 或 -1　　D. $\det\boldsymbol{A}=0$

(4) 设 $\boldsymbol{A}$、$\boldsymbol{B}$ 均为方阵，且 $\boldsymbol{AB}=\boldsymbol{O}$，则(　　).

A. $\boldsymbol{A}=\boldsymbol{O}$ 且 $\boldsymbol{B}=\boldsymbol{O}$　　B. $\boldsymbol{A}=\boldsymbol{O}$ 或 $\boldsymbol{B}=\boldsymbol{O}$

C. $\det\boldsymbol{A}=0$ 且 $\det\boldsymbol{B}=0$　　D. $\det\boldsymbol{A}=0$ 或 $\det\boldsymbol{B}=0$

(5) 设 $\boldsymbol{A}$、$\boldsymbol{B}$、$\boldsymbol{C}$ 均为 n 阶方阵，下面结论中，错误的是(　　).

A. $\boldsymbol{A}+\boldsymbol{B}=\boldsymbol{B}+\boldsymbol{A}$　　B. $(\boldsymbol{A}+\boldsymbol{B})+\boldsymbol{C}=\boldsymbol{A}+(\boldsymbol{B}+\boldsymbol{C})$

C. $\boldsymbol{AB}=\boldsymbol{BA}$　　D. $(\boldsymbol{AB})\boldsymbol{C}=\boldsymbol{A}(\boldsymbol{BC})$

(6) 设矩阵 $\boldsymbol{A}=\begin{pmatrix} a_{11} & a_{12} & a_{13} \\ a_{21} & a_{22} & a_{23} \\ a_{31} & a_{32} & a_{33} \end{pmatrix}$，$\boldsymbol{A}_{ij}(i,j=1,2,3)$ 是矩阵 $\boldsymbol{A}$ 的行列式 $\det\boldsymbol{A}$ 中的元素 $a_{ij}(i,j=1,2,3)$ 的代数余子式，则矩阵 $\boldsymbol{A}$ 的伴随矩阵是(　　).

A. $\begin{pmatrix} \boldsymbol{A}_{11} & \boldsymbol{A}_{12} & \boldsymbol{A}_{13} \\ \boldsymbol{A}_{21} & \boldsymbol{A}_{22} & \boldsymbol{A}_{23} \\ \boldsymbol{A}_{31} & \boldsymbol{A}_{32} & \boldsymbol{A}_{33} \end{pmatrix}$　　B. $\begin{pmatrix} \boldsymbol{A}_{11} & \boldsymbol{A}_{21} & \boldsymbol{A}_{31} \\ \boldsymbol{A}_{12} & \boldsymbol{A}_{22} & \boldsymbol{A}_{32} \\ \boldsymbol{A}_{13} & \boldsymbol{A}_{23} & \boldsymbol{A}_{33} \end{pmatrix}$

C. $\dfrac{1}{\det\boldsymbol{A}}\begin{pmatrix} \boldsymbol{A}_{11} & \boldsymbol{A}_{12} & \boldsymbol{A}_{13} \\ \boldsymbol{A}_{21} & \boldsymbol{A}_{22} & \boldsymbol{A}_{23} \\ \boldsymbol{A}_{31} & \boldsymbol{A}_{32} & \boldsymbol{A}_{33} \end{pmatrix}$　　D. $\dfrac{1}{\det\boldsymbol{A}}\begin{pmatrix} \boldsymbol{A}_{11} & \boldsymbol{A}_{21} & \boldsymbol{A}_{31} \\ \boldsymbol{A}_{12} & \boldsymbol{A}_{22} & \boldsymbol{A}_{32} \\ \boldsymbol{A}_{13} & \boldsymbol{A}_{23} & \boldsymbol{A}_{33} \end{pmatrix}$

2. 计算：

(1) $\begin{vmatrix} x & a & a \\ -a & x & a \\ -a & -a & x \end{vmatrix}$；　　(2) $\begin{pmatrix} 3 & 1 & 7 \\ 0 & 1 & 2 \\ -1 & 1 & -1 \end{pmatrix}\begin{pmatrix} 0 & 0 & 1 \\ 0 & 1 & 0 \\ 1 & 0 & 0 \end{pmatrix}$.

3. 用矩阵变换求下列方程组的解：

(1) $\begin{cases} x_1+2x_2+3x_3-x_4=2, \\ 3x_1+2x_2+x_3-x_4=4, \\ x_1-2x_2-5x_3+x_4=0; \end{cases}$　　(2) $\begin{cases} x_1+2x_2-3x_3=-9, \\ 3x_1+8x_2-12x_3=-38, \\ -2x_1-5x_2+3x_3=10. \end{cases}$

4. k 为何值时，方程组

$$\begin{cases} kx_1+x_2+x_3=0, \\ x_1+kx_2-x_3=0, \\ 2x_1-x_2+x_3=0 \end{cases}$$

只有零解？

5. 判定矩阵

$$\boldsymbol{A}=\begin{pmatrix} 1 & -3 & 2 \\ -3 & 0 & 1 \\ 1 & 1 & -1 \end{pmatrix}$$

是否可逆，若是可逆的，求 $\boldsymbol{A}^{-1}$.

【数学史话】

线性代数发展史

我们知道，一次方程叫做线性方程，讨论线性方程及线性运算的代数就叫做线性代数. 在线性代数中，最重要的内容就是行列式和矩阵.行列式和矩阵在19世纪受到很大的注意，并且发表了大量关于这两个课题的文章.三维向量的概念，从数学的观点来看，不过是有序三元数组的一个集合，然而它以力或速度作为直接的物理意义，并且数学上用它能立刻写出物理上所说的事情.向量用于梯度、散度、旋度就更有说服力.同样，行列式和矩阵如导数一样(虽然 dy/dx 在数学上不过是一个符号，表示包括 $\Delta y/\Delta x$ 的极限的长式子，但导数本身是一个强有力的概念，能使我们直接而创造性地想象物理上发生的事情).因此，虽然表面上看，行列式和矩阵不过是一种语言或速记，但它的大多数生动的概念能对新的思想领域提供钥匙.然而已经证明这两个概念是数学物理上高度有用的工具.

线性代数学科和矩阵理论是伴随着线性系统方程系数研究而引入和发展的.行列式的概念最早是由17世纪日本数学家关孝和提出来的，他在1683年写了一部叫做《解伏题之法》的著作，意思是"解行列式问题的方法"，书里对行列式的概念和它的展开已经有了清楚的叙述.欧洲第一个提出行列式概念的是德国的数学家、微积分学奠基人之一 莱布尼茨(Leibnitz，1693).1750年，克拉默(Cramer)在他的《线性代数分析导言》(*Introduction d l'analyse des lignes courbes alge'briques*)中发表了求解线性系统方程的重要基本公式(即人们熟悉的克拉默法则).1764年，Bezout把确定行列式每一项的符号的手续系统化了.对给定了含 n 个未知量的 n 个齐次线性方程，Bezout证明了系数行列式等于零是这方程组有非零解的条件.范德蒙德(Vandermonde)是第一个对行列式理论进行系统的阐述(即把行列式理论与线性方程组求解相分离)的人.并且给出了一条法则，用二阶子式和它们的余子式来展开行列式.就对行列式本身进行研究这一点而言，他是这门理论的奠基人.拉普拉斯(Laplace)在1772年的论文《对积分和世界体系的探讨》中，证明了范德蒙德的一些规则，并推广了他的展开行列式的方法，用 r 行中所含的子式和它们的余子式的集合来展开行列式，这个方法现在仍然以他的名字命名.德国数学家雅可比(Jacobi)也于1841年总结并提出了行列式的系统理论.另一个研究行列式的是法国最伟大的数学家柯西(Cauchy)，他大大发展了行列式的理论，在行列式的记号中，他把元素排成方阵并首次采用了双重足标的新记法，与此同时发现两行列式相乘的公式及改进并证明了拉普拉斯的展开定理.相对而言，最早利用矩阵概念的是拉格朗日(Lagrange)在1700年后的双线性型工作中体现的.拉格朗日期望了解多元函数的最大、最小值问题，其方法就是人们知道的拉格朗日迭代法.为了完成这些，他首先需要一阶偏导数为零，另外还要有二阶偏导数矩阵的条件.这个条件就是今天所谓的正、负的定义.尽管拉格朗日没有明确地提出利用矩阵.

高斯(Gauss)大约在1800年提出了高斯消元法并用它解决了天体计算和后来的地球表面测量计算中的最小二乘法问题(这种涉及测量、求取地球形状或当地精确位置的应用数学分支称为测地学).虽然高斯由于这个技术成功地消去了线性方程的变量而出名，但早在几世纪中国人的手稿中就出现了解释如何运用"高斯"消去的方法求解带有三个未知量的三阶方程系统.在当时的几年里，高斯消去法一直被认为是测地学发展的一部分，而不是数学.而高斯-约当消去法则最初是出现在由Wilhelm Jordan撰写的测地学手册中.许多人把著名的数学家Camille Jordan误认为是"高斯-约当"消去法中的约当.

矩阵代数的丰富发展，人们需要有合适的符号和合适的矩阵乘法定义.二者要在大约同一时间和同一地点相遇.1848年，英格兰的J. J. Sylvester首先提出了矩阵这个词，它源于拉丁语，代表一排数.1855年矩阵代数得到了Arthur Cayley的工作培育.Cayley研究了线性变换的组成并提出了矩阵乘法的定义，使得复合变换ST的系数矩阵变为矩阵 $\boldsymbol{S}$ 和矩阵 $\boldsymbol{T}$ 的乘积.他还进一步研究了那些包括矩阵逆在内的代数问题.著名的Cayley-Hamilton理论即断言一个矩阵的平方就是它的特征多项式的根，就是由Cayley在1858年在他的矩阵理论文集中提出的.利用单一的字母 $\boldsymbol{A}$ 来表示矩阵是对矩阵代数发展至关重要的.在发展的早期公式 $\det(\boldsymbol{AB})=\det(\boldsymbol{A})\det(\boldsymbol{B})$ 为矩阵代数和行列式间提供了一种联系.数学家Cauchy首先给出了特征方程的术语，并证明了阶数超过3的矩阵有特征值及任意阶实对称行列式都有实特征值；给出了相似矩阵的概念，并证明了相似矩阵有相同的特征值；研究了代换理论.

数学家试图研究向量代数，但在任意维数中并没有两个向量乘积的自然定义.第一个涉及一个不可交换向量积(即 v,x,w 不等于 w,x,v)的向量代数是由Hermann Grassmann在他的《线性扩张论》(*Die lineale Ausdehnungslehre*)一书中提出的(1844).他的观点还被引入一个列矩阵和一个行矩阵的乘积中，结果就是现在称之为秩数为1的矩阵，或简单矩阵.在19世纪末美国数学物理学家Willard Gibbs发表了关于《向量分析基础》(*Elements of Vector Analysis*)的著名论著.其后物理学家P. A. M. Dirac提出了行向量和列向量的乘积为标量.我们习惯的列矩阵和向量都是在20世纪由物理学家给出的.

矩阵的发展是与线性变换密切相连的.到19世纪,它还仅占线性变换理论形成中有限的空间.现代向量空间的定义是由Peano于1888年提出的.第二次世界大战后,随着现代数字计算机的发展,矩阵又有了新的含义,特别是在矩阵的数值分析等方面.由于计算机的飞速发展和广泛应用,许多实际问题可以通过离散化的数值计算得到定量的解决.于是,作为处理离散问题的线性代数,成为从事科学研究和工程设计的科技人员必备的数学基础.

参考文献

[1] 李少白,科学技术史[M].武汉:华中工学院出版社,1984.

[2] 同济大学应用数学系.高等数学(下册)[M].5版.北京:高等教育出版社,2003.

[3] 叶鸣飞,王华.高等数学(上册)[M].南京:南京大学出版社,2010.

[4] 王华,叶鸣飞.高等数学(下册)[M].南京:南京大学出版社,2010.

[5] 王江荣,刘建清.数学建模与数学实验[M].北京:高等教育出版社,2011.